兽医临床快速诊疗系列丛书

董 彝 主编

实用牛病临床诊断经验集

中国农业出版社

主编简介

董彝，1920年10月出生，江苏省溧阳市人。1940年毕业于陆军兽医学校（现中国人民解放军军需大学），曾任军队兽医。1951年分配到安徽省阜阳地区工作，曾任地区农业技术推广所畜牧兽医组组长、地区家畜检疫站副站长、地区畜牧兽医学会秘书长，1952年被评为一级技术员，1983年被评为高级兽医师。平时刻苦钻研，吸取他人的经验，每治一畜必随时总结。自2000年以来，在总结60多年兽医临床经验和参阅大量国内外资料的基础上，编写了《兽医临床类症鉴别丛书》，并由中国农业出版社相继出版。

内 容 简 介

本书将各个牛病所表现的临床症状罗列在一起，易于比对，有助于鉴别，每个症状之后标明牛病名称。如果按病名将各个症状归纳在一起，即为该病应有的临床症状。剖检的病理变化按器官罗列在一起，便于比较，每项病理变化之后注有病名，按病名将各器官的病理变化收集在一起，即为该病应有的病理变化。两者综合起来有助于病情的分析，易于得出比较正确的结论。

为了引导兽医细微、深入地观察病牛，作者根据临床经验，对问诊、视诊、听诊、触诊作了一些阐述和提示。书中阐述了一些牛病的治疗原则，便于读者更好地应用作者提供的实际治疗经验，不致盲目用药。

编写人员

主编 董 彝

编者 董 彝 刘成文

序

诗曰：兽医战线九十翁，连出七本兽医经。通俗易懂很实用，回报社会献终身。

董彝，今年90有余，身体健壮，精力充沛。走如风，坐如钟，站如松。手劲大，握人痛。在阜阳兽医战线上，可称元老。60多年的兽医生涯，积累了大量的第一手资料，为成千上万的农民、专业户、养殖场作出了很大贡献，创造了可观的经济效益和社会价值。

退休后是阜阳老年专家协会会员。著书立说，一连出版7本关于畜禽疾病预防、治疗、临床诊断的专著，约200万字。他真是可歌可敬的老专家，为阜阳兽医事业建立了功勋。

通过我与他的相处、交往、谈心可知，这些专著凝聚了他一生的心血、不懈的追求和至高精神境界。他不为名、不为利，只为国家和人民。

他一生坎坷，生活磨难，面对现实，努力拼搏；

他经验丰富，深入实际，亲临现场，开方治病；

他悟性很高，灵活性好，钻研性强，应变能力快；

他工作认真，团结同志，尊重领导，待人和气；

他不怕吃苦，为人正直，深入农家，了解民需；

他传授技术，望闻问切，精益求精，尽心尽力。

他是我们学习的榜样，是兽医工作者的良师和农民的益友。

魏建功

2014年1月6日

前言

目前，我国很多地区奶牛和黄牛生产都已集约化，各地建立了不少规模大小不同的养牛场，这些牛（黄牛）场实际是育肥牛场，有的就地收购犊牛育肥，有的远去邻省，甚至跨越几个省买犊牛育肥。这些牛场的经营者大多数缺乏养牛专业知识，认为只要多喂营养丰富的精料即能快速增肥。牛是食草动物，它庞大的瘤胃在对草料（要有适当的比例）的发酵消化过程中，必须要有良好的内环境（包括生态的平衡和适宜的酸碱度）。俗谚马打喷嚏，牛倒沫（反刍），有病也不多。这句话并不完全正确，因为它没有说明健康牛正常情况下每天吃多少，每个食团咀嚼多少次（正常应该咀嚼 80 次左右才咽下）。如果每个食团仅咀嚼 30～40 次即咽下，只能算是“半吃半倒”，实际上已是“半”病状态；如果每个食团咀嚼次数低于“半”仍认为“平安无事”，则容易错过治疗的有利时机。牛经过远途运输和有些不合理的饲养管理更容易致病。畜主和一些乡镇兽医对于病牛的症状观察常不够仔细和全面，因此对牛病的诊断难免出现差错。同时，用药剂量和方法也有不合理之处。

为了便于观察病牛的症状，特将各病的症状和病理变化分类罗列在一起，当现场看到某些症状时，可以从罗列的症状中找到线索（哪些病具有这一症状），进一步与该病有关症状、实际情况综合比对，再结合流行病学及草料比例、饲养管理情况等进行综合分析，即可得出比较正确的结论。如果病牛死亡，通过参照剖检所见各部位的病理变化，即可得到进一步证实。必要时再将病料送实验室诊断。

为利于鉴别牛病，特将某些相似的临床症状或病理变化的疾病分别列出类症鉴别简表，以便查阅参考，这对乡镇兽医和牛场经营者有一定的参考价值。

关于治疗用药，根据几十年的实践经验曾在《实用牛马病临床类症鉴别》中有所阐述，本书提出的治疗理念，将有助于确定采取何种治疗措施，定会缩短用药过程，达到事半功倍的目的。

在本书的编写过程中，曾得到魏建功原副专员、徐燊、孙仲仪高级兽医师、丁怀兆研究员的支持和帮助，特表诚挚的谢意。

编写本书具有良好的愿望并很认真，但因水平和资料有限，疏漏和不妥之处在所难免，敬请同行、专家不吝指正。

董 彝

2014 年 2 月 8 日

目录

序

前言

第一章　牛病的临床诊断 ………… 1

第一节　问诊 ………… 3

一、问清发病情况 ………… 3

二、追问发病原因 ………… 4

三、饲草的配合 ………… 5

第二节　视诊 ………… 6

第三节　触诊 ………… 10

第四节　听诊 ………… 11

一、心区听诊 ………… 11

二、胸部听诊 ………… 12

三、瘤胃听诊 ………… 12

第五节　流行病学 ………… 12

一、与季节、气象相关的传染病 ………… 13

二、动物对传染病的易感性 ………… 14

第二章　牛病表现的临床症状 ………… 17

第一节　精神状态 ………… 17

第二节　体温 ………… 23

第三节　口腔表现的临床症状 ………… 25

一、口流涎 ………… 25

二、口流泡沫 ………… 26

三、口有水疱、糜烂、溃疡、损伤、流涎 ………… 27

四、口腔黏膜苍白、黄染 ………… 30

五、牙齿病变 ………… 30

第四节　眼表现的临床症状 ………… 31

一、眼结膜潮红、充血 ………… 31

二、眼结膜充血、黄染 ………… 32

三、眼结膜发绀 …… 33
四、眼结膜苍白、黄染 …… 33
五、眼结膜有出血点 …… 35
六、巩膜、角膜充血 …… 35
七、眼流泪（分泌物） …… 36
八、黏膜、瞳孔异常 …… 36
九、可视黏膜鲜红 …… 38
十、其他变化 …… 38
第五节　鼻表现的临床症状 …… 38
一、鼻镜皲裂、糜烂、溃疡 …… 39
二、鼻流浆液性、黏液性、脓性鼻液 …… 39
三、鼻流泡沫状鼻液 …… 40
四、鼻液带血 …… 41
五、喝水时鼻流水 …… 41
六、鼻不透气 …… 42
第六节　呼吸系统表现的临床症状 …… 42
一、呼吸增数 …… 42
二、呼吸困难 …… 44
三、呼吸困难且呼出气体有特殊气味 …… 45
四、气喘、呼吸困难 …… 46
五、咳嗽 …… 47
六、肺部听诊有啰音、水泡音 …… 49
七、胸、肋部叩诊疼痛 …… 50
第七节　循环系统表现的临床症状 …… 50
一、心跳增数 …… 51
二、心跳增数、节律不齐 …… 53
三、脉弱 …… 54
四、心音亢进 …… 54
五、血液稀薄 …… 54
第八节　食欲、反刍表现的临床症状 …… 56
一、食欲减退、反刍减少 …… 57
二、食欲废绝、反刍停止 …… 59
三、异嗜 …… 61

四、饮水变化 …… 62
五、磨牙（空嚼） …… 62
第九节　瘤胃表现的临床症状 …… 63
一、瘤胃充满食物 …… 65
二、瘤胃柔软 …… 66
三、瘤胃臌胀 …… 66
四、瘤胃蠕动减弱或消失 …… 68
第十节　右腹检查表现的临床症状 …… 69
一、瓣胃异常 …… 71
二、皱胃异常 …… 71
三、腹痛 …… 72
四、腹部触诊疼痛 …… 74
五、腹部有晃水音 …… 75
第十一节　皮肤表现的临床症状 …… 76
一、皮肤肿胀 …… 76
二、皮下气肿 …… 77
三、皮下水肿 …… 78
四、皮肤有结节、坏死、损伤 …… 80
五、皮肤瘙痒 …… 82
六、皮肤变性 …… 85
七、皮肤发绀 …… 86
八、被毛变色 …… 86
九、体表淋巴结肿大 …… 86
第十二节　神经方面表现的临床症状 …… 87
一、脑、脊髓疾病出现的神经症状 …… 87
二、战栗、震颤、痉挛 …… 90
三、癫痫 …… 93
四、强直 …… 94
五、做圆圈运动 …… 95
六、游泳动作（四肢划动） …… 96
七、角弓反张 …… 98
八、吼叫 …… 98
九、狂躁 …… 99

十、昏迷、意识障碍、麻痹、兴奋 …… 100
第十三节 粪便异常表现的临床症状 …… 101
一、腹泻（拉稀） …… 101
二、下痢 …… 102
三、粪稀带血 …… 103
四、粪腐臭、恶臭、腥臭 …… 104
五、排白色胶冻样黏液块 …… 106
六、便秘或下痢 …… 106
七、粪干或成球 …… 107
第十四节 尿异常表现的临床症状 …… 108
一、血色尿（血红蛋白尿） …… 108
二、尿少或无尿 …… 110
三、尿频 …… 111
四、尿有特殊气味 …… 112
五、尿引起泡沫 …… 112
六、尿中有异物 …… 112
第十五节 公牛表现的临床症状 …… 113
一、阴茎、尿鞘病变 …… 114
二、睾丸、附睾肿痛 …… 115
三、不能配种 …… 116
第十六节 母牛表现的临床症状 …… 116
一、母牛不发情 …… 117
二、发情周期紊乱 …… 118
三、发情正常，屡配不孕 …… 119
四、持久发情，慕雄狂 …… 119
五、流产 …… 120
六、难产 …… 122
七、乳房肿胀 …… 126
八、乳房淋巴结肿大 …… 127
九、乳房出现水疱 …… 128
十、乳汁变质 …… 128
十一、泌乳减少、停止 …… 129
十二、子宫、阴道、阴户病变 …… 130

第十七节 运动异常表现的临床症状…… 135
第十八节 蹄异常表现的临床症状…… 137
一、蹄部发生水疱、溃烂、坏死…… 137
二、蹄叶炎…… 139
第十九节 直肠检查和阴道检查…… 139
一、卵巢、卵泡…… 139
二、输卵管…… 141
三、子宫…… 141
四、胎水…… 142
五、肾脏…… 142
六、膀胱…… 143
七、皱胃…… 144
八、子宫颈…… 144
九、阴道…… 144
第二十节 犊牛特有的临床症状…… 145
一、眼部异常…… 146
二、厌食、流涎…… 147
三、腹部臌胀，磨牙，腹泻…… 149
四、流鼻液、呼吸增数、呼吸困难…… 152
五、尿异常…… 155
六、心跳异常…… 155
七、腹痛…… 156
八、运动失调、震颤、角弓反张…… 156
九、骨骼变形、关节发炎…… 157
十、脐部炎症…… 158
第二十一节 牛病病程和死亡…… 159
一、发病数小时内死亡…… 159
二、发病 1～3 天死亡…… 161
三、发病 3 天以上死亡…… 162
四、病程与死亡率…… 164
第三章 牛病的病理变化…… 166
第一节 皮下组织…… 166

一、皮下胶冻样浸润 …… 166
二、皮下水肿 …… 167
三、皮下出血 …… 167
四、剖检皮下、腹腔有脂肪 …… 168
第二节 腹腔、腹膜 …… 168
一、腹腔黄色积液 …… 168
二、腹腔红色积液 …… 169
三、腹膜下渗血 …… 169
第三节 瘤胃 …… 169
一、瘤胃黏膜有出血、糜烂、溃疡 …… 170
二、瘤胃黏膜剥脱 …… 171
三、瘤胃有异物、异味 …… 171
第四节 网胃 …… 171
第五节 瓣胃 …… 172
一、瓣胃黏膜脱落 …… 172
二、瓣胃黏膜有出血、烂斑 …… 173
第六节 皱胃 …… 173
一、胃有炎症 …… 173
二、胃黏膜充血、出血 …… 174
三、胃黏膜水肿、糜烂、溃疡 …… 175
四、胃黏膜出血、溃疡 …… 175
五、胃变硬 …… 176
六、胃肠黏膜有炎症、出血 …… 176
七、胃肠水肿、有异味 …… 177
八、胃肠黏膜有结节或溃疡 …… 178
九、胃肠内有残片 …… 178
第七节 肠 …… 178
一、肠阻塞、扭转 …… 178
二、肠壁肥厚 …… 179
三、肠黏膜水肿 …… 179
四、肠发炎 …… 180
五、肠黏膜充血、出血 …… 180
六、肠系膜出血 …… 181

七、肠黏膜脱落 …… 181
八、直肠肿胀、出血、溃疡 …… 181
第八节 肝，胆囊，胰 …… 182
一、肝变性 …… 183
二、肝肿大、质脆 …… 183
三、肝坏死 …… 184
四、肝肿大 …… 185
五、肝有寄生虫或虫卵 …… 186
六、肝其他病变 …… 187
七、胆囊肿大 …… 187
八、胆囊肿大，胆汁浓稠、色暗 …… 187
九、胆囊肿大，黏膜出血 …… 188
十、胆囊壁增厚 …… 188
十一、胆囊有出血点、坏死灶 …… 188
十二、胰有寄生虫和虫卵结节 …… 189
第九节 脾，淋巴结 …… 189
一、脾肿大 2～5 倍 …… 190
二、脾肿大、充血 …… 190
三、脾有出血点 …… 191
四、脾有坏死灶 …… 191
五、脾有气泡 …… 191
六、脾其他变化 …… 192
七、体表淋巴结肿大 …… 192
八、全身淋巴结肿大 …… 193
九、淋巴结水肿、浸润、坏死 …… 193
第十节 胸腔、胸膜 …… 194
一、胸膜肥厚、出血、有结节 …… 194
二、胸腺出血 …… 195
三、胸腔积水 …… 195
四、胸腔有红色积液 …… 196
第十一节 肺、气管、支气管 …… 196
一、肺气肿 …… 197
二、肺发炎、充血 …… 197

三、肺充血（瘀血）、水肿、气肿 …… 198
四、肺出血、水肿 …… 199
五、肺肝变 …… 199
六、肺大理石病变 …… 200
七、肺有坏死 …… 200
八、肺有虫体 …… 201
九、气管、支气管（上呼吸道）发炎 …… 201
十、气管、支气管有出血 …… 201
十一、气管、支气管有泡沫状液体 …… 202
十二、气管、支气管有溃疡和腐臭液 …… 203
十三、气管有瘤胃内容物 …… 203
十四、支气管有虫体 …… 203
第十二节 心包、心 …… 203
一、心包发炎、积液 …… 204
二、心包出血 …… 204
三、心内、外膜出血 …… 205
四、心肌有出血 …… 207
五、心肌切面有虎纹斑 …… 207
六、心肌变软、增厚 …… 208
七、血液鲜红、暗黑、凝固不良 …… 208
八、心肌有虫卵结节 …… 208
第十三节 肾、输尿管、膀胱 …… 208
一、肾肿大、充血、发炎 …… 209
二、肾有出血 …… 209
三、肾肿大、皮质和髓质界线模糊 …… 210
四、肾有化脓、坏死、梗死灶 …… 211
五、肾变性 …… 211
六、肾盂扩张、出血、结石 …… 212
七、肾小管和肾乳头坏死、出血 …… 212
八、肾其他病变 …… 213
九、膀胱充血、肿胀（肥厚） …… 213
十、膀胱充血、出血 …… 214
十一、膀胱积尿 …… 214

第十四节 子宫 …… 214
一、子宫破裂 …… 215
二、绒毛叶坏死 …… 215
三、流产胎儿病变 …… 216
第十五节 全身浆膜、黏膜、肌肉、关节 …… 216
一、浆膜黄染、出血，黏膜出血 …… 216
二、肌肉苍白或灰白 …… 216
三、肌肉有出血、坏死、变性 …… 217
四、病部肌肉产酸气、有气泡 …… 217
五、肌肉内有囊尾蚴 …… 218
六、关节变性 …… 218
第十六节 咽喉、食管 …… 218
一、咽喉充血、出血 …… 219
二、咽喉糜烂、溃疡 …… 219
三、咽喉部皮下胶样浸润 …… 219
四、食管充血、出血、糜烂 …… 220
五、食管糜烂 …… 220
第十七节 脑、脊髓 …… 220
一、脑膜充血、出血 …… 221
二、脑充血、出血 …… 222
三、脑有出血性梗死 …… 223
四、脑及脑膜有结节 …… 223
五、脑、脊髓有瘀血、肿瘤 …… 223
六、大脑淀粉样变并有空泡 …… 223
七、脑有脑包虫 …… 224
第十八节 犊牛病的病理变化 …… 224
一、腹膜、腹腔 …… 224
二、瘤胃 …… 225
三、网胃 …… 225
四、皱胃 …… 225
五、肠 …… 225
六、肝 …… 226
七、胆囊、胆汁 …… 227

八、脾 …… 227
九、肠系膜淋巴结 …… 227
十、肾 …… 228
十一、膀胱 …… 228
十二、胸腔、胸膜 …… 228
十三、心 …… 229
十四、肺 …… 229
十五、肌肉、关节 …… 230
十六、脑 …… 230
十七、瘀血 …… 230

第四章 各种牛病的主要症状、病理变化和实验室诊断 …… 231

第一节 普通病 …… 231
第二节 产科疾病 …… 240
第三节 元素缺乏病 …… 246
第四节 眼科病 …… 247
第五节 传染病 …… 248
第六节 寄生虫病 …… 258
第七节 中毒病 …… 264
第八节 犊牛病 …… 273

第五章 牛病的治疗理念 …… 280

第一节 消化道疾病用药 …… 280
第二节 呼吸道疾病用药 …… 283
第三节 泌尿系统疾病用药 …… 285
第四节 生殖系统疾病用药 …… 285
一、公牛 …… 285
二、母牛 …… 286
第五节 中毒病用药 …… 286
第六节 神经性疾病用药 …… 287
第七节 寄生虫病用药 …… 287
第八节 传染病用药 …… 288

附录 …… 289

附表 1　牛表现口吐白沫、流涎症状的疾病临床类症鉴别简表 …… 289
附表 2　牛表现瘤胃臌胀症状的疾病临床类症鉴别简表 …… 299
附表 3　牛表现有黏膜黄染（黄疸）症状的疾病临床类症鉴别简表 …… 301
附表 4　牛表现神经症状的疾病临床类症鉴别简表 …… 305
附表 5　牛表现喷嚏、咳嗽症状的疾病临床类症鉴别简表 …… 312
附表 6　犊牛表现咳嗽症状的疾病临床类症鉴别简表 …… 316
附表 7　牛表现腹痛症状的疾病临床类症鉴别简表 …… 317
附表 8　牛表现腹泻、排血粪症状的疾病临床类症鉴别简表 …… 323
附表 9　犊牛表现腹泻症状的疾病临床类症鉴别简表 …… 329
附表 10　牛表现尿频、尿闭症状的疾病临床类症鉴别简表 …… 332
附表 11　牛表现排血色尿症状的疾病临床类症鉴别简表 …… 334
附表 12　牛剖检脾肿大 2～3 倍的疾病临床类症鉴别简表 …… 340
附表 13　牛体温、心跳、呼吸生理指数 …… 343
附表 14　牛红细胞、白细胞、血红蛋白生理指数 …… 343
附表 15　牛白细胞分类（%） …… 343
附表 16　牛血沉速度数值（魏氏法） …… 343
附表 17　北京地区乳牛全血中微量元素含量（毫克/千克） …… 343
附表 18　牛血液中几种微量元素含量（微克/毫升） …… 344
附表 19　母牛繁殖生理常数 …… 344
附表 20　母牛怀孕期 …… 344
附表 21　牛尿 pH …… 344

参考文献 …… 345
后记 …… 346

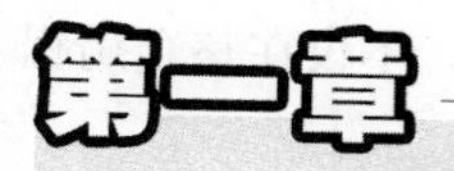

牛病的临床诊断

牛与马属动物相比较，抗病力强，但反应迟钝，对饲养管理水平的要求也比马低，如前胃弛缓病是牛的多发病、常见病，即使病了相当长的时间已进入了“半吃半倒”状态，即吃草减半，反刍（即倒沫）时每个食团咀嚼次数减半，饲养者仍不认为是病，有俗谚“马打喷嚏牛倒沫，有病也不多”。这是因为牛在这个阶段精神状态还很好，使役仍能干活。等到“不吃不倒”才算是病，不仅耽误了“早治”的时间，而且因为病期延长，牛体质消瘦、抵抗力减弱，既延长了疗程，又浪费了治疗费用，损失的体重更需要一定的时间才能恢复。

牛对饲养管理水平的要求虽然不高，但最基本的要求还是必需的，如饲草要干净无尘、无霉变，而且要铡短（俗谚“寸草三刀，没料也上膘”），饮水要干净，不能缺水，俗称水、草要滋润。牛体、牛铺要干净，牛舍空气要流通，既要夏季凉爽，又要冬季保暖，饲料配合要科学合理。如果在饲养管理上某个环节出现问题，就会引起牛发生疾病。由于牛感觉迟钝，耐受性较马强，如马发生肠阻塞时疼痛难忍，腿乱蹬，打滚，3 天之内不能解决即会导致死亡，牛患肠阻塞，病初也有起卧不安、蹴腹、回顾腹部、不排粪等症状，但在两天后即不再表现腹痛症状，除不吃不反刍、不排粪外，仍能喝水、走动，就像没病一样。这样就延长了病程，使牛发病几天仍不被发现，待到发现有病常已病情严重，因而常被延误治疗。

笔者到过一些养牛场会诊牛病，曾看到大多数牛舍的卫生条件很差，一排长槽喂 10～20 头牛，每头牛以 1 根绳拴在槽上，牛与牛之间没有隔离措施，导致牛的粪便排在槽下，甚至有的牛卧下时不仅身下有粪尿，且鼻孔距粪尿只有约 5 厘米，使牛吸入的空气污浊。因牛铺一片狼藉，即使冬天门窗被塑料薄膜封住，达到保暖目的，但仍增加了牛发病的概率。有些牛场的饲草、饲料保管不善，致部分霉变，这主要是因为养牛场主人缺乏养牛知识，更缺乏防疫、防病意识，他们认为养牛只要多加精料就可以催肥成功。但牛是草食动物，饲喂过量精料就会生病，轻则前胃弛缓，重则酸中毒或氨中毒，不仅在整个病程中掉膘，而且会造成死亡。

在远程运输、饲养管理粗放的情况下，牛病的发生几乎难以避免。而且不仅限于消化道、呼吸系统发病，也会出现传染病和寄生虫病。有时因乡镇兽医没有仔细观察症状就主观用药，以及有些牛场盲目用药，使得用药难显疗效。例如，一个牛场的牛群患附红细胞体病，在注射血虫净时因对病牛体重估量过低用药无效，应邀会诊并抽血检验确认为附红细胞体病，按体重用药后得以解决。说明看病对症，用药合理是会有疗效的。

对于病牛的临床症状必须仔细检查，从中发现异常，并予以综合分析才能确诊。不能简单地看到牛不吃草、不反刍、瘤胃蠕动弱就认为是前胃弛缓，这样看病不够全面，必然会延误治疗原发病的时间，从而造成不必要的损失。

1962 年我们初办兽医院时，开始对瘤胃蠕动的检查方法是用拳抵左肷中部以感知瘤胃的蠕动。实践证明，拳面很难感知瘤胃的弱蠕动，尤其是前胃弛缓病情严重的瘤胃更难辨别。通过用听诊器在左肷肋弓后听诊瘤胃蠕动音的实际意义非常大。听诊健康牛 5 分钟，虽然瘤胃蠕动音有强有弱（近听诊器处必然音强，远处必然较弱），但连续不断，没有间歇，而患有前胃弛缓的病牛的瘤胃蠕动音，不仅音调降低，而且时有间断，蠕动音越弱，间断越多，则病情越重。通过听诊可以判断病的轻重，甚至可以判断每个食团反刍咀嚼几次咽下。

与此同时，我们注意到瘤胃内容物的多少、按压硬度及 pH 高低与前胃弛缓的紧密关系，这样就提高了前胃弛缓诊断的准确性，也发现消化道疾病（如创伤性网胃炎、瓣胃阻塞、皱胃炎、皱胃溃疡、皱胃阻塞、肠阻塞、肠扭转等）容易很快继发前胃弛缓。这提高了我们对右腹检查的重视程度，也促进了对前胃弛缓的治疗。

同样，也不能发现牛气喘就认为肺有疾病。1962 年某生产队的牛没有干农活而且是冬天发生气喘，当地定为“牛喘病”，我们应邀前往调查。经过检查，病牛肺部无异常，只是左肷隆凸，按压坚硬如木板，瘤胃蠕动较弱，虽仍能吃草、反刍，但吃草量很少，反刍时每个食团咀嚼次数也不多，实质是因瘤胃积食太多，容积过度增大，压迫膈膜前移，致胸腔空间变窄，直接影响肺的舒张度，使氧气的吸入和二氧化碳的排出均不足而引起气喘。通过对病牛禁食 5～7 天，灌服大量食母生或酿酒的酵曲浸出液，并静脉注射浓盐水，待左肷下陷，气喘即消失。黑斑病甘薯中毒也并非是因牛肺有疾病而使其发生气喘，病牛虽也不吃不反刍、瘤胃蠕动弱，但按前胃弛缓治疗 5 天不见效果，听诊心音时有拍水音，叩诊心区有疼痛，建议淘汰。但宰后发现病牛心肌内有一缝衣针，证明其并非是因为吃食黑斑病甘薯而引起前胃弛缓或酸中毒。

以上病例主要说明了疾病的诊断不能简单草率，如发现有前胃弛缓症状的病牛，一定要分析其是原发性的还是继发性的，且所有疾病几乎都会继发前胃弛缓。因此，在诊断牛病时必须要详细问诊，注意观察管理和饲草料的质量、水源、病牛所表现的各种症状，而后综合分析，必要时采取病料进行实验室诊断，加上剖检的病理变化，方能确诊，所采取的治疗措施方能见效。

第一节 问 诊

一、问清发病情况

1. 牛病是何时发生的？是在什么情况下发现的？当时有什么症状表现？从发病到延误诊治这段时间里，病情有没有变化？

大多数情况是在喂牛时发现某头牛不吃草才发现其有病，由此可以推断其发病时间是在上次喂草后（上次喂草时必定曾吃草才未认为有病）到这次喂草前。有些症状可能是在不经意的情况下看到的，如腹泻、尿血、卧时蹬腿、哞叫、口流涎、流鼻涕等。这些在诊断结束进行分析病情时有着重要的参考价值。

2. 这次牛病的发生是个案还是群发？各头牛发病的间隔时间是多少？

如仅是1头牛发病，则对牛群危害较小，但要追究发病原因以免再次发生。如有多头牛发病，且每头牛发病间隔时间较长，则可能是有传染性疾病或寄生虫病。如果是同槽同时相继发病，则很有可能是中毒。如果牛群在更换饲草或增加某添加物后相继发病，则可能是饲料或添加物有问题，必须立即停止饲用。

3. 病牛最初表现哪些症状？

病牛最初表现的症状很重要，包括眼、口、鼻、起、卧、行为、呼吸、粪、尿等出现的异常情况，如有兽医在场，更要进行整体检查记录（包括体温、呼吸、心跳等系列检查）。还要在发现牛病至延误治疗这段时间里对比各种症状的变化。

4. 请谁治疗过？用过哪些药？用量各多少？1天用几次？每次用药间隔时间是多少？治疗了几天？用药后有哪些症状得到了改善？

（1）通过了解这些情况，判断初诊认定的病是否正确。

（2）评价所用药品是否合适，如果用药合适，确定用药剂量是否恰当，如果剂量也恰当，确定用药时间是否合适。例如，使用抗生素或磺胺类药物治疗一般12小时1次，这样可以保持血液中药物浓度稳定并具有抑菌作用，若上午9时用药，下午5时可第二次用药，两次用药相隔7小时。如第二天仍上午9时用药，第二次与第三次的用药间隔时间为17小时，则最后5小时因血液中药的浓度不够，抑菌力度不够，且易增加细菌的抗药性。这说明即使用药正确，用药方法不对也是没有疗效的。

（3）如果用药剂量恰当，牛用药方法也符合要求，却无疗效，这说明牛所患的病不是此种药所针对的，在分析诊断时可排除该病。如果是病原体对所用药物不敏感，则可通过药敏试验而改用敏感的药。

（4）如果经过检查发现是误诊，则所用药物无效是理所当然的。

二、追问发病原因

1. 有些牛是从外地引进的，由汽车运输，常1天1夜、2天1夜或2夜1天长时间运输且中途不停。牛在车上不吃不喝、日晒夜露及行车时形成的风均对牛有害，如遇大风或下雨更能致病。呼吸道发生的疾病最为常见，病牛表现流鼻涕、咳嗽，这些情况常不被畜主重视，有的即使用药治疗，也不规范，而使疾病转成肺炎，甚至导致死亡。

2. 询问所用饲草、饲料情况。

（1）有的牛场没有事先准备好充足的饲草、饲料即将牛引进场，而后再筹措草料。曾见一牛场在院内杂乱堆放甘薯秧，当时常有阴雨天气，致甘薯秧有部分发霉，使不少牛发生前胃弛缓（没有引起中毒）。

（2）有的牛场用粉渣（甘薯制作粉丝余下的粉渣）时没有晒干，致发生霉变结块。有的牛场用酒糟喂牛，在酒糟上盖塑料布，时间一久则酒糟表面和周边形成大量霉丝。有的牛场也因贮取青贮饲料不规范而使饲料发生霉变。

（3）豆荚皮多是斜面裂开，荚皮裂开后两端各有尖锐的尖端，酿酒的稻壳两端也很尖锐，如果大量喂牛，其机械的刺激会对瘤胃黏膜磨损很大。1963年在某县农场见3头牛因大量吃食混有稻壳的酒糟而患前胃弛缓，死后剖检，瘤胃、网胃、瓣胃的黏膜均全部剥脱，足见这两类饲料对胃黏膜的损害很大。即使混合其他饲草饲喂，其对黏膜的刺激可因此而减轻不致剥脱，但也可引起黏膜发炎，导致前胃弛缓。

（4）如果曾用沟塘的水草喂牛，则要考虑感染寄生虫的可能。

（5）如牛发病前曾在野外放牧，要知道在何地放牧，该地最近是否喷散过农药，以及放牧地是否有毒草（有些毒草比其他野草先发芽，生长旺盛，对牛很有诱惑力）。

三、饲草的配合

几乎所有养牛场都希望牛能提早出栏，但都简单地认为只要多加精料就能长膘提前出栏，没有用科学的方法进行饲养管理。牛是草食动物，适当增加精料是可以的，但不能增加得过多。牛有4个胃，草料首先进入瘤胃，通过瘤胃微生物群的发酵消化，饲草即能酵解产生大量的丙酸、乙酸、丁酸，使瘤胃内的pH降低，一般农村黄牛在7.2～8.2，奶牛、肉牛（指已经培育成的肉牛品种）因泌乳及长肉快而需要的精料较多，它们的瘤胃pH在5.5～7.0。非培育肉牛的瘤胃不能耐受低pH，若精料饲喂过多，轻则发生前胃弛缓，重则发生酸中毒。

瘤胃内容物中除微生物群的多种细菌的酵解作用外，还有多种纤毛虫（1毫米^{3}内容物中有40万～80万条），它们能消化秸秆纤维，其本身的原生质又是高蛋白。文献记载，健康牛瘤胃每天能提供高蛋白200～300克，还不计饲草、饲料酵解的葡萄糖、脂肪等营养物质。黄牛一般以5千克饲草加1千克精料（豆粕、玉米等混合）喂饲能保持瘤胃内的pH在7.0～8.2，使牛吃草反刍保持健康状态，虽然增膘不如肉用牛快，但也膘满肉肥。在计划出栏2～3个月前稍增加精料（以不引起酸中毒或氨中毒为宜），可增加牛的营养沉积，即达到增膘的目的。

1982年应邀去某县一个生产队为骡去势，社员见我去均将牛牵来让我检查。10多头牛经仔细检查后均有前胃弛缓，社员诧异，认为牛都能吃能倒沫哪能有病，我说："这些牛每次喂时吃不了多少草，1天顶多只能吃2.5～3.5千克草，每个食团咀嚼30～40次即咽下，不信你们各自数数看。"社员数后信服。原来生产队解散后牛分到户，生产承包责任制使粮食亩产提高而有余粮。社员见牛膘情不好即加料（甘薯片），富含碳水化合物的甘薯片在瘤胃酵解后产生大量的酸，虽还未达到酸中毒的程度，但已造成前胃弛缓。由此可见，黄牛多吃富含碳水化合物的精料是不利于健康的。

1984年某县一个生产队35户共死牛39头，都是快速死亡，有的在使役中突然死亡，有的拴在树下突然倒地死亡，仅有1头牛经兽医用碳酸氢钠静脉注射2次未死，还有1头用药1次后有所好转，未继续用药亦死亡。将情况上报后疑为炭疽，经逐户逐头调查，该生产队养牛户多，缺饲草，是用增加甘薯片代替草，每头每天喂甘薯片2～3.5千克，致牛酸中毒而死，与该生产队相邻（隔一条水沟）的农户，饲养的牛也缺饲草，但他们是买草补饲，未加喂甘薯片，所以没有牛死亡。

一般养牛户有一个不正确的观点，认为牛吃草过少营养不够，一定要增加相应的精料才能弥补营养的缺失。黄牛目前吃草、料的合适比例是5千克草加1千克料，即5∶1。当吃草减少一半（2.5千克）而料不减，则草、料的比例为2.5∶1时，即易引起黄牛酸中毒。如果在吃草减少的同时还加料，必然造成酸中毒。加料是爱牛心切或希望提早育肥出栏，虽无可厚非，但这是违反科学规律的。因为牛是草食动物，瘤胃要有适合的pH才能保证正常的发酵消化，才会有足够的营养供其发育生长，如果违反科学规律必然适得其反。养牛户必须重视这一规律，并科学地应用草、料的配比，以保证牛的健康。

第二节　视　　诊

视诊就是中医“望、闻、问、切”的望，从狭义上讲，就是看牛体及行为有哪些异常（病象），从广义来讲，还得看牛生活的环境和饲草、饲料的质量（包括配合比例）。因为这些对牛病的发生和病情的分析都有着重要的意义。在进行视诊的过程中，要有洞察秋毫的精神，细微地观察牛的体况变化和行为、精神不正常之处，以便综合分析病情。

在正常情况下，健康牛站立时四肢垂直（后肢跗关节稍弯曲），颈斜、头斜，双目有神，两耳随附近发出的声响或人接近而机敏变动，在夏季有蝇叮咬时不断甩动尾巴驱赶。牛欲卧时，先观察地面，两前肢先以腕关节着地跪下，两后肢伸向腹下左侧或右侧腹部着地卧下，头颈的倾斜度仍保持站立时的状态。不论站立或卧下，不久即开始倒沫（反刍），在牛左侧可见每个食团从颈部食管逆送至口腔即开始咀嚼，每咀嚼1次约1秒，1个食团咀嚼70～80次咽下（曾见1岁犊1个食团咀嚼100次才咽下），一般第1～2个食团仅咀嚼30～40次即咽下，以后咀嚼次数逐渐增多，一般不计头2个食团，观察5个食团的咀嚼次数取其平均值较可靠。

1. 如果站立时头低垂、卧下时头平放于地或弯头于胸部，尾不摆动，均表示病已较重。前胃弛缓严重的牛尾会出现S状弯曲，人接近时不予理睬。牛卧地的，健康牛一牵扯绳即起立，有病牛牵扯绳起立动作缓慢，病重时驱赶也懒于起立。

2. 眼睛正常时眼睑不肿，眼裂大，角膜明亮，眼结膜呈淡蔷薇色。如果潮红、充血，并有黏性、脓性分泌物，这是有炎症的表现；眼结膜发绀、蓝紫，是缺氧、机体有微循环障碍；病已较重，结膜色彩鲜红，是氢氰酸中毒特有的现象；眼结膜苍白或带黄染，多发生于血液原虫病、慢性消耗性疾病；眼球向眼窝内凹陷是严重脱水的表现（静脉注射2 000毫升含糖生理盐水，眼球即凸出，恢复正常状态）；角膜发炎、浑浊，犊牛眼流泪，有的角膜上有长毛的皮肤异生，有时流泪，外翻眼睑可见结膜囊有结膜吸吮线虫寄生。

3. 健康牛的鼻镜湿润并有水珠，鼻镜干燥是有病的特征，有的病重时发生皲裂，甚至干裂的皮肤边缘翘起。鼻镜有水疱或溃疡应考虑是传染病。鼻孔每天均有清亮的分泌液排出，健康牛因时常用舌舔鼻孔，致鼻孔周边很干净，疾病较重或体质衰弱时，牛会懒于伸舌舔鼻，致鼻孔周围有脓性或污秽的鼻垢积存。

如发现牛的一个鼻孔不透气（按压不流鼻液的鼻孔，流鼻液的鼻孔不透气），曾用马用导尿管塞入鼻孔向里捅，由口腔喷出一株麦穗后鼻即通气。有的牛因翻倒仰卧于两食槽之间，经抢救起立后即张口呼吸，两鼻孔均不透气，用导管捅鼻孔，由口喷出1个食团后（可能仰卧时恰有1个食团进入后鼻道），呼吸即通畅。也见一个鼻孔不透气但流鼻液，叩诊鼻窦有浊音，经圆锯术排出鼻窦贮脓后逐渐通气。

4. 健康牛在不吃草、不反刍时嘴唇紧闭，口角均很干净。舌尖露于口外，口流涎是牛有疾病的表现。见一牛舌根部嵌入一块大车木榫，导致舌裂，舌肿胀发硬，不能弯曲收缩。如果牛流涎，应掰开上、下颌察看颊部黏膜、舌面、齿龈有无结节、水疱、溃疡、糜烂、假膜等，或察看是否发炎。如果有食管阻塞、咽炎，也可因唾液不能咽下而流涎。破伤风（牙关紧闭）、牛狂犬病（不断哞叫）及其他一些传染病，尤其一些中毒病，牛都会出现流涎或流泡沫。也有一些寄生虫病会使牛有流涎情况。需仔细检查流涎、流泡沫发生的原因何在？曾见一牛口半张开，流涎，张口后发现其舌根咽部有长草阻塞，取出长草发现软腭及咽部发硬，大口采食的草难以咽下。

5. 检查牛的面颊和头颈结合部（包括咽喉部和下颌）。放线菌病常在上颌颧骨部发生坚硬、表面不平的肿胀。在会诊时曾见颊部有一圆形肿，按压坚硬，皮肤可滑动，开口检查发现脱落的下臼齿齿龈生长一个小儿拳大的肿瘤，用结扎法使之消失。有一牛下颌有坚硬肿胀，开口发现舌下有一裂口，其中充满饲草，取出饲草后肿胀消失。曾见两例牛的下颌支后端有一不十分明显的肿胀，触之有波动，小心切开后均放出约500毫升的脓液。其中一例流鼻液，用高锰酸钾冲洗时，紫红液体从鼻腔流出；另一例则呼吸有鼾声，切开肿胀排出脓液，鼾声也逐渐消失。咽喉部如有肿胀，影响呼吸，并有热痛，可能是患有咽喉型巴氏杆菌病。颌下有时有水肿，无热无痛，按压留指痕，有些寄生虫病、传染病有此症状。

6. 颈部一般病变较少，牛的恶性水肿常在颈部发生，肿胀面积比较大，按压有捻发音。如颈部与背脊部有弥漫性肿胀，按压有捻发音或哔泼音，是黑斑病甘薯中毒、白苏中毒使肺泡破裂空气透入皮下所致。垂皮水肿与下颌水肿病因相同。

7. 注意体表淋巴结，尤其是颈浅和髂下淋巴结，当有白血病时肿大明显。

8. 肩部或股部肿胀，初热后凉，按压有捻发音，伴有跛行、高热，可能是气肿疽。

9. 在没有日光直照或活动时，一般牛的呼吸次数不增加，很平静，不会出现呼吸异常。如果不是暑天，呼吸增数表示呼吸道有疾患，增数过多，应考虑其原因是否为腹内压增大、血液过稀或过稠；有时因体表有寄生虫而引起瘙痒时，也出现呼吸增数。如果出现腹式呼吸或头颈伸直，甚至张口呼吸，这是呼吸困难的表现，也是病重危险的征兆。一些中毒、传染病易发生呼吸增数，脑、肾有病时也会出现。

有时病牛因肺呼吸困难，喉或鼻腔狭窄而发出吭声。

10. 左肷在牛未喂食前稍凹陷，吃草后则稍凸显（饱满）。如果在喂草前左肷显凸出，可能是瘤胃积食（按压坚硬）或瘤胃臌胀（叩之鼓音）。也有一些中毒和寄生虫病，前胃弛缓病程中因瘤胃内容物异常发酵而臌胀；嗳气受到阻碍或者用碱性药中和胃酸而未加止酵剂，能引起泡沫性臌胀。

因吃草少、反刍少、瘤胃内容物少，可致瘤胃下陷、左肷凹陷。如在喂草后仍凹陷，按压时触不到瘤胃内容物，显示病程较久，病牛持续吃草很少。

11. 牛下腹部膨大，从后面看如葫芦状，如系孕牛，可能是胎儿过大、胎水过多使子宫下沉腹底所致。如公牛尿道阻塞，2 天不排尿致膀胱破裂，尿液流入腹腔，或腹膜、腹腔内脏有炎症，产生腹水而使腹部膨大。

12. 健康牛的被毛清洁而有光泽，有病时被毛缺乏光泽且逆立。曾见牛网胃有炎症，在喝大盆冷水时自肘至肩的被毛依次逆立，而后再依次还回原状。在病后恢复期常见腹侧被毛呈现波浪形的舔痕。病牛皮肤如有脱毛、丘疹、结节、坏死，常出现于寄生虫病和传染病。有时被毛尚光顺，但牛表现瘙痒、气喘，逆毛检查颈部皮肤见有大量虱的寄生，有的在腹下、股内侧、会阴等可见蜱的寄生。

13. 蹄部如有水疱、溃疡、糜烂，尤其发现口鼻有水疱、溃疡，更不能忽视对蹄的检查。当前胃弛缓病程久或瘤胃酸中毒、蓝舌病时继发蹄叶炎，则蹄壳发热，叩诊疼痛。

14. 牛在站立时做扭腰、伸腰动作，回顾腹部，前肢扒地，后肢蹴腹，起卧不安，卧时蹬腿，这是腹有疼痛的表现，不仅急性瓣胃阻塞、肠阻塞、肠扭转有此表现（2～3天后即不再有疼痛表现），牛狂犬病也会出现腹痛症状。曾见母牛发生慢性尿道炎时，排尿尿细，两后肢踩脚。

15. 如见有牙关紧闭、咬肌痉挛、眼球震颤、瞳孔散大或缩小、全身或局部肌肉震颤、痉挛、四肢强直、持续不断哞叫、抽搐、共济失调、步态摇晃、蹒跚、头向后仰、角弓反张、视觉障碍、前行不避障碍、盲目走动、转圈、兴奋不安、狂暴前冲、爬槽、卧时四肢划动（游泳动作）、高度沉郁、昏迷、肢体麻痹等现象时，与脑脊髓有病，或中毒、传染病有关，有时寄生虫病也会出现神经症状。

16. 如果肛周、尾根、会阴有黏液或黏液干结片，若不是肛门排出（下痢或肠阻塞），当系阴户排出，应进一步检查阴道、子宫颈，直检子宫有无炎症。

17. 健康牛的粪呈黄褐色，落地成堆，有时可见螺旋痕迹，俗称排子屎。如果粪干如球，则表明吃草、反刍均较少，饮水也少，肠蠕动较弱，致粪在肠道滞留时间长，粪中原有的水分被机体吸收，如血斑病、瓣胃阻塞（粪球干小，外表呈深褐色或黑褐色，掰开粪球内部呈黄褐色）和中毒。如腹泻，则所排稀粪落地成摊，病情严重的粪稀如水。有些中毒的牛下痢，粪中含黏液较多，排黏液膜，每次粪量少，严重时表现里急后重并拱腰。有些中毒或传染病，粪中带有血液。皱胃溃疡、阻塞，粪不论成球（掰开粪球内部也是黑色）或稀粪均为黑色；肠阻塞、肠扭转，则在有排粪姿势后，排出白色胶冻样黏液。具有腥臭、腐臭、恶臭的粪便，表示病情严重，多出自严重的普通病和某些中毒、传染病。

18. 健康牛的尿清亮，透明如水。多种传染病、寄生虫病和中毒病出现血尿、茶色尿，有的排尿量减少或排尿困难，甚至尿闭。曾见一母犊牛脐部瘘管久治不愈，排尿少而频，会诊时用高锰酸钾注射冲洗，紫红液体由阴户排出，手术时发现管状膀胱与脐部腹壁粘连，两个输尿管出口的膀胱稍宽，仅能贮存少量尿，自该处至脐部的管状膀胱较粗（有炎症），近输尿管口的内径极细，注射器自脐部高压注水能通过，输尿管的尿流无压力，故不能流向脐部。

第三节 触　诊

当病牛体表或某个部位出现异常情况时，必须用手触摸才能了解其真实情况，不能看一眼即想当然。

1. 一侧鼻流鼻液（浆性、黏性、脓性），应用手捏不流鼻液的鼻孔，看流鼻液的鼻孔是否通气，如呼气不出气，表示该鼻孔不通气，可用导管捅鼻腔。同时，叩诊鼻窦，如有浊音，圆锯钻洞后可见炎肿或贮脓。

2. 下颌肿胀，按压呈捏粉样是水肿，其他部位肿胀（胸下、腹下）按压性状相同也是水肿。

3. 咽喉部肿胀，触摸有热痛，呼吸困难，常见于咽喉型巴氏杆菌病。

4. 下颌角后方耳下腺下端，与对侧相比稍显肿胀，按压有波动，可能是咽鼓脓肿。

5. 颈部肿胀，按压初硬，后有波动，可能是脓肿；如肿胀面积大，按压有捻发音，可能是恶性水肿。

6. 四肢上端多肉部位肿胀，初热痛，后冷，按压有捻发音，跛行，体温高，则是气肿疽。

7. 左腹软肋后方或剑状软骨后方如有脓肿，切开后应用手指深入检查有无铁针（铁针由网胃刺出）。

8. 犊牛脐部肿胀，如有热疼（脐炎）或流脓（脐瘘）系脐部感染。如肿胀无热无痛，用手按捏，疝可还纳腹腔，是脐疝。母牛如会阴部有肿胀，但无热无痛，按压可以将肿胀还纳腹腔，是会阴疝。

9. 公牛在阴茎的S状弯曲、阴囊后方发现有肿胀，按压有波动，可能因有棱角的尿道结石刺破尿道穿孔所致。

10. 用左手在右侧肋骨与腰椎横突之间向前向下按压，如触及球状硬块，即为已发生阻塞的瓣胃。用手向里向上按压右侧肋软骨下方也可触及阻塞的瓣胃。曾见特大扩张的瓣胃（重约30千克），用手向里向前按压右肋弓即可触及。

11. 按压右腹肋软骨下方，触及硬块为皱胃阻塞。曾见两例特大扩张的皱胃阻塞，其硬块从肋软骨至膝皱襞前，手术时扒出干燥粉状内容物1桶，仅在瓣皱孔附近有粥状内容物。

12. 用拳抵右腹肋弓后方，如在肋弓下前方（肋软骨下方）有晃水音，为十二指肠阻塞；毛球阻塞幽门也在此处发出晃水音。如拳下及四周有晃水音，为肠袢中心结肠阻塞，在拳下约10厘米处及右肋下有晃水音，为回肠阻塞或盲肠完全阻塞（牛左侧卧时，还可在膝皱襞上方按压触到拳大硬块，肠扭转则在肋弓下方触及拳大、有痛感的硬块。

13. 用拳抵右侧腹壁揉动，拳下方有晃水音，左侧同样部位也有晃水音，则是腹腔有腹水。站立保定，在剑状软骨后方10～15厘米腹白线右侧2厘米处剪毛，碘酒消毒，用大号针头穿刺腹壁，即有腹水流出。

14. 站在牛左、右侧均可，用脚尖轻踢剑状软骨后方，或在肋弓前方蹲下，屈臂以肘置膝上，以拳抵剑状软骨后方，抬起脚跟使拳抵叩腹部，如牛有痛感或避让，表示网胃有炎症。

15. 如在肘后心区叩诊有敏感反应，表示牛心内膜、心肌或心包有炎症。

16. 叩诊牛肋部如有疼痛，可能胸膜有炎症，胸腔如有积液，叩诊出现水平浊音，当前肢或后肢抬高，浊音的水平线不变。

17. 如按捏牛两侧背肌有疼痛或敏感，稍拱腰，是背部有风湿。如在右侧腰椎横突下方向里按压有疼痛反应，表示肾有炎症（可直肠检查验证）。

18. 跗关节肿胀，如按压有疼痛，可能关节有炎症。跗关节内侧肿胀柔软，按压时跗前及跗外侧显肿，手松即还原，是跗关节黏液囊炎。

19. 初生牛犊关节肿大，按捏有波动且有热痛（同时体温高），是败血症。

20. 如发现牛有跛行，四肢肌肉、关节均自上而下按捏，发现某处疼痛即病之所在。

第四节 听　诊

对于牛病，听诊很重要，因为通过听诊可以知道心、肺、瘤胃蠕动的状况，有助于对病情的综合分析。

一、心区听诊

1. 心跳每分钟100次，说明病情已较重，如达120次或以上，说明病情已危险。

2. 伴随心音可听到拍水音，是创伤性心包炎的特征性症状。

3. 胸腔积液过多或心包液过度充满时，心音较弱，好像声音离听诊器很远。

4. 中毒或严重传染病会出现心律不齐。

二、胸部听诊

1. 如胸膜发炎，听诊有摩擦音。

2. 呼吸音粗厉、湿啰音、干啰音，表示肺有炎症；听到湿啰音后又听到水泡音时，应该将听诊器移至喉部和气管听一下，有时也可听到这种声音，表示这种声音来自喉或气管，并证明该处有较多的炎性渗出物。如不听诊喉部和气管，必然认为声音来自肺部而产生误诊。

3. 如肺有气肿，不仅胸围扩大，听诊肺的音界也向后扩移，甚至在倒数第2肋间也能听到肺音。

1959年曾见一肺炎病牛，体温40.5℃左右，有咳嗽，肺音粗厉，有啰音，已绝食。经治疗3天已大见好转，恢复食欲反刍即不继续治疗，4天后因病牛咳喘绝食又来求治，此时左肺听不到肺音，右肺音粗厉，体温又升至40℃。再经治疗4天，咳嗽减轻，又恢复食欲反刍，左肺逐渐由听到一小块有肺音而扩展到全部能听到肺音，这是很少能遇到的病例。

三、瘤胃听诊

瘤胃的蠕动音是由网胃收缩，随之瘤胃前庭、前背盲囊、后背盲囊、后腹盲囊、前腹盲囊相继收缩，在瘤胃肌柱和肌肉的收缩运动下，瘤胃内容物随之翻动并发出摩擦音，在正常情况下，瘤胃蠕动音有一定强度，前胃或其他疾病时蠕动音的强度逐渐减弱，根据音量的强弱一般可分成强、稍强、弱、稍弱、微弱（这种音量很低弱，不仔细听几乎听不到），最严重的在5分钟听诊期间听不到一点声音。在牛患病时，瘤胃蠕动音不仅音量减弱，而且断断续续不连贯，在5分钟听诊期间所听到的蠕动音持续时间长的比短的好，强和稍强的音量比弱和稍弱的好，有的5分钟间仅几十秒或十几秒可听到蠕动音，而且音量微弱，显示病情已十分严重。

在右侧肩胛关节水平线与倒数第4～5肋间交叉点听诊，正常情况下可听到瓣胃的蠕动音，如瓣胃有阻塞则听不到蠕动音。

第五节 流行病学

牛的疾病，尤其有的传染性疾病在其传播过程中常与气候有关。有的病多发于春季，有的发生于夏、秋，有的发生于晚秋、冬季或冬季、早春，有的天暖潮湿或洪水过后多发。牛的疾病有的仅发生于犊牛而成年牛少发或不发，这在某个季节发生传染病时有着重要的参考价值。即使普通病也有一定的发病规律，例如，黑斑病甘薯中毒多发生在秋末甘薯收获后至翌年春季甘薯栽种季节，这段时间牛有可能吃到有黑斑病的甘薯及育苗的甘薯秧，春甘薯栽种后至秋末收获期间因没有甘薯存在，自然就不可能有黑斑病甘薯中毒。夏季雨后生长的青草被奶牛或水牛采食后，因草中缺乏钙、镁、钠，易发生青草搐搦（泌乳搐搦）。在临诊时，一要考虑夏季气候，二要考虑吃了雨后青草。再生草热（牛特异性间质性肺炎），南方发病多在5～6月或8～9月，北方则在7～8月。熟悉各病流行病学，在分析病情时有助于缩小思考范围。

一、与季节、气象相关的传染病

1. 天热多发

（1）坏死杆菌疡　闷热，地面潮湿，蹄护理不好，营养不良，犊牛换牙时易发。

（2）水疱性口炎　常在5～10月流行，8～9月高峰，寒冷季节即停止。

（3）牛气肿疽　温暖多雨季节发病较多，特别是洪水之后，而严冬少见。

（4）牛流行热　多发于6～9月（蠓蚋多时），3～5年流行1次。

（5）炭疽　气候温暖、雨量较多时多发，特别是洪水泛滥后，土壤深处的炭疽芽孢被冲刷至土壤表层，增加感染机会。

（6）牛巴氏杆菌病（牛出血性败血症）　闷热或寒冷气候剧变，环境不洁，潮湿、拥挤、阴雨，通风不良，营养缺乏易发。

（7）水牛恶性水肿　以夏季和隆冬发病较多，6～8月发病占全年的60%。

2. 秋冬季节

（1）口蹄疫　牧区秋季开始，冬季加剧，春季减轻，夏季基本平息。农区不明显。病毒可随风传播50～100千米。

（2）牛弯杆菌性腹泻（冬痢）　多发于冬季舍饲牛。

（3）牛传染性鼻气管炎　在寒冷季节较易流行。

（4）牛病毒性腹泻　多发于冬季。6～18月龄犊牛易发。

3. 冬春季节

（1）牛伪狂犬病　多发于冬、春两季。

（2）牛传染性胸腹肺炎　在冬季、初春多发。夏季较少，新疫区死亡率高。老疫区多呈散发，多为慢性或隐性。驱赶牛群或牛群集聚、拥挤、管理不善为诱因。

（3）恶性卡他热　冬春或早春发生较多。

4. 无季节性

（1）牛结核病　经消化道、呼吸道感染，有时交配也能感染。

（2）牛布鲁氏菌病　消化道为主要传播途径，生殖道、皮肤、黏膜都可感染。

（3）李氏杆菌病　一般认为自然感染通过消化道、呼吸道、眼结膜、受伤皮肤。冬季缺乏青饲料、天气骤变、有体内寄生虫均为发病诱因。

（4）牛痘　通过挤乳机传染。

（5）牛副结核病　污染的饲草和水经消化道感染。各个病例的出现和死亡往往间隔较长时间。

5. 犊牛多发

（1）牛沙门氏菌病（犊牛副伤寒）犊牛多发，母牛流产。

（2）牛大肠杆菌病以3～7日龄犊牛发病最多。

6. 外伤感染

（1）牛恶性水肿　多为外伤感染引起。

（2）牛狂犬病　被狂犬病犬咬伤而发病。

（3）破伤风　卫生条件不好，创伤小而深，春秋雨量较多时易见。

（4）放线菌病　牛常因麦芒刺伤口腔感染。

二、动物对传染病的易感性

1. 牛最易感的病

（1）放线菌病　牛最易感，尤其是2～5岁牛，老母牛多见。马、绵羊、野生反刍动物在自然状况下则少见。多为散发，病牛不能直接传给健牛。

（2）牛恶性卡他热　仅黄牛、乳牛、水牛具有感染性，以1～4岁牛多发。绵羊、山羊发病少。

（3）牛流行热　主要侵害黄牛、乳牛。水牛较少感染，以3～5岁牛易感性较大。

（4）水牛恶性卡他热　只有水牛感染，4～12岁水牛多见，老年水牛很少发病。黄牛和驴与病牛密切接触不会感染。山羊传播本病，但自身无症状。

（5）牛瘟　牛的易感性最强。绵羊、山羊、猪、野牛、鹿、黄羊曾有感染的报道。

（6）口蹄疫　以黄牛、奶牛最易感，其次为水牛、牦牛、猪，再次为羊、骆驼等。在某些流行中强烈感染牛、羊而不感染猪，但某些流行中强烈感染猪而不感染牛羊。

（7）牛传染性鼻气管炎　育肥牛多见，育肥牛群发病率可达75%。舍饲泌乳牛群过分拥挤时易迅速传播。

（8）牛病毒性肠炎　黏膜病，牛易感，幼牛易感性较强。

（9）牛传染性胸膜肺炎　主要发生于奶牛、黄牛、牦牛、犏牛，3～7岁多发，犊牛少见。绵羊、山羊、骆驼在自然条件下多不感染。

（10）牛气肿疽　黄牛感染性最强，通常见于3月龄至4岁。水牛、奶牛、牦牛、犏牛易感性较弱。绵羊、山羊、骆驼仅有少数病例。猪在牛气肿疽疫区可零星散发。马、驴、骡、犬、猫一般不感染。

（11）牛副结核　幼龄牛易感性较强，母牛在妊娠、分娩、泌乳时抵抗力弱，容易出现症状。

（12）牛结核病　牛最易感，其中奶牛最多见，其次为黄牛、牦牛、水牛。也见于猪和家禽，绵羊、山羊较少发病。罕见于单蹄兽。野生动物猴、鹿、狮、豹等都有结核病的发生。

2. 牛和其他动物均易感

（1）炭疽　羊、牛、马最易感，猪易感性较弱，犬大量感染时才发病。豚鼠、小鼠、兔、大鼠均很敏感。

（2）坏死杆菌病　常见于牛、马、猪、鸡和鹿，人也偶见感染，兔和小鼠最易感。

（3）恶性水肿　马和绵羊多见，牛、猪、山羊较少见。犬、猫不能自然感染。家禽除鸡外，其他虽人工接种也不发病。

（4）破伤风　马、骡、驴最易感，猪、牛、羊次之，犬、猫偶见感染，家禽自然发病者罕见。

（5）巴氏杆菌病　猪、兔、黄牛、水牛、牦牛、鸡、鸭、火鸡为常见，鹅次之，马仅偶有发生。

（6）布鲁氏菌病　主要见于牛、羊、猪。羊得病较重，猪次之，牛最轻。

（7）李氏杆菌病　绵羊、猪、兔较多发，牛和羊次之，马、犬、猫很少发病。家禽中，鸡、火鸡和鹅较多发病，鸭较少。

（8）水疱性口炎　牛、马、猪较易感，绵羊、山羊次之，犬、兔不易得病。雪貂、豚鼠、地鼠、小鼠、大鼠、鸡较易感染。

（9）牛伪狂犬病　猪、牛（黄牛、水牛）、羊、犬、猫及兔、豚鼠、小鼠均易感。

（10）牛狂犬病　人和畜禽均有易感性。

（11）牛大肠杆菌病　各种新生幼畜抵抗力降低、消化障碍时，往往引起发病。

（12）牛沙门氏菌病　对马、牛、猪、羊、鸡均有危害，尤其对幼畜、幼雏危害更大。

对于传染病，各种畜禽的易感性不同，在有疫病流行的地区出现某种传染病时，这种病只发生于牛，其他动物虽接触而不发病，说明这种病仅牛易感。如其他动物也同样发生，则表明共同易感。可通过畜禽对传染病的易感性而缩小诊断范围。

第二章

牛病表现的临床症状

面对病牛，首先应该注意它的精神状态，然后测体温。对口、眼、鼻、呼吸道、心脏、吃草、反刍、瘤胃、右腹、皮肤、神经所表现的症状应注意，这样有利于分析判断疾病。畜主和乡镇兽医常忽视病牛所排粪尿，而缺失这方面症状，则难以判断疾病。此外，还应重点观察与性别和年龄有关的病症。

第一节　精神状态

症状	疾病
原发性：体温39～40℃或以上，食欲废绝，精神沉郁，有时昏迷 如肝破裂，则病牛突然精神沉郁，肌肉震颤，站立不稳，眼结膜、口腔黏膜均苍白，心跳每分钟100次以上	肝炎、肝肿大
溶血性贫血型：体温正常或略低，也可升至40.5℃；精神沉郁，心搏过速、呼吸增数	菜籽饼中毒
急性：体温40～41℃，呈稽留热，可持续1周或更长，精神沉郁，食欲减退，反刍停止	牛双芽巴贝斯焦虫病
发热、头震颤、精神沉郁；虚弱，常于2～6天内死亡，体表出现紫斑	牛弓形虫病

症状	疾病
精神急性、慢性沉郁，急性久卧、无力站立，慢性有时久站、不愿卧下，或卧下10小时左右也不愿站立，懒于行动，有时发生蹄叶炎，叩诊有痛感，跛行	牛瘤胃酸中毒
体温稍升高，精神沉郁，食欲减退，反刍减少或停止，心搏增数	母牛产后子宫内膜炎
轻度中毒：慢性经过，病初食欲减退或废绝，精神沉郁，肌肉弛缓，极度衰弱，体温升高，孕畜流产	牛马铃薯中毒
体温39～40℃，也有高达41℃的，多呈弛张热或间歇热；精神沉郁、食欲减退	牛肾盂肾炎
体温40～41℃，精神沉郁，卧下呻吟，头颈弯曲于一侧，昏睡，食欲废绝，反刍停止，反应迟钝；心跳每分钟100～120次，呼吸增数；死亡前体温下降，四肢厥冷	母牛产后败血症
急性：厌食、精神沉郁	牛病毒性腹泻（黏膜病）
头颈伸直，精神沉郁	食管阻塞
亚急性：精神沉郁，食欲不振或废绝，瘤胃蠕动弱	牛魏氏梭菌病
急性：体温可达40℃或以上（常时而上升，时而下降至正常），心跳每分钟80～100次；精神沉郁，食欲减退或废绝，反刍减少或停止，如化脓灶有转移，表现转移部位的症状	母牛产后脓毒血症

症状	疾病
急性：体温升高，精神沉郁，食欲减退	牛膀胱炎
呼吸型：精神沉郁、拒食	牛传染性鼻气管炎
病初精神沉郁，食欲减退或废绝，反刍停止，体温无变化，脉弱而速，呼吸增数；中毒严重时体温升高	牛蓖麻籽中毒
慢性第二期：病程可长达 10～25 天，表现血铜微升，肝功能受损，厌食、精神沉郁、腹泻 慢性第三期（溶血期）：常突然暴发，病程 24～48 小时，长的可达 5 天；表现虚弱无力，厌食，发抖，血铜升高	牛铜中毒
水牛：一般体温、心跳、呼吸、饮食、瘤胃蠕动和粪尿无明显变化；病牛精神委顿，拱背，皮肤干燥，可视黏膜潮红，病程稍长，可达月余，甚至数月，长期卧地、发生褥疮	牛霉稻草中毒
败血型：体温 41～42℃，精神沉郁，低头耷耳，肌肉震颤	牛巴氏杆菌病
肉牛如在产犊前 2 个月发病，则母牛持续精神沉郁 10～14 天；不吃食，呈伏卧姿势	牛妊娠毒血症
常在产后几天或几周出现，食欲减退，便秘，粪外附有黏液，精神沉郁，凝视，体重显著下降，奶量减少、有酮气味，呼出气和尿也有酮气味	奶牛酮病

症状	疾病
急性：躁动不安，不能卧倒，即使卧倒也迅速站起，如不及时治疗，可在几小时内死亡 慢性：精神沉郁，站立时间较长，卧倒时间不长	牛瘤胃臌胀
精神沉郁、减食	牛无浆体病（边缘边虫病）
精神由不振逐渐变为沉郁，不愿走动，懒于站立而喜久卧	牛肠阻塞
急性：严重时精神沉郁，行动困难，步态蹒跚，抽搐	牛棉籽和棉籽饼中毒
先精神沉郁，消瘦，步态蹒跚	牛蕨中毒
精神不振，甚至沉郁，懒于走动，行动缓慢	牛阔盘吸虫病
急性：食欲、精神不正常，行动迟缓	牛吸血虫病（分体吸虫病）
病初精神不振，渐沉郁，懒于行动，严重时不愿起立	牛肠炎
不愿走动（走也很慢）久站不愿卧下，卧下后又不愿站起	牛瘤胃积食
毛粗乱，行动迟缓，耕作无力，消瘦，衰竭死亡	牛肝片吸虫病（肝蛭病）

临床症状	疾病
常在分娩过程中，或在生产后48小时内发病，最初卧地还想爬起来，后肢因不能充分伸展而不能站立，精神很好而且机敏，饮食稍减，粪尿排泄正常，体温正常或稍高，心跳80～100次，呼吸无变化	母牛爬行综合征（“母牛卧倒不起”综合征）
精神不振，放牧时落群	牛网尾线虫病
慢性：精神沉郁，消瘦，倦怠 急性：体温40℃，最高可达41℃，精神不振，黄疸，贫血，呼吸增数，心悸亢进；有的在耕作中或归途上、下坡时突然倒地口吐白沫，心律不齐，眼球突出，呼吸迫促，常于数小时内死亡	牛伊氏锥虫病
病初体温40～42℃，呈稽留热，精神不振，食欲减退，反刍减少；后期食欲废绝，磨牙、舐土	牛巴贝斯焦虫病
体温40℃以上，呈稽留热。病初症状不明显，精神较差，减食；有时站立不肯卧下	水牛类恶性卡他热（水牛热）
病初食欲正常，精神正常，后食欲减退，逐渐消瘦，精神不好，经常躺卧，泌乳减少，最后停止泌乳，皮肤粗糙，毛乱	牛副结核病
精神稍差，常表现不安，有时盲目前进或转圈，后期精神沉郁	牛过食豆类病
急性：体温42℃，精神不振，食欲减退或废绝，反刍减少或停止	炭疽

症状	疾病
初期：体温39～41.8℃，呈稽留热，角很热 中期：体温40～42℃，精神萎靡，低头耷耳，拱背缩腹，静处一隅，卧时头弯向一侧，舐土，磨牙，呻吟，迅速消瘦，肌肉震颤，行动摇摆 后期：食欲废绝，卧地不起，反应迟钝	牛环形泰勒焦虫病
有些牛在发热、绝食、精神委顿、产奶量下降后，经24小时症状即消失	牛沙门氏菌病
严重时精神萎靡，食欲不振，毛逆立；拱背，寒战，虚弱	牛弯杆菌性腹泻（牛冬痢）
精神萎靡，四肢无力，行动摇摆	牛木贼中毒
食欲减退，反刍减少，严重时食欲废绝，瘤胃蠕动减弱，喝水时自肘、肋至鬐甲的被毛逆立，30分钟左右才自动顺倒；站立时肘外展，卧时非常小心，即使前肢跪下，后躯左右移动多次才小心卧倒，用脚尖踢牛剑状软骨后方，牛有疼痛避让；用金属探测仪检测时有反应	牛创伤性网胃炎
运动中易出汗（毛尖端发现水珠），也能发现自体中毒（磨牙，嘴唇震颤等）	牛肠卡他
病初精神状态无异常，病久喜卧，少站立，尾少摆动，甚至蝇叮咬也不甩尾驱赶；病重，卧时头向后勾，或平放于地，更严重时久卧不能起，尾呈S状弯曲	牛前胃弛缓

症状	疾病
发热期：病初40℃以上，畏光，常躲于暗处，毛粗乱，食欲减退或废绝，反刍减少或停止，有时下痢常引起流产，呼吸增数，心搏过速；经5～10天转入第二期	牛贝诺孢子虫病
慢性型：血清镁水平低，但不表现临床症状；少数表现模糊的综合征，包括迟钝，健康不佳，食欲减退。也见于亚急性型康复的病畜	牛青草搐搦（泌乳搐搦）
牛吞食牛带吻绦虫的节片后，因毒素中毒，表现虚弱、战栗，长时间躺卧，有时可引起死亡	牛囊尾蚴病（牛囊虫病）
急性：体温升高1～2℃，精神沉郁，食欲减退，反刍紊乱 慢性：多由急性肾炎发展而来，故症状基本相似；病初全身衰弱，乏力，食欲不振，消化不良或严重的胃肠炎，逐渐消瘦	牛肾炎
热射病：体温42～44℃，全身出汗，剧烈喘息，晕厥倒地，黏膜发绀，静脉瘀血，脉弱，最后皮肤干燥，体温下降，窒息和心脏麻痹死亡	牛日射病和热射病

第二节　体　　温

一般牛的正常体温：初生犊牛至1月龄为38.5～40℃；3月龄至6月龄为38.5～40.5℃；10月龄以上至3岁为38.5～40℃；成年牛为38.5～39.5℃。

牛的普通病除部分有炎症（如脑膜脑炎、肺炎、肠炎、日射病和热射病等）的疾病外，一般都接近正常，但一些传染病的体温一般都高于正常，急性高于亚急性，亚急性高于慢性，有些慢性病的体温不见升高。临床如发现有体温升高的病牛，应进一步从症状中考虑升温的原因。同时，结合流行病学，从季节、易感性考虑传染病和原虫病，有助于临床综合分析，从而得出正确的结论。现将一些高温病罗列于下，以供参考。

42～44℃　热射病

42℃　急性炭疽

41～42℃　牛瘟、败血型牛巴氏杆菌病、牛气肿疽

41.5℃　牛细菌性血红蛋白尿

41℃　肺炎型牛巴氏杆菌病、牛副流行性感冒、最急性犊牛脓毒败血症

40.5～42℃　李氏杆菌病

40～42℃　牛蓝舌病、牛病毒性腹泻、牛传染性胸膜肺炎、急性钩端螺旋体病、牛巴贝斯焦虫病

40～41.5℃　牛无浆体病（边虫病）

40～41℃　牛沙门氏菌病、传染性水疱性口炎、口蹄疫、咽喉型牛巴氏杆菌病、犊牛沙门氏菌病、犊牛衣原体病、（急性、慢性）犊牛脓毒败血症、犊牛坏死性口炎、恶性水肿、牛流行热、创伤性网胃炎、肠炎、脑膜脑炎、产后败血症、子宫内膜炎继发败血症、牛囊尾蚴病（囊虫病）、牛双芽巴贝斯焦虫病、牛蕨中毒（急性）

40～40.5℃　青草搐搦（泌乳搐搦）

40℃（可达41℃）　牛伊氏锥虫病、牛狂犬病

40℃以上　牛黏膜性肠炎、公牛结核病、牛吸血虫病（分体吸虫病）、产后脓毒败血症、牛日射病

40℃　牛传染性鼻气管炎、幼畜大肠杆菌病（肠型）、牛伪狂犬病

39.5～41℃　支气管肺炎

39～41.8℃　牛环形泰勒焦虫病

39.5～40.5℃　肾炎、肾盂肾炎（也有高达41.5℃的）、犊牛肺炎（也有40～41℃的）

39～40℃　牛肠扭转

各病的体温从病初至末期随着病情的变化有所升降，特别是濒死期会骤然下降，有的病在发展到某一程度时体温自然下降，如口蹄疫初病时体温高达40～41℃，当所发生的水疱破裂时体温即下降。在检测体温时应考虑这些变化，方不致被误导。

第三节　口腔表现的临床症状

在临床诊断时要注意，口腔的检查。口腔黏膜（可视黏膜之一）常因全身症状而有病变，如有些病因血液浓稠或缺氧导致可视黏膜发绀（发紫），或者贫血致口黏膜苍白，甚至呈现黄染（黄疸）。

一、口流涎

症状	疾病
口炎，流涎	牛感光过敏
轻度中毒，口腔黏膜肿胀，流涎	牛马铃薯中毒
急性：大量流涎	牛铜中毒
流涎	牛有机磷中毒
流涎	牛血清病
流涎	牛食管阻塞
经常流涎	牛巴贝斯焦虫病
犊牛：流涎	牛李氏杆菌病
流涎	牛尿毒症
流涎、出汗	牛尿素中毒
流涎	牛硝酸盐和亚硝酸盐中毒

症状	疾病
流涎、恶心、呕吐	牛无机氟化物中毒
亚急性：流涎	牛青草搐搦（泌乳搐搦）
后期：吞咽麻痹、流涎	牛伪狂犬病
口腔黏膜红肿（拒食），吞咽困难，流涎	牛氨中毒（喝氨水）
迟发型：空嚼流涎，口角有粉红色泡沫，口吐白沫死亡	牛氟乙酰胺中毒
有的流涎	牛酒糟中毒
牛舌肿大变硬，不能活动，有时露于嘴外，口流涎	牛放线菌病（木舌）
咽喉型：口流涎，舌暗红、伸于口腔外	牛巴氏杆菌病
口流涎、流泪，可视黏膜黄染	牛木贼中毒
流涎、口附白沫	牛白苏中毒
牙关紧闭、流涎	牛破伤风

二、口流泡沫

症状	疾病
口腔充满泡沫状液	牛尿素中毒
口流白色泡沫	牛氢氰酸中毒

症状	疾病
前期口流泡沫状涎	牛闹羊花中毒
口吐白沫	牛青草搐搦（泌乳搐搦）
口角流少量白沫	牛食盐中毒
迟发型：空嚼流涎，口角有粉红色泡沫	牛氟乙酰胺中毒
口角有泡沫样液	牛瘟
张口伸舌，口吐白沫，口边附有少量白沫	牛再生草热（牛特异性间质性肺炎）
口吐白沫	牛网尾线虫病
口吐白沫或血色泡沫	牛癫痫

三、口有水疱、糜烂、溃疡、损伤、流涎

症状	疾病
舌、唇发生米粒大水疱，内有透明黄色液体，常融合为大水疱，经 1～2 天水疱破裂，露出鲜红烂斑，并有咂唇音 有的病牛乳头、蹄部也可能发生水疱，病程 1～2 周	牛传染性水疱性口炎
流涎挂于口角，1～2 天后唇内面、齿龈、舌面和颊部黏膜发生蚕豆大或核桃大的水疱，经 1 昼夜水疱破裂形成边缘整齐的红色烂斑。此时体温下降	牛口蹄疫

慢性：少有明显发热症状，鼻镜糜烂，口腔稍有糜烂，齿龈发红，眼有浆液分泌物，大多死于病后2～6个月

急性：厌食，精神沉郁，流浆性鼻液，2～3日内鼻镜、口腔黏膜糜烂，舌面上皮坏死，流涎增多且恶臭。通常死于病后1～2周，80%齿龈、上腭、舌面两侧和颊部黏膜有糜烂

——牛病毒性腹泻（黏膜病）

舌、颊黏膜肿胀，舌呈蓝色，后舌发生溃疡，流涎，口臭

——牛蓝舌病

口腔黏膜潮红、充血、肿胀，严重的黏膜表层剥脱或发生大小不等的溃疡，溃疡面有白或微黄的纤维素；也有的黏膜起水疱，疱中有麦芒或麦芒扎于舌下和齿缝；有的上臼齿外侧或下臼齿内侧缘特别尖锐，损伤颊部黏膜或舌边缘，导致黏膜肿胀溃烂，有恶臭。曾见下臼齿脱落处的齿龈长一鸡蛋大肿瘤。流涎

——口炎

口腔黏膜出现溃疡，溃疡面有黄豆至蚕豆大

——牛青杠树叶中毒

口腔黏膜具有特征性病变：初潮红，涎增加如丝状流出，不久黏膜表面出现灰色或灰白色粟粒大突起，初较坚硬，后变软，状如麸皮，小突起融合成一层均匀灰色或黄色假膜，附着疏松，极易脱落，假膜脱落后易出血，形成烂斑，烂斑边缘不规则，间或发展成为较深的溃疡

——牛瘟

口腔黏膜有溃疡

——牛钩端螺旋体病

开口可见舌表面有创伤，并可见有异物（曾见有大车上的木榫嵌于半断裂的舌创口间），致舌损伤或断裂，初期还可见流血，并见有半断裂的舌尖露于嘴外。流涎——牛舌损伤

口腔无异常，吞咽困难，口流涎持续不断，持续哞叫不断，直至叫声嘶哑也不停止——牛狂犬病

头颈伸直，不愿低头，口流涎。食物咀嚼后表现吞咽困难或不能咽下（曾见一牛连吃几口草后头颈伸直，开口检查发现舌根咽部积有很多草，将草取出后才发现咽峡肿胀发硬），病重时绝食，有时鼻流黏液，大口喝水时水从鼻孔流出。按压咽部敏感疼痛——牛咽炎

若一侧发炎，患侧局部肿胀有热痛，食欲减退或废绝，反刍减少或停止。若两侧发炎，则两侧均肿胀有热痛，并发生吞咽和呼吸困难，呼吸时有鼾声。流涎，如已化脓，触诊有波动，如局部皮肤穿孔流出脓液，在牛吃草和反刍时自孔中流出唾液——牛腮腺炎

阻塞物如在咽部，用开口器伸手入口，手指可在咽部触到阻塞物。如阻塞物在颈部食管，用手循颈静脉沟可摸到坚硬的物块，则其上部的食管有波动（低头流出的水也较多）。如阻塞物在胸腔的食管，则在颈静脉沟可摸到充满液体且有波动感的食管。用胃导管探入食管，流出大量液体，但不能进入瘤胃——牛食管阻塞

症状	疾病
消化型：主要见于去势小公牛，厌食，流涎，口鼻周围有泡沫，瘤胃蠕动音消失	牛菜籽饼中毒

四、口腔黏膜苍白、黄染

症状	疾病
口腔黏膜苍白（肝破裂）	牛肝炎、肝肿大
慢性：长期消化不良，异嗜，口腔黏膜苍白、黄染，舌苔发白，口臭，瘤胃蠕动弱	牛皱胃炎
上颌骨、颧骨肿大，牙松动，咀嚼、吞咽困难	牛放线菌病
可视黏膜苍白，耳、尾放血色如酱油	牛硝酸盐和亚硝酸盐中毒
可视黏膜苍白	牛瘤胃破裂
口乌紫，内股、腹下发绀	牛白苏中毒
口色乌紫	牛再生草热（牛特异性间质性肺炎）

五、牙齿病变

症状	疾病
慢性：齿白如枯骨，釉质浅黄色、现齿斑，磨灭不齐 牙齿磨灭不整，呈波状齿，并有黄色或褐色齿斑	牛无机氟化物中毒

第四节　眼表现的临床症状

在进行临床诊断时不能忽视眼的检查。因为眼结膜在健康状态下呈淡蔷薇色（淡红色），一旦牛发生疾病，常使眼结膜的颜色发生变化。有时这种变化的显示对诊查疾病具有一定的导向意义。例如，当机体缺氧或血液浓稠微循环有障碍时，眼结膜发紫（发绀），如果病初出现也可能是中毒。若有比较严重的炎症或高温，眼结膜可能出现潮红、充血。如果病牛体质衰弱、患消耗性疾病、贫血或内出血时，眼结膜呈现苍白，有些病（包括原虫病）使红细胞遭到大量破坏，不仅出现苍白，还显示有黄染，在胆汁输送有障碍时也会出现黄染和黄疸。有些败血性疾病可见有出血点。如机体失水较多时眼球凹陷于眼窝深处，出现眼睑与眼球间有一圈空隙（输液 2 000 毫升眼球即恢复正常不显凹陷）。

在检查眼时，不可忽视的是眼睛本身可能发生的疾病，如结膜炎、角膜炎、角膜溃疡、虹膜炎、毛眼（一块有被毛的皮肤组织生长于角膜上）、眼球炎、吸吮线虫病等，也都出现结膜潮红、充血，流泪。区别眼病与其他疾病的关键在于，眼病多不引起全身症状。

一、眼结膜潮红、充血

症状	疾病
眼结膜潮红	水牛血斑病
初期：眼结膜潮红 中期：可视黏膜黄红色、角膜灰白色，流泪	牛环形泰勒焦虫病
眼球震颤，瞳孔缩小，结膜潮红、发绀，有的苍白、黄染	牛有机磷中毒
眼结膜充血	牛蓖麻籽中毒
可视黏膜潮红	牛霉稻草中毒

症状	疾病
结膜炎，双目失明	牛感光过敏
眼结膜潮红、充血，瞳孔散大，视力障碍	牛食盐中毒
眼结膜高度潮红，表面有假膜，角膜不浑浊，眼睑肿胀流泪（后变脓性），最后呈污灰或微棕色	牛瘟
有的结膜炎	牛酒糟中毒
眼结膜充血，眼球凹陷	牛肠缠结
眼结膜充血，脱水时眼球凹陷	牛肠炎
眼结膜稍充血，眼球稍凹陷，皮肤弹性减弱（有脱水现象），尿少、稍黄	牛肠阻塞
慢性结膜充血、潮红，流泪，有出血点或出血斑	牛伊氏锥虫病
后期出现眼结膜高度潮红，流泪	水牛类恶性卡他热（水牛热）
眼结膜充血，有脓性分泌物；眨眼，眼球震颤	牛有机氯农药中毒

二、眼结膜充血、黄染

症状	疾病
病期延长时，眼球下陷，眼结膜充血、黄染	牛沙门氏菌病

眼结膜充血、黄染，濒死时发绀——母牛产后败血症

眼结膜充血、黄染——牛肝炎、肝肿大

眼结膜充血，略有黄染——母牛慢性子宫内膜炎

三、眼结膜发绀

急性：可视黏膜蓝紫色——牛传染性胸膜肺炎（牛肺疫）

咽喉型：眼结膜、皮肤普遍发绀——牛巴氏杆菌病

黏膜发绀，静脉瘀血——牛日射病和热射病

眼球突出，瞳孔散大，口乌紫，内股、腹下发绀——牛白苏中毒

可视黏膜发绀——牛脑及脑膜充血

黏膜发绀（食后1～5小时）——牛硝酸盐和亚硝酸盐中毒

黏膜发绀，略带黄染——牛狗屎豆中毒

四、眼结膜苍白、黄染

贫血，眼结膜苍白——牛白血病

症状	疾病
成年牛：高度贫血，眼结膜瓷白色，黄疸，流泪，会阴部黄染，皮肤、乳房和可视黏膜十分苍白，并出现针头大出血点	牛无浆体病（边缘边虫病）
病初眼结膜无异常，久病眼结膜苍白，或树枝状充血，如机体脱水，则眼球凹陷	牛前胃弛缓
眼结膜苍白或树枝状充血	牛肠卡他
如皱胃穿孔，则高度沉郁，体温升高，眼结膜苍白	牛皱胃溃疡
眼结膜苍白，略显黄染	牛肝片吸虫病（肝蛭病）
继发性（多属慢性）：体温不升高，眼结膜苍白或树枝状充血并黄染。眼结膜苍白（肝破裂）	牛肝炎、肝肿大
眼结膜苍白或黄染	牛蕨中毒
可视黏膜黄染	牛木贼中毒
可视黏膜黄染，严重贫血	奶牛产后血红蛋白尿
贫血瘦弱，可视黏膜苍白，黄疸；血液水样不易凝固，红细胞减少至每立方毫米250万个 急性：贫血明显，可视黏膜苍白，黄疸，瘦弱，晚期明显黄疸	牛巴贝斯焦虫病
可视黏膜黄染	牛钩端螺旋体病

症状	疾病
溶血性贫血型：眼结膜苍白，中度黄疸	牛菜籽饼中毒
体温、呼吸、食欲均无明显变化。严重贫血时食欲稍下降，呼吸稍增数，可视黏膜由淡红转为苍白	牛血红蛋白尿
主要是全身皮肤黄染 慢性（第三期）黄疸（也有不出现黄疸的）	牛铜中毒
黄疸，贫血	牛伊氏锥虫病

五、眼结膜有出血点

症状	疾病
初期：眼结膜先出现小出血点，后发展成瘀血斑。眼裂有血样分泌物	牛血斑病
急性：可视黏膜蓝紫色或有小出血点	牛炭疽
中期：眼睑下有粟粒大出血点 后期：在眼睑、尾根皮肤薄处出现粟粒大至扁豆大深红色结节状的溢血斑点，随后死亡，病程 1 周至 20 天	牛环形泰勒焦虫病
皮肤、乳房和可视黏膜十分苍白，并出现针尖大出血点	牛无浆体病（边缘边虫病）

六、巩膜、角膜充血

症状	疾病
口服中毒：角膜炎	牛有机氯农药中毒

症状	疾病
慢性：角膜和眼球出血	牛铅中毒
发热期：巩膜充血，流泪，角膜布满白色隆起的虫体包囊	牛贝诺孢子虫病

七、眼流泪（分泌物）

症状	疾病
流泪	牛木贼中毒
经常流泪、流涎	牛巴贝斯焦虫病
眼有浆液性分泌物	牛病毒性腹泻（黏膜病）
犊牛：流泪	牛李氏杆菌病
病至后期，迅速消瘦；眼无神，有脓性眼眵，鼻液污浊，口角有泡沫样液；呼吸困难，发出呻吟；全身震颤，排稀粪，衰竭抽搐而死	牛瘟

八、黏膜、瞳孔异常

症状	疾病
初期：患眼羞明、流泪。疼痛，后角膜凸起，角膜周围血管充血，结膜、瞬膜红肿，或角膜上发生白色或灰白色小点，严重时发生溃疡。有时眼前房积脓或角膜穿孔。多数先一眼发病，而后双眼感染，病程20～30天。一般无全身症状。如两眼化脓，则体温升高、食欲减退	牛传染性角膜、结膜炎

纤维素性：结膜肿胀，充血、疼痛。羞明，流出琥珀样黄色分泌物，结膜覆有黄色或血清样黄色的纤维素假膜，一般用镊子即易除去，除去假膜有轻度出血

化脓性：眼睑和结膜肿胀，排脓性分泌物，初较稀，后浓稠，可使上、下眼睑粘连。可能继发溃疡

——牛结膜炎

角膜炎：眼睑闭合，按压眼睑疼痛，翻开眼睑可见角膜灰白色浑浊，重时角膜四周有红晕

角膜溃疡：角膜表面有菜籽或黄豆大的凹陷，也有更大的溃疡，浅的仅表层角膜上皮缺损，重时界膜、固有膜（固有质）缺损，可见溃疡较深。如更深一层的弹力膜（内弹力膜）损伤时，眼前房内皮则向外凸出，有时凸出的部分可超过角膜上皮，如不及时治疗，能形成穿孔。羞明、流泪

——牛角膜溃疡

羞明、流泪、疼痛，翻开眼睑，可见瞳孔缩小，虹膜肿胀，失去固有清晰的纹理，有时可在眼前房下部见有浑浊的分泌物潴留，如延误治疗，虹膜会与晶状体或角膜发生粘连

——牛虹膜炎

眼球肿胀，流黏性或脓性分泌物，上眼睑有时下垂、不睁开或半睁。如眼球突出眼窝过多，则眼睑不能覆盖眼球，可在角膜或巩膜见到腔洞，边缘不整，并有内容物突出。病畜不安，食欲减退，反刍减少，有时体温升高

——牛眼球炎

症状	疾病
视力障碍，瞳孔呈淡灰色或白色。夜间或暗室中不能从瞳中见到眼底的荧光色彩，行走时不避障碍物	牛白内障

九、可视黏膜鲜红

症状	疾病
可视黏膜呈鲜红色	牛氢氰酸中毒

十、其他变化

症状	疾病
慢性：精神沉郁，咽麻痹，流涎，瞳孔散大，视力减弱，厌食，常磨牙	牛铅中毒
慢性：干眼和目盲	牛棉籽和棉籽饼中毒
虫体在结膜囊内游动，结膜、角膜因受其刺激而潮红、充血、流泪，当角膜炎严重时发生浑浊或溃疡，羞明。外翻眼睑即可看到吸吮线虫附着在角膜或巩膜上游动	牛吸吮线虫病（眼虫病）

第五节　鼻表现的临床症状

在正常情况下，鼻镜光滑、湿润并附有水珠，鼻孔虽不时流出水样鼻液，但会随时被牛舔净，保持着鼻孔干净。一旦发生疾病，鼻镜即出现干燥，如牛久病则干燥的鼻镜皮肤会出现皲裂，甚至皮肤翘起。有些病会导致鼻镜糜烂。鼻腔黏膜如因病发炎，必有渗出物（浆液性或黏液性，甚至脓性）从鼻孔流出。如鼻黏膜有溃疡或损伤时，可能会流出血液。如呼吸发出鼾声，在试验鼻孔透气性时，可捏闭一侧鼻孔以试探另一侧鼻孔是否透气。如有一侧鼻孔不透气，可用导管通鼻试探是否因肿胀而致鼻腔过于狭窄，或有异物（如麦穗）堵塞。

一、鼻镜皲裂、糜烂、溃疡

症状	疾病
初病时鼻镜仍湿润、有细水珠，稍久，鼻镜干燥，但牵遛病牛时鼻镜会出现水珠，恢复湿润，在静卧时又干燥，鼻孔边留有清水样鼻液（舔鼻次数减少）。病重时鼻镜干燥并有皲裂，鼻孔边贮有脓性鼻液，甚至有污秽痂皮	牛前胃弛缓
流浆液性鼻液。80%病牛的鼻镜、鼻孔有糜烂及溃疡 急性：2～3天鼻镜糜烂 慢性：鼻镜逐渐糜烂	牛病毒性腹泻（黏膜病）
口服中毒：鼻镜溃疡	牛有机氯农药中毒

二、鼻流浆液性、黏液性、脓性鼻液

症状	疾病
中期：鼻镜干，鼻流清白黏液	牛环形泰勒焦虫病
呼气时可能出现呻吟。鼻液清亮透明，鼻镜上皮脱落	牛妊娠毒血症
鼻流浆液性或黏液性鼻液，后期鼻黏膜有小点出血，呼吸困难，呼出气体有臭味，常见鼻出血不止。肺听诊有啰音	水牛类恶性卡他热（水牛热）

症状	疾病
犊牛：流鼻涕、流泪、流涎	牛李氏杆菌病
呼吸道型：体温40℃以上，鼻黏膜高度充血，流多量脓性鼻液，出现浅溃疡，鼻窦、鼻镜高度充血（称红鼻子），鼻液多时呼吸困难，呼出气体有臭味，咳嗽	牛传染性鼻气管炎
鼻流浆液性、脓性鼻液，迅速衰弱，呼吸困难	牛传染性胸膜肺炎（牛肺疫）
鼻镜干，鼻流脓性鼻液	牛副流感
鼻流黄色黏液性鼻液	牛网尾线虫病
流鼻液	牛木贼中毒
鼻液增多	牛有机磷中毒
急性：有时灰白或带黄色的痰液从鼻孔流出	牛支气管炎
病初鼻液较多	牛支气管肺炎

三、鼻流泡沫状鼻液

症状	疾病
口、鼻内充满泡沫状液	牛尿素中毒
鼻流白色泡沫状鼻液	牛霉麦芽根中毒

症状	疾病
口、鼻流白沫，伸颈伏卧，体温下降，最后窒息死亡	牛传染性胸膜肺炎（牛肺疫）
消化型：主要见于去势小公牛，口、鼻周围有泡沫	牛菜籽饼中毒
流泡沫状鼻液	牛巴氏杆菌病

四、鼻液带血

症状	疾病
初期：鼻黏膜出现小出血点，后发展成瘀血斑	牛血斑病
鼻黏膜潮红、有出血点，流透明黏液，后流脓性鼻液。鼻液污浊	牛瘟
水牛：鼻黏膜有蚕豆大烂斑，部分病牛一侧鼻流鲜红血液	牛霉稻草中毒
发热期：鼻黏膜鲜红，上有许多包囊。有鼻漏，初为浆液性，后为浓稠带血黏液，呈脓样。咽喉受侵害时有咳嗽	牛贝诺孢子虫病

五、喝水时鼻流水

症状	疾病
鼻、口流涎，如喝水多水可由鼻孔流出，低头时鼻孔流出黏液	牛食管阻塞

六、鼻不透气

症状	疾病
鼻孔外露出灰白或黄灰白色类似肉芽的纤维组织，用手可以捏断，断端出血，鼻孔因其堵塞而不透气。即使用长镊子从鼻孔将该纤维组织截断，不久又露出鼻孔	牛鼻息肉
呼吸有鼾声，病侧鼻孔流恶臭鼻液，捏健侧鼻孔，病侧鼻孔不透气	牛副鼻窦炎
曾见鼻孔不透气，一侧流鼻液，导管通鼻孔，由口腔喷出麦穗。有的两侧鼻孔均不透气，张口呼吸，捅鼻孔从口腔喷出一个草团	牛鼻有异物

第六节　呼吸系统表现的临床症状

正常的初生犊牛每分钟呼吸次数为56次，8～14日龄牛50次，成年牛30～32次。当天气炎热或使役时，牛呼吸次数会有所增加。如果呼吸次数增加，或显迫促，甚至呼吸发生困难，不仅呼气粗厉，还表现腹式呼吸或头颈伸直、鼻翼张开，甚至张口呼吸，则显示病情很严重，预后堪忧。

一、呼吸增数

症状	疾病
呼吸增数	牛蓖麻籽中毒
败血型：心跳、呼吸加快，有的咳嗽时呻吟	牛巴氏杆菌病

症状	疾病
呼吸增数，有的明显呼吸迫促，每分钟60～80次。呼吸音粗厉。心跳加快	牛流行热
呼吸增数或困难。心跳加快	牛食盐中毒
呼吸：初病时一般无异常，病久随着体质衰弱而增数	牛前胃弛缓
呼吸每分钟60～80次，有时可达100次	牛脑膜脑炎
初期：呼吸每分钟80～110次 中期：鼻镜干，鼻流清白黏液	牛环形泰勒焦虫病
体温39.5℃左右，脱水、衰弱，产奶量明显下降，呼吸迫促，死亡率可达50%(常发生于产后2～4周)	奶牛产后血红蛋白尿
呼吸增数、迫促，每分钟可达80次。急性时出现呼吸困难	牛瘤胃积食
当发炎肺小叶数量增多时，呼吸困难，每分钟可达100次	牛支气管炎
呼吸增数	牛菜籽饼中毒
严重时呼吸增数	牛虱病
呼吸增数	牛狗屎豆中毒
呼吸浅而急	水牛有机氯农药中毒

亚急性：每分钟呼吸 60～80 次——牛魏氏梭菌病

二、呼吸困难

呼吸困难——牛无机氟化物中毒

呼吸困难，脉细数——牛脑及脑膜充血

呼吸困难，呻吟——牛瘟

呼吸困难，肺部听诊有啰音——牛氨中毒

假性：呼吸困难，阵发性喘息——牛尿毒症

咽喉型：体温 40～41℃，咽喉部肿胀，有热痛。呼吸困难，头颈伸直，病程 12～36 小时

肺炎型：体温 41℃ 左右，呼吸迫促、困难，咳嗽，初干咳后湿咳，流泡沫样鼻液，叩诊肋部有疼痛、浊音，病程 3～7 天

——牛巴氏杆菌病

后期：呼吸困难、用力，心跳不规律，吼叫，痉挛而死——牛伪狂犬病

急性：严重的呼吸困难——牛肾炎

呼吸增数、困难——牛蕨中毒

症状	疾病
急性：呼吸困难、呼气粗厉，严重时头颈伸直，张口伸舌，发出吭声 慢性：呼吸困难，呻吟	牛瘤胃臌胀
慢性（第三期）：气喘，呼吸困难，休克	牛铜中毒
最急性：发病急剧，昏迷倒卧，呼吸困难，可视黏膜蓝色，全身战栗，心悸亢进，濒死期天然孔流血，病程数分钟或数小时 急性：呼吸迫促、困难，濒死期体温急降，呼吸极困难，出现痉挛样症状，发抖，一般 1～2 天死亡	牛炭疽
初呼吸浅表、增数，濒死时呼吸困难，并由鼻孔流出白色泡沫	牛霉麦芽根中毒
呼吸型仅见于牛，表现呼吸困难、增数，张口呼吸，发生皮下气肿	牛菜籽饼中毒
呼吸困难，呻吟	牛硝酸盐和亚硝酸盐中毒
呼吸困难	牛尿素中毒
急性：呼吸迫促，后头颈伸直，腹部肌肉震颤，呼吸困难	牛魏氏梭菌病

三、呼吸困难且呼出气体有特殊气味

症状	疾病
呼吸困难、浅表，呼出气体有杏仁味	牛氢氰酸中毒

流涎，鼻液增多，呼吸困难，呼出气体有特殊气味——牛有机磷中毒

呼出气体有酮气味——奶牛酮病

四、气喘、呼吸困难

剧烈喘息——牛日射病和热射病

突发气喘，每分钟呼吸可达 100 次以上，体温不升高，呼吸音粗厉，胸围膨大，两肘外展，听诊区扩大至 11～12 肋，心跳 80～100 次，少数后期在颈、肩、背肋部出现皮下气肿，呼吸更困难，伸颈、伸舌张口，并发出吭声，眼球突出，瞳孔散大，久站不愿卧下，即使卧下也不能持久，如卧下几分钟即起，即濒临死亡

有的经治疗后已吃草反刍，但可能因瘤胃内的黑斑病甘薯又被吸收而再次发病——牛黑斑病甘薯中毒

初病不显症状，仅咳嗽。多数特发气喘，呼吸困难，头颈伸长，张口伸舌，口吐白沫，恐惧呻吟，体温正常或稍高，但在非常暖的天气可达 41～42℃。重时呼吸极度困难，站立不能卧下，口边附有少量白沫，鼻端有节奏地收缩，吭喘，肺部叩诊有清音，间或有鼓音。听诊肺泡音弱，有干性啰音、湿啰音和捻发音，多数皮下气肿

病情急剧恶化，呼吸用力，眼球突出，瞳孔散大，口色乌紫，吐沫，吐水，窒息虚脱，几小时至 1～2 天死亡——牛再生草热（牛特异性间质性肺炎）

初期仍吃草反刍。继而闷呛，吸气用力，鼻翼张开向上掀，流涎，口角附白沫。1～2小时后呼吸急促、用力，头颈伸直。肺音粗厉，有干性啰音，呼吸极度困难

严重时极度不安，出现间断呼吸，呼吸极度困难而用力，全身肌肉震颤，头向前伸，突然倒地，鼻流大量泡沫，口吐大量清液而死

——牛白苏中毒

伸舌，气喘，呼吸加深（亚急性）——牛青草搐搦（泌乳搐搦）

呼吸减慢——牛脑震荡及损伤

五、咳嗽

急性：主要症状为咳嗽，病初短咳、干咳，并有疼痛表现。3～4天后，因有炎性分泌物变为湿咳，咳声延长，疼痛减轻。有时咳出黏性灰白或带黄色的痰液，有时痰液从鼻孔流出。听诊病初呼吸音增强，2～3天后出现干啰音，后出现湿啰音，较大的气管还有呼噜音（水泡音），咳嗽有时很剧烈，频繁时1小时可咳3～4次，每次7～8声。体温升高0.5～1℃，呼吸每分钟40～60次

慢性：体温无变化，咳嗽能持续数月或数年，早晚进出畜舍、饮水、采食、运动、气候骤变常引起剧烈咳嗽，肺部可听到各种啰音，肺泡音强盛，当肺气肿时，肺泡音即减弱或消失，肺清音界后移

——牛支气管炎

初有干咳，后为湿咳。病初鼻液较多，呼吸每分钟60～80次，听诊病初肺音粗厉，后听到啰音，部分肺泡音消失，当发炎的肺小叶数量增多时，呼吸困难，每分钟可达100次，胸部叩诊出现小范围浊音区，其周围为清音——牛支气管肺炎

主要表现咳嗽，尤其早晨牵出畜舍时，吸入冷空气立刻引起咳嗽。按掐气管即诱发咳嗽，有时气管分泌物多，还可在肺部听到湿啰音或水泡音，在气管听诊更清晰。一般不表现全身症状——牛气管炎

急性：体温40～42℃，呈稽留热，鼻孔张大，呼吸困难，有吭声，痛性短咳，呼吸次数增多，叩诊肋部疼痛。有大量胸水时呈水平浊音，听诊病部可听到啰音、摩擦音，健部肺泡音增强。鼻流浆液性、脓性鼻液，迅速衰弱，呼吸更困难，口、鼻流白沫，伸颈伏卧，体温下降，最后窒息死亡。一般5～8天死亡。整个病程15～60天

亚急性：症状与急性相似，病程较长时症状较轻，不如急性明显和典型

慢性：大多由急性转化而来，消瘦，短咳，胸部叩诊实音和敏感，食欲时好时坏，有的无临床症状，但长期带毒——牛传染性胸膜肺炎（牛肺疫）

最初出现的症状为咳嗽，初为干咳、后为湿咳，咳嗽次数逐渐频繁。有的发生气喘和阵发性咳嗽，流黄色黏液性鼻液。体温39.5～40℃，听诊有湿啰音，在第8～9肋间有浊音，严重的呼吸困难，咳嗽费力。出现肺泡性和间质性肺气肿。口流白沫，多经3～7天窒息而死——牛网尾线虫病

症状	疾病
有的发生支气管炎，咳嗽	牛酒糟中毒
有时咳嗽，呻吟，初干咳后湿咳	牛巴氏杆菌病
急性：如化脓灶迁移至肺，呼吸增数，咳嗽，听诊有啰音	母牛产后脓毒血症
常见短而干的咳嗽，尤其在起立、运动、吸入冷空气时易咳，随后咳嗽加重，呼吸次数增加或气喘	牛结核病
咳嗽，气喘，流鼻液	牛木贼中毒
咽喉受侵害，咳嗽	牛贝诺孢子虫病
呼吸极度困难，有时声门水肿，频繁咳嗽	牛血清病

六、肺部听诊有啰音、水泡音

症状	疾病
急性：病初呼吸音增强，2～3 天后出现干啰音，后出现湿啰音，较大的支气管还有呼噜音（水泡音） 听诊初肺音粗厉，以后听到啰音，部分肺泡音消失 当发炎的肺小叶数量增多时，呼吸困难，胸部叩诊出现小部浊音区，其周围为清音 慢性：肺部可听到各种啰音，肺泡音强盛，当肺气肿时，肺泡音消失，肺清音界后移	牛支气管炎

症状	疾病
有时气管分泌物多，在肺部听诊可听到湿啰音或水泡音，在气管听诊更清晰，一般不表现全身症状	牛气管炎
急性：可听到啰音、摩擦音，健部肺泡音增强	牛传染性胸膜肺炎（牛肺疫）
呼吸快速、咳嗽，有的张口呼吸。听诊肺前下部有胸膜肺炎、支气管肺炎症状（病初肺音粗厉，后听到啰音）	牛副流感
咳嗽，听诊有啰音	母牛产后脓血症
听诊有湿啰音	牛网尾线虫病
肺部叩诊清音，间或呈鼓音，听诊肺泡音弱，有干啰音、湿啰音和捻发音	牛再生草热（牛特异性间质性肺炎）

七、胸、肋部叩诊疼痛

症状	疾病
叩诊肋部有疼痛，显浊音	牛巴氏杆菌病
胸部叩诊实音和敏感	牛传染性胸膜肺炎（牛肺疫）

第七节　循环系统表现的临床症状

牛的心跳每分钟初生犊 118～148 次，8～14 日龄至 1 月龄 100～115 次，3 月龄 90～105 次，6 月龄 85～103 次，12 月龄以上 80～108 次，成年牛 40～60 次。当病牛体温升高、机体发生炎症、发生传染病、红细胞遭到大量破坏、血液稀薄或病情严重时，每分钟心跳就会增数，一般每分钟心跳超过 80 次以上表示病情已趋于严重状态，如超过 100 次，则病情已非常危险。心音如低于正常是比较危险，防止心力衰竭。心悸亢进、心音过高（甚至在腹、背、臀部都能听到心音）也容易趋于衰竭。血液稀薄可能是原虫病或败血症（血液紫黑而稀薄）造成的。

一、心跳增数

症状	疾病
心跳增数	牛流行热
心跳增数	牛菜籽饼中毒
心跳增数	母牛产后子宫内膜炎
心跳增数	牛血红蛋白尿
心跳增速	牛巴贝斯焦虫病
心跳增数	牛狗屎豆中毒
心跳增数，不久又恢复正常	牛脑震荡及损伤
心跳加快	牛尿素中毒
心跳加快	牛有机磷中毒
心跳加快	牛食盐中毒
心跳增数，每分钟 80～100 次，听诊有拍水音	牛创伤性心包炎

症状	疾病
心跳每分钟80～100次	母牛产后脓毒血症
初病时心跳一般无异常，病久可能减少至每分钟40～50次，但病重时可增加到80～100次。如每分钟心跳低于30次或高于100次，均是危险的征兆	牛前胃弛缓
心跳每分钟80～100次，体温、呼吸、粪尿排泄无变化	母牛爬行综合征（“母牛卧倒不起”综合征）
心跳每分钟80～120次，节律不齐	牛再生草热（牛特异性间质性肺炎）
急性发病心跳在每分钟100次以上，慢性在80～100次	牛瘤胃臌胀
急性发病心跳每分钟100次以上，慢性在80～100次	牛瘤胃酸中毒
心跳增数，严重时可达每分钟100次以上	牛肠炎
心跳每分钟100次以上（肝破裂）	牛肝炎、肝肿大
心跳无异常，病久体质衰弱，心跳每分钟可达100次以上	牛肠阻塞
心跳每分钟100～120次	母牛产后败血症
初期：心跳每分钟80～120次	牛环形泰勒焦虫病

症状	疾病
心跳增数，严重时每分钟100～120次	牛瘤胃积食
心跳每分钟100次～120次	牛皱胃溃疡
脉搏细数（心跳每分钟120～140次）	牛硝酸盐和亚硝酸盐中毒
心跳每分钟可达100～120次，甚至160次	牛脑膜脑炎
心搏过速，惊厥，麻痹，可在24～48小时内死亡	牛铜中毒
轻度：心跳加快	牛一氧化碳中毒
急性：心跳快而弱 亚急性：心跳每分钟80～110次	牛魏氏梭菌病

二、心跳增数、节律不齐

症状	疾病
心跳增数，节律不齐	牛氨中毒
心跳增数，节律不齐	牛木贼中毒
脉弱不整，心律不齐，血压下降	牛闹羊花中毒
心跳快速，节律不齐，心音常被呼吸音掩盖而听不清	牛白苏中毒
心跳加快，节律不齐	牛氟乙酰胺中毒

心跳加快，节律失调——牛口蹄疫

三、脉弱

脉弱而速——牛蓖麻籽中毒

急性：脉弱而速，患侧常听不到心音——牛传染性胸膜肺炎（牛肺疫）

四、心音亢进

急性型：心跳增数，离开畜体一定距离仍能听到心音——牛青草搐搦（泌乳搐搦）

心跳每分钟 80～100 次，心悸亢进，背、腹、臀部也可听到心音——水牛类恶性卡他热（水牛热）

间质性：脉充实紧张，病程持续，出现心衰弱——牛肾炎

心跳初增强，后增数——牛霉麦芽根中毒

五、血液稀薄

初期：心跳每分钟 80～120 次，红细胞内出现虫体

中期：心区扩大，颈动脉波动明显。血液稀薄，呈淡红色，红细胞每立方毫米 200 万～300 万个，血红蛋白浓度降至 20%～30%血沉快，红细胞大小不均匀，白细胞变化不大

——牛环形泰勒焦虫病

症状	疾病
血液稀薄，红细胞、白细胞均减少，不易凝固	水牛类恶性卡他热（水牛热）
血液水样，不易凝固，红细胞减少至每立方毫米 250 万个	牛巴贝斯焦虫病
心搏增数，血液稀薄，红细胞降至每立方毫米 100 万～200 万个，血液无机磷降至每毫升 0.004～0.015 毫克（正常值为0.025～0.09 毫克/毫升）	牛血红蛋白尿
成年牛：红细胞显著减少，每立方毫米 90 万～120 万个，大小不均匀，并有异形红细胞，白细胞增多（每立方毫米 1.3 万～1.6 万个）	牛无浆体病（边缘边虫病）
血液暗红、稀薄（静脉血经手掌淌过不留痕迹）	母牛产后败血症
明显脱水和进行性贫血，红细胞每立方毫米降至 150 万个或更少	牛细菌性血红蛋白尿
最具特征的变化是血液呈黑红色或咖啡色，凝固不良，暴露于空气中经久不转为鲜红色。全身血管扩张	牛硝酸盐和亚硝酸盐中毒
血红蛋白浓度高达 70% 以上（正常为 65%），有畸形红细胞，血浓稠，血沉慢	牛蓖麻籽中毒
白细胞每立方毫米 4 万～5 万个，甚至 30 万个	牛白血病

第八节　食欲、反刍表现的临床症状

牛是草食动物，一般黄牛（农村役用牛）每天需喂给麦秸或其他干草6～8千克，才能满足其生理需求，如果发生疾病则吃草会减少，一般慢性或对全身影响不严重，或胃本身有疾病时都会减少吃草量，在病情趋于严重或发生急性传染病时，则可能出现废食。当牛胃发生炎症时虽尚能吃草，但不吃精料，即使用精料拌草喂，牛也只将草吃完，槽底留下精料（用鞣酸或五倍子、大黄、龙胆加醋连服2～3天即可开始吃精料）。

干草及精料被牛食入瘤胃后，在众多微生物（包括纤毛虫）的作用下发生消化过程，生成的乙酸、丙酸、丁酸、戊酸（量很少）被机体吸收后转为丙酮酸，而干草含有的钠、钾及唾液随饲料进入瘤胃的重碳酸盐，使瘤胃pH保持在7～8.2，奶牛、肉用牛因精料比例较高，其正常pH在5～7。草料随着瘤胃的蠕动而在背囊、腹囊中翻动混合，使经过充分发酵消化变小的草料浮在瘤胃前部的上层，在膈收缩而贲门舒张成漏斗状的同时，网胃、瘤胃收缩致胃内压力梯度增加，胸部食管压力降低，使半流质的食团随食管的逆蠕动送入口腔，牛即开始反刍。根据绵羊试验：饲喂粉碎的干燥禾草，绵羊反刍的时间只有5小时；但当其采食长的或切短状态的同等量的干燥禾草时，反刍8.5小时或9小时；单独由精料组成的日粮，反刍仅2.5小时；而同样的干草日粮，可引起8小时的反刍。经过多次对健康牛的反刍观察，在使役或喂食休息时，咀嚼第一个食团，咀嚼的次数（嚼一下算一次）比较少（30～35次），咀嚼5个食团以后即进入咀嚼常数。一般健康牛每个食团咀嚼70～80次后咽下，其速度约1秒钟咀嚼1次。如果从颈部食管看到一个食团逆送入口腔后咀嚼速度过快（即咀嚼1次不到1秒钟，如羊反刍），则证明这个食团草少水多，并证明瘤胃内水分过多。事实证明，瘤胃蠕动的强弱和持续时间的长短与每个食团咀嚼的次数成正相关，换句话说，可从病牛每个食团的咀嚼次数即可推断瘤胃蠕动的强弱。

磨牙，亦称空嚼，即牛口腔内无食团而有咀嚼动作，轻的在牛身旁才能听到牙齿磨擦音，重的在病牛舍外10米处也能听到咯吱、咯吱的磨牙音。磨牙一般见于消化道疾病胃有炎症时（用五倍子、大黄、龙胆连服3天可使磨牙消失），但也出现于一些中毒病和寄生虫病，必须治好病才能使磨牙消失。

一、食欲减退、反刍减少

症状	疾病
轻症或初病：仅吃草量和反刍的总时间及每个食团咀嚼的次数减少，这一阶段病牛每天吃草量仅为正常量的一半左右，每个食团仅咀嚼30～40次即咽下，在安徽省北部称之为“半吃半倒” 病久：瘤胃的积液过多，在病牛反刍时，可见到食团随食管逆蠕动自胸前向咽部移动，而病牛反刍咀嚼时速度很快，犹如羊反刍。若见食团已进入口腔，开始反刍时，用双手掰开上、下唇即有大量水流出，但仅有几片草（有时随即洗胃即可正式反刍）	牛前胃弛缓
食欲不振，消化不良 急性：食欲减退，反刍紊乱	牛肾炎
食欲减退	奶牛酮病
食欲减退	牛肾盂肾炎
急性：食欲不正常	牛吸血虫病（分体吸虫病）
饮食稍减	母牛爬行综合征（“母牛卧倒不起”综合征）
食欲减退	牛膀胱炎
病初食欲正常，后减退，逐渐消瘦	牛副结核
亚急性：食欲不振	牛青草搐搦（泌乳搐搦）

症状	疾病
厌食	牛铜中毒
食欲时好时坏	牛传染性胸膜肺炎（牛肺疫）
消化型：主要见于小公牛，厌食，瘤胃蠕动音消失	牛菜籽饼中毒
急性：厌食	牛病毒性腹泻（黏膜病）
采食几天或1周发病，初精神沉郁，厌食青草喜食干草，吃草、反刍均减少。磨牙	牛青杠树叶中毒
食欲减退，反刍减少，严重时食欲废绝	牛创伤性网胃炎
一般食欲减退，严重时食欲废绝	牛支气管肺炎
食欲减退，反刍减少或停止	母牛产后子宫内膜炎
急性：食欲减退或废绝，反刍减少或停止	牛炭疽
食欲减退，反刍减少，后期食欲废绝	牛巴贝斯焦虫病
吃草、反刍均减少	牛同盘吸虫病
吃草、反刍稍减少，严重时吃草量减半	牛肠卡他
慢性：吃草很少	牛瘤胃积食
吃草、反刍初减少，病重时食欲废绝	牛肠炎

严重时食欲减退，反刍减少——牛虱病

吃草、反刍、吞咽均困难——牛血斑病

多为慢性，初消化不良，消瘦，随后食欲减退或废绝，反刍减少或停止——牛狗屎豆中毒

二、食欲废绝、反刍停止

食欲减而渴欲增，反刍缓慢或停止——牛瘟

食欲减退或废绝，反刍减少或停止——牛贝诺孢子虫病

食欲骤减或废绝，反刍减少或停止——牛蓖麻籽中毒

食欲减退或废绝，反刍减少或停止——母牛产后脓毒血症

厌食或不吃草——牛口炎

食欲减退，反刍停止——牛双芽巴贝斯焦虫病

食欲减退或废绝，消瘦——牛网尾线虫病

中度中毒：减食或废食——牛马铃薯中毒

食欲废绝，反刍停止，瘤胃蠕动音减弱——牛创伤性心包炎

呼吸道型：拒食——牛传染性鼻气管炎

症状	疾病
不吃草、不反刍	牛舌损伤
食欲废绝	牛肝炎、肝肿大
食欲废绝，反刍停止	母牛产后败血症
食欲废绝，反刍停止	牛肠缠结
慢性：吃草、反刍逐渐减少，严重时食欲废绝 急性：食欲废绝，反刍停止	牛瘤胃酸中毒
食欲废绝，反刍停止	牛沙门氏菌病
急性：厌食，反刍停止	牛无机氟化物中毒
急性：不吃草或仅吃几根草	牛瘤胃积食
吃草、反刍减少，严重时食欲废绝	牛黏液膜性肠炎
吃草、反刍停止，尚饮水	牛肠阻塞
妊娠乳牛：不吃草、不反刍	牛妊娠毒血症
吃草、反刍停止	牛瓣胃阻塞（扩张）
急性：吃草减少或食欲废绝	牛皱胃炎
吃草减少或食欲废绝	牛皱胃溃疡

症状	疾病
吃草、反刍减少，逐渐停止	牛皱胃阻塞（扩张）
突然不食，反刍停止	水牛血斑病
不能采食、反刍、吞咽	牛破伤风
食欲废绝	牛食盐中毒
不吃不喝	牛硝酸盐和亚硝酸盐中毒
反刍停止	牛尿素中毒
绝食	水牛有机氯农药中毒
食欲废绝，反刍停止	牛口蹄疫
饮食欲废绝，即使偶有吃草动作，衔草不嚼不咽	牛脑膜脑炎
不吃草，反刍停止，虽塞几片草于嘴里，含草不嚼不咽	牛狂犬病

三、异嗜

症状	疾病
吃草缓慢，有异嗜，啃槽、啃墙、啃木桩、吃泥土，步行强拘，常出现跛行，将尾梢叠起时因骨质柔软犹如绵绳折叠。严重时瘫卧，尤其在产前、产后吃草量时多时少。在跳沟或摔倒时易发生腰椎骨折。因久卧湿地易继发风湿症	牛骨软症

症状	疾病
舐土	牛环形泰勒焦虫病
慢性：异嗜	牛皱胃炎
后期舐土	牛巴贝斯焦虫病
慢性：病畜常有异嗜，喜啃骨头	牛无机氟化物中毒

四、饮水变化

症状	疾病
烦渴，口干	牛食盐中毒
似想喝水，给水不饮	牛狂犬病
大口饮水时，水从鼻孔流出	牛食管阻塞
初病时饮水正常，病久可能减少。如病过久或病重时则不喝清水而喜喝沟塘水，甚至只喝阴沟里的脏水	牛前胃弛缓

五、磨牙（空嚼）

症状	疾病
磨牙	牛瘤胃积食
磨牙	牛铅中毒
磨牙	牛青杠树叶中毒
磨牙，呻吟	牛有机磷中毒

症状	疾病
磨牙，舐土 后期：磨牙	牛巴贝斯焦虫病
磨牙 中期：吃土，磨牙，呻吟	牛环形泰勒焦虫病
后期：磨牙	牛伪狂犬病
迟发型：空嚼流涎	牛氟乙酰胺中毒
磨牙及摇头	牛皱胃溃疡
也能因自体中毒而出现磨牙、嘴唇颤抖	牛肠卡他
“半吃半倒”持续较久，出现空嚼磨牙，发出咯吱、咯吱的响声，有时在牛舍外10米也可听到这种磨牙声，这是前胃弛缓病程中常见的现象	牛前胃弛缓
磨牙	牛皱胃炎
空嚼 急性：空嚼，口吐白沫	牛青草搐搦（泌乳搐搦）

第九节　瘤胃表现的临床症状

瘤胃是一个庞大的器官，在适当充满的情况下占据腹腔超过1/2的空间，在喂食之后左肷部稍觉饱满，用手按压软硬适中，手离开后左肷部留有压痕，但不到1分钟即不见压痕。如压痕超过1分钟还未消失，显示瘤胃的蠕动已减弱，草料在瘤胃中混合运行已较缓慢，说明前胃弛缓已在病程中，必然出现吃草减量、反刍不足，即处于所谓“半吃半倒”（倒即反刍）。如果进一步发展，因吃草量逐渐减少，瘤胃内容物也在减少，左肷下陷，按压左肷感到瘤胃内容物柔软，不会因按压而出现压痕，这时瘤胃蠕动会进一步减弱，虽然还能出现反刍，每个食团的咀嚼次数可降至20次左右，甚至不足10次（一是因食团中含草量少，二是病牛因病已严重缺乏体力）。如果瘤胃水分过多，逆呕时水多草少，会出现牛的反刍、咀嚼速度等同于羊，掰开上、下唇，大量的水从嘴中流出，仅含有少量秸秆碎片。

在牛饥饿的情况下，如喂给饲草超过平时的量，致瘤胃特别充满，可使瘤胃容纳过多饲料而形成积食，不论是急性或慢性积食，自然会因为饲草饲料的板结，致扩张的瘤胃壁丧失正常收缩的功能而不能正常蠕动。曾在一例严重瘤胃积食做瘤胃切开术取瘤胃内容物时，饲草板结需用力抠取，当取出一半左右（留存的饲草水平线在肋骨弓稍下，继续将内容抠松又形成瘤胃充满饲草）仍不足以达到八成饱满的要求。由此可见，瘤胃积食因其板结自会对瘤胃形成压迫，影响瘤胃壁的血液循环，可能导致瘤胃黏膜的坏死。另一方面，瘤胃过度扩张又结实，将膈向前推移，使胸腔空间变小，影响肺的舒张而出现气喘。

瘤胃内容物主体是禾草和精料，正常情况下在发酵消化过程中会产生气体，这种气体大部分由二氧化碳和甲烷组成，甲烷占30%～40%，喂一次的牛二氧化碳在食后24小时占20%～30%，自由采食的二氧化碳占60%。牛在喂饲后产生的气体增加，可能半小时20升，约4小时后为10～20升。牛每分钟嗳气1～3次，瘤胃所产生的气体在正常情况下可通过嗳气排出体外，因此不致形成瘤胃臌胀。如果一次过食较多青苜蓿或豆棵（叶和嫩秆），可能引起瘤胃急性臌胀，因气体产生得多而快，嗳气不可能及时排出，而且瘤胃臌胀使瘤胃蠕动增强（用针头给瘤胃放气时针摆动很强烈），有时左肷臌起能超过背脊，叩之鼓音。

有人认为牛因采食含碳水化合物多的饲料而使瘤胃内的pH低、酸度大，用碳酸氢钠中和酸，以致酸碱中和产生大量气体，形成泡沫性臌胀（瘤胃以针头放气时有啪啪声，常被气泡堵塞针孔而中断气体逸出）。

有时前胃弛缓病重（不论原发或继发），如瘤胃水分过多，特别是在卧倒时的水平线超过贲门口时，不利于气体的嗳出，也可能引起轻度的臌胀。

瘤胃壁有厚实交错的平滑肌，还有强劲粗壮的纵横肌柱，在瘤胃内粗纤维秸秆的刺激和神经的支配下不断地收缩蠕动，将几十千克的瘤胃内容物随着蠕动翻滚混合、发酵消化，同时利于瘤胃微生物及纤毛虫发挥作用。在食物随着瘤胃蠕动而移动的过程中产生的摩擦音有一定的响亮度，在听诊瘤胃蠕动音时应听5分钟，在听诊健康牛时瘤胃蠕动音持续不断，即蠕动音的持续时间为300秒，只是发生在听诊器附近的音量高些，发生在远处的音量低些。而在牛有病时瘤胃蠕动即不正常，听诊的蠕动音时断时续，长的可持续20～40秒，短的5～10秒，有的仅1～2秒即咕噜一下消失，如果不听300秒而只听60秒或120秒可能听不到一次蠕动音，所以听5分钟的结论可能比较客观些。如果5分钟间听不到一点蠕动音，应该再听5分钟，依然听不到蠕动音则证实瘤胃的病情极其严重。我们在做听诊记录时，常写5分钟间几次，每次持续几秒至几秒，总计几秒，再记录蠕动音强弱。例如，在总蠕动持续时间为150秒时，蠕动音较弱，说明瘤胃蠕动功能为50%（即一半），病牛处于“半吃半倒”（反刍每个食团咀嚼数也是正常的一半，吃草也减少为正常的一半左右）状态，如果蠕动音5分钟间总持续时间仅100秒，但蠕动音强，实践说明这与150秒弱蠕动音相当，也表现“半吃半倒”。

在检查瘤胃时必须重视瘤胃内容物的pH，黄牛一般吃作物茎秆（主要为麦秸、稻草、高粱叶、粟秸等）5～8千克，精料（豆饼、棉饼、玉米、菜籽饼、甘薯片等）0.5～1千克。当饲料在瘤胃蠕动充分搅拌与瘤胃微生物、纤毛虫的作用下发酵消化时，产生乙酸、丙酸、丁酸，这些酸一部分被瘤胃吸收，一部分暂时留在瘤胃。秸秆含有的钾、钠及唾液中的重碳酸氢钠伴随饲料进入瘤胃，使瘤胃的pH能保持在7～8.2；如果精料不足0.5千克或更少，瘤胃pH可升高至8.5～9或更高（这时纤毛虫减少甚至消失）；如果精料过多，pH即会下降，下降即致病，pH越低病越重。奶牛因产大量奶需要大量精料，肉用牛也因生产快也需要大量精料，所以它们的瘤胃pH为5～7，但也必须有足够的秸秆和干草，如果秸秆比例过少同样也可致病。

前胃弛缓病的检查重点在瘤胃，但瘤胃的病态不只是前胃弛缓独有，而且前胃弛缓有原发性和继发性之分。不仅传染病、寄生虫病会继发前胃弛缓，一些消化器官（网胃、瓣胃、皱胃、肠等）有疾病时也会引起前胃弛缓。因此，千万不能因发现瘤胃蠕动弛缓或蠕动音极弱即是前胃弛缓病，而应考虑有没有其他原发病的症状，才能避免误诊。

一、瘤胃充满食物

症状	诊断
急性：多在采食后几小时内发生，左肷部臌凸，按压坚硬，不愿卧下，卧下发出吭声，不吃草或仅吃几根草。瘤胃蠕动减弱 慢性：瘤胃胀满，坚硬，仍能吃草，但吃草很少，反刍减少，每个食团咀嚼次数减少	——牛瘤胃积食

症状	疾病
急性：初现瘤胃积食	牛棉籽和棉籽饼中毒

二、瘤胃柔软

症状	疾病
急性：采食后几小时或十几小时突然发病，吃草、反刍停止，瘤胃稍饱满，触诊柔软有波动，听诊蠕动音弱或无蠕动音。尿的pH为5或以下（瘤胃pH为6或以下） 慢性：吃草、反刍逐渐减少，严重时食欲废绝，瘤胃不充实而柔软，蠕动次数减少，蠕动音弱	牛瘤胃酸中毒
瘤胃蠕动每5分钟内的持续时间不超过200秒（正常为300秒内持续不间断），蠕动的音量也低。左肷部按压瘤胃硬度如捏粉样（按压后的压痕需经一段时间后才消失，正常则短时间内消失） 重症或病久：吃草很少或停止，反刍明显减少，每个食团咀嚼10～20次或反刍停止。瘤胃内容物有时较多，按压凹陷久久不能恢复。有的瘤胃内容物较少，按压瘤胃似乎触不到内容物，有柔软感觉。瘤胃蠕动少而弱，有的听到蠕动音一次仅5～10秒，甚至2～3秒，5分钟内累计蠕动持续时间不到100秒，甚至听不到蠕动音，蠕动的音量有的很弱，甚至5分钟内听不到一点蠕动音	牛前胃弛缓

三、瘤胃臌胀

症状	疾病
急性：采食后几小时即出现瘤胃充满气体，左侧腹围膨大，超过背脊，叩之鼓音，用针头穿刺瘤胃，有大量气体喷出，瘤胃蠕动强烈，可见刺入瘤胃的针座摆动强烈	牛瘤胃臌胀

症状	疾病
慢性：病程稍缓慢，左肷膨胀，叩之鼓音，瘤胃蠕动音较弱，用针头穿刺瘤胃有气体逸出。如放气时啪啪作响且有液体流出针孔，则堵阻气体逸出。随后继发前胃弛缓	牛瘤胃臌胀
采食后几小时逐渐表现食欲减退、反刍减少，不久即食欲废绝，瘤胃蠕动减弱，并稍积聚气体，继而发生泡沫性臌胀，叩之有鼓音。如用针头穿刺瘤胃放气，则从针孔中喷出泡沫并发出“泼泼”音，如用导管插入瘤胃，可排出灰白色胃液，并混黄豆和豆瓣，导管常被黄豆或泡沫堵塞	牛过食豆类病
吃草、反刍减少，瘤胃蠕动减弱，反复发生臌胀	牛肝片吸虫病（肝蛭病）
瘤胃臌胀	牛血清病
瘤胃蠕动弱，轻度臌胀	牛再生草热（牛特异性间质性肺炎）
瘤胃臌胀	牛氢氰酸中毒
因咽、颈或胸部阻塞而不能嗳气，均继发瘤胃臌胀，左肷部臌起，叩之鼓音。且呼吸增数而显呼吸困难	牛食管阻塞
瘤胃臌胀，腹痛，呻吟	牛氨中毒

症状	疾病
呻吟，反刍停止，瘤胃臌胀	牛尿素中毒
阻碍嗳气发生，瘤胃臌胀	牛破伤风

四、瘤胃蠕动减弱或消失

症状	疾病
瘤胃蠕动减弱	牛创伤性心包炎
吃草、反刍停止，瘤胃蠕动减弱或消失。瘤胃稍柔软，有较多水分	牛肠缠结
妊娠乳牛：不吃草、不反刍，瘤胃蠕动弱，病牛完全卧地不起，经7~8天死亡	牛妊娠毒血症
吃草、反刍稍减少，重时减半，瘤胃蠕动减弱，逐渐消瘦	牛肠卡他
慢性初期：瘤胃蠕动减弱可达10～25天，表现瘤胃消化力减弱，但无其他临床症状	牛铜中毒
吃草、反刍均减少，瘤胃蠕动减弱，洗胃时可见虫体	牛同盘吸虫病
同时表现前胃弛缓症状。有的流涎、下痢。有的发生支气管炎，咳嗽。结膜炎，体温升高，甚至流产	牛酒糟中毒
吃草、反刍减少或食欲废绝、反刍停止，瘤胃蠕动弱	牛木贼中毒

症状	疾病
吃草、反刍减少，重时食欲废绝、反刍停止，瘤胃蠕动减弱或消失	牛黏液膜性肠炎
食欲废绝，反刍停止，瘤胃蠕动减弱	牛沙门氏菌病
瘤胃蠕动减弱	牛瓣胃阻塞（扩张）
亚急性：瘤胃蠕动减弱	牛青草搐搦（泌乳搐搦）
瘤胃蠕动减弱或消失	牛狗屎豆中毒
吃草、反刍初减少，病重食欲废绝、反刍停止，瘤胃蠕动减弱或消失	牛肠炎
瘤胃蠕动音几近消失	牛蕨中毒
吃草、反刍停止，尚饮水，瘤胃蠕动减弱甚至消失，瘤胃内容物草少水多，触诊有波动	牛肠阻塞
瘤胃蠕动减弱	牛皱胃溃疡
瘤胃蠕动减弱，有轻度臌胀	牛瘤胃炎
瘤胃内容物不多，蠕动减弱	牛皱胃阻塞（扩张）

第十节 右腹检查表现的临床症状

右腹的检查很重要，因为在检查时发现瘤胃蠕动较弱或弱，按压瘤胃柔软，很容易认为是前胃弛缓，事实上，腹右侧的瓣胃阻塞（扩张）、皱胃炎、皱胃溃疡、皱胃阻塞（扩张）、肠阻塞、肠炎等的病程都会表现有前胃弛缓症状，所以见有前胃弛缓还必须检查右腹部。

瓣胃位于右腹侧的前方第7～10肋间（瓣胃穿刺部位在肩胛关节水平线倒数第4～5肋间交会处向对侧肘头刺入瓣胃）。瓣胃内大的瓣叶12个或12个以上，每个瓣叶之间共有大小不等的较小瓣叶几十个，叶面附有角质乳头，可将食物变碎变细。食物经瓣胃沟而后通过瓣皱孔进入皱胃。

皱胃在瓣胃后方，在肋骨弓内侧，胃底部有12个以上宽广的螺旋褶。幽门区向后上方延伸连接十二指肠。

十二指肠向后上方至髋结节形成骨盘曲，再折向依附于肠袢周边（包括空肠、回肠），犹如肠袢的花边。在肠袢的后方回肠末端（缩细）与盲肠、结肠相连接，此处亦回肠、结肠分界线。结肠向肠袢中心先向心回，而后从肠袢中心作离心回，离开肠袢向后延伸至骨盆处形成S状弯曲连接直肠。曾见有瓣胃阻塞如篮球大，最重的有30多千克。皱胃阻塞小的毛球阻塞于幽门部，皱胃内有大量液体，皱胃阻塞最大的10多千克且全是干草末，仅瓣皱口附近有液体。十二指肠袢曲U字部、回肠末端、盲肠（半阻塞时排黄色胶冻样黏液）、结肠的肠袢中心等易出现阻塞粪块，肠缠结多出现在肠袢边缘的小肠，大多在较前部。肠出现阻塞或缠结（包括毛球阻塞皱胃幽门部）都在右腹，用拳搡腹壁会出现晃水音。如果左、右腹以拳搡均有晃水音，表明腹腔有积液（包括膀胱破裂），在剑状软骨后10～15厘米、腹白线右侧2厘米处用针头穿刺腹壁有大量液体流出。

在触诊右腹壁时，如肋弓及肋弓偏下向里触诊有硬块，应考虑肝肿大（有痛感）、瓣胃阻塞扩大（更加厚大），皱胃炎、皱胃溃疡（敏感而无实体感）、皱胃阻塞（在肋软骨下方有硬块，如阻塞扩大，硬块由肋后延伸到膝皱襞前）。肠缠结则在肋弓水平线下方可触到拳大硬块，且有痛感。盲肠阻塞则在牛左侧卧时，可在右腹膝皱襞附近触到拳大硬块。如有腹膜炎则触诊腹壁敏感。

在检查腹部时还应注意病牛是否有腹痛现象，一般有腹痛时常表现起卧不安、前肢扒（刨）地、回顾腹部、后肢踢（蹴）腹。不仅胃肠阻塞或炎症、溃疡会出现腹痛，子宫捻转也会出现腹痛，但打止痛针后即能恢复吃草、反刍。当牛发生创伤性网胃炎和创伤性心包炎时，站立时很安静、不显有疼痛，但在卧下时特显小心，常在前肢跪下后，后躯忽左忽右扭行几次才能卧下，有时在即将卧下时又再站起，再扭动身躯几次才小心卧下，这是此两种病的特殊表现。当肾有炎症时，在右侧腰椎横突下按压肾脏显敏感。

一、瓣胃异常

急性：发病较急，吃草、反刍停止，瘤胃蠕动减弱，有腹痛，起卧不安，回头顾腹，后肢前扒，卧时前肢蹬腿，用左手在右侧最后肋骨上方、腰椎横突下方，用力向里向前按压，可触及圆形的大硬块，如病牛瘤胃内容物不多，且体型较瘦，由右侧肋软骨处向里向前按压，可触及篮球大的硬块悬于腹腔中，在右侧倒数第 4、5 肋间与肩胛水平线交叉处，按压有疼痛。听诊无蠕动音

慢性：吃草、反刍均减少，瘤胃内容物不多，积液较多，瘤胃蠕动减弱。在右腹侧有时可摸到阻塞或扩张的瓣胃

——牛瓣胃阻塞（扩张）

二、皱胃异常

急性：吃草、反刍减少或停止。瘤胃蠕动减弱，有轻度臌胀，磨牙。在右肋弓向里按压，皱胃敏感（避让、蹴腹）

——牛皱胃炎

精神沉郁，行动弛缓，卧时小心。磨牙及摇头，消瘦，懒于站立。如皱胃穿孔，则高度精神沉郁，体温升高。眼结膜苍白

吃草、反刍减少或停止，瘤胃蠕动减弱。右腹侧肋弓向前向里或软肋部向里按压皱胃，有疼痛反应

——牛皱胃溃疡

吃草、反刍减少或逐渐停止，瘤胃内容物不多，蠕动减弱。右腹软肋下方可触摸到硬块，稍有压痛，皱胃扩张时，硬块可延至膝襞处。直肠检查掌心从瘤胃自上向下摸，手背即能触到硬块（充实的皱胃）——牛皱胃阻塞（扩张）

右方变位：突发腹痛（蹴腹凹腰），皱胃充满液体或气体时右腹臌胀，瘤胃也臌胀，将听诊器按于右肷，以手指叩击腰旁至最后两肋上方可听到乒乓音

轻度皱胃扭转或有扩张，出现酮尿，尿量少、色深黄，严重时伴有脱水、休克和碱中毒

左方变位：多发于高产母牛分娩之后，初减食，腹痛，产奶减少 1/3～1/2，左侧 3 个肋弓区显著膨大。左、右肷饥饿窝均下降（这是因皱胃被移于瘤胃与腹壁之间所致）。在第 11、12 肋间听诊可听到与瘤胃蠕动音不一致的皱胃音，皱胃如有气体，叩诊呈钢管音。用针穿刺流出胃液（pH1～4），呈棕褐色，缺乏纤毛虫（如有纤毛虫则系瘤胃液），严重者 48～96 小时死亡——牛皱胃变位

三、腹痛

急性：扭动不安，不能卧倒，即使卧倒也迅速站起——牛瘤胃臌胀

有的病牛在久病恢复吃草（1～2 千克）后即表现类似腹痛症状的起卧不安，甩头（即使牛角折断也不停止），体温升高，心跳每分钟达 100～120 次，镇静药无效，洗胃后恢复正常——牛前胃弛缓

症状	疾病
病初有明显疝痛，站立时不断用后肢向前或向后蹬踢，回顾腹部，频频起卧，卧时后肢蹬腿或抖动，但随着病程的延长而逐渐减轻。一般发病3天后几乎不显腹痛	牛肠阻塞
腹痛，起卧不安，回头顾腹，后肢前扒，卧时前肢蹬腿	牛瓣胃阻塞（扩张）
病初有疝痛，起卧不安，蹴腹蹬腿，病稍久，痛感减轻，只有按压肠捻转部位（右腹侧偏下）才有疼痛表现	牛肠缠结
病初减食、腹痛	牛皱胃变位
腹痛，蹴腹，起卧不安	牛弯杆菌性腹泻（牛冬痢）
曾见怀孕3个月突然腹痛的病牛不吃、不反刍，注射安乃近后即恢复吃草、反刍，如此反复多次，经直肠检查发现子宫成麻花状扭转	牛子宫扭转
病程稍长，腹痛、腹泻	牛食盐中毒
孕牛表现腹痛，起卧不安	牛流产
因腹腔大量积液致腹部膨大下垂，腹痛不安，回头顾腹，蹴腹，后坐、后退	牛青杠树叶中毒
腹痛及胃肠炎症状（腹泻、粪便中有黏液和血液）	牛闹羊花中毒

症状	疾病
腹痛剧烈，常用后肢踹腹	牛沙门氏菌病
急性：剧烈腹痛	牛铜中毒
腹痛（伏卧回顾、踹腹），孕牛常在腹痛、努责时流产	牛蕨中毒
亚急性：腹痛，先便秘后腹泻	牛铅中毒
疝痛，腹泻，甚至呕吐	牛硝酸盐和亚酸盐中毒
急性：腹痛，胃肠炎，腹泻	牛无机氟化物中毒
拱背，轻度腹痛	奶牛酮病
急性：腹痛和便秘，粪球干小。后期腹泻	牛棉籽和棉籽饼中毒
采食后 15～30 分钟腹痛不安	牛氢氰酸中毒
精神沉郁，视力障碍，行动盲目，步态蹒跚，有腹痛现象，突起突卧，排出咖啡色或黑褐色稀粪后才稍安宁	牛狂犬病

四、腹部触诊疼痛

症状	疾病
多为慢性，腹壁敏感，久站不想卧下，卧时小心，久卧又不想站起。步行小心，拱背，四肢集于腹下，随着病情延长，腹腔渗出物（纤维素、液体）增加，腹围逐渐增	牛腹膜炎

大，触诊腹壁柔软、有波动，用拳搡左、右腹壁均有晃水音，腹壁穿刺（剑状软骨后方10～15厘米、腹白线右侧2～3厘米处）有腹水流出——牛腹膜炎

继发性：触诊肝肿大，叩诊肝区疼痛，同时还表现有原发病症状

拱腰，右肋区叩诊有疼痛，叩诊时避让。在最后肋骨向里触摸感到肝肿大，严重时超出肋骨弓2～3厘米。按压疼痛——牛肝炎、肝肿大

急性：肾区敏感，疼痛，行走背腰僵硬，运步困难，步态强拘，直肠检查时触诊肾肿大、疼痛——牛肾炎

五、腹部有晃水音

如用拳搡右肷中部，可感到或听到晃水音。若晃水音来源于肋弓偏下方，说明皱胃充满液体，阻塞部可能在十二指肠或有毛球阻塞的幽门部。如在拳四周感到有晃水音时，堵塞部位可能在回肠、盲肠（完全阻塞）、结肠（肠袢中央），当牛左侧卧时用手推膝皱襞后上方，感到有拳头大的大粪块，可证实盲肠阻塞——牛肠阻塞

用拳搡右腹，有晃水音，还可在右肋弓下方或下腹部触及拳头大的硬块，有压痛（肠缠结处）——牛肠缠结

症状	疾病
随着病程延长，腹膜渗出液增加，腹围逐渐增大，触诊腹壁柔软有波动。用拳搡左、右腹壁均有晃水音。腹壁穿刺有腹水流出	牛腹膜炎

第十一节　皮肤表现的临床症状

正常牛脊背腰、尻两侧部位的皮肤较厚硬，腹侧、胸侧自上而下逐渐变薄并较柔软，皮肤表面平整，被毛顺而有光泽。一旦有病，尤其重病、病程久的病牛，被毛常显粗乱，有的甚至逆立。曾见创伤性网胃炎病牛在饮大量冷水时，由肘向上至鬐甲被毛向上逆立，饮毕不久被毛又自上而下理顺。除一些皮肤病使皮肤出现病理变化外，有些传染病、寄生虫病也会使皮肤发生病变，出现皮肤肿胀（包括炎性肿胀）、气肿、水肿和体表淋巴结肿大。有些还出现瘙痒。

一、皮肤肿胀

症状	疾病
局部发生大面积肿胀、剧烈热痛和机能障碍，且能迅速扩大，体温可达39～40℃，精神沉郁，食欲不振 如发生在后肢皮下，初呈捏粉样，后皮肤紧张有坚实感，无可动性，跛行。如发生在筋膜下（常发生在前肢的筋膜，鬐甲的筋膜，后肢的筋膜和阔筋膜），则局部强烈疼痛和跛行。开放性骨折因感染而发生局部肌肉间蜂窝织炎，扩张迅速，并有剧烈热痛	牛蜂窝织炎
体温41～42℃，食欲废绝，反刍停止，呼吸困难。四肢肌肉肿胀，初期热痛，稍后变冷无痛，患部皮肤干硬色暗，按压有捻发音，叩之鼓音，如针刺流出带气泡的酸臭暗红液体。跛行。一般24～63小时死亡，疫病流行后期病程可能延长	牛气肿疽

体温40～41℃，高热稽留，在伤口周围发生炎性水肿，迅速弥散扩大，尤其是在皮下组织疏松处更为明显，病部初坚实有热痛，后无热无痛，手压柔软，有轻微捻发音。切开肿胀的皮肤和皮下结缔组织，内有多量黄色或红褐色液体流出。呼吸困难，心跳增数，眼结膜发绀，偶有腹泻。多1～3天死亡——牛恶性水肿

脐疝：幼犊易发生，脐部肿胀，无热无痛，用手指按压内容物可还纳腹腔，并可在腹壁摸到一个指头粗的空洞（疝孔）

会阴疝：肛门、阴户近旁下方出现肿胀，柔软无痛，如内容物是肠管，则按压疝内容物可还纳腹腔。如疝内容物为膀胱，则按压不能还纳，而有尿液排出，手松即停止排出尿液——牛疝

下颌增厚、肿大，初有痛后无痛；或上颌肿大，表面不平，有时自溃流脓，不易愈合。咀嚼困难——牛放线菌病

亚急性：症状与急性相似。病程2～5天

喉、颈、胸前、腹下、肩胛、乳房等皮下及直肠、口腔发生炭疽痈，初坚硬，后热消失，发生坏死，有时可形成溃疡——牛炭疽

二、皮下气肿

发生皮下气肿——牛菜籽饼中毒

多数皮下气肿 ——牛再生草热（牛特异性间质性肺炎）

少数后期在颈、肩、背、肋部出现皮下气肿 ——牛黑斑病甘薯中毒

三、皮下水肿

突然不食，反刍停止，体温正常或稍高，心跳加快，第一心音弱，全身战栗，眼结膜潮红，肘肌、膝关节处肌肉肿胀，行走四肢不灵活，粪球干而小，发病时或经1～2天，两后肢上方出现手掌大水肿，界限不很明显，无热无痛。睾丸、前胸、脊背两侧腹下常肿胀 ——水牛血斑病

发热期：腹下、四肢有时全身水肿。步伐僵硬
干性皮脂溢出期：水肿后的脱毛部位，被毛大部脱落，皮肤上生硬痂，犹如橡皮或疥癣。病畜乏力无神
发病率 1%～20%，病死率 10% ——牛贝诺孢子虫病

如分娩时感染，在产后 3～5 天内阴道流出不洁、红色恶臭液体。阴道黏膜红肿，升温，会阴水肿，并迅速蔓延到腹、股部如去势时感染，多在手术后 2～5 天内发病，阴囊、腹下发生弥漫性炎性水肿，疼痛，腹壁过敏，伴有全身症状 ——牛恶性水肿

症状	疾病
临床型：生长缓慢，消瘦，贫血，眼结膜苍白，食欲减退或废绝，反刍减少或停止，全身性被动充血和水肿，尤以垂皮显著。有时粪呈黑色（皱胃有溃疡），脊髓受侵害时，共济失调，后肢常不全麻痹	牛白血病
后期出现异嗜，啃泥土。先在颌下水肿，逐渐蔓延到头颈、胸前、四肢和全身	水牛类恶性卡他热（水牛热）
下颌、垂皮可见水肿	牛副结核病
急性：垂皮、胸前、腹下水肿	牛传染性胸膜肺炎（牛肺疫）
成年牛：病初体温 40～41℃，呈间歇热或稽留热，沉郁减食，眼睑、咽喉、颈部水肿，全身震颤。流涎	牛无浆体病（边缘边虫病）
皮下水肿	牛网尾线虫病
颌下水肿	牛双腔吸虫病
会阴、股内、尿鞘、脐下、颌下、胸前皮下水肿	牛青杠树叶中毒
下颌、颈部、胸部出现水肿	牛阔盘吸虫病（胰吸虫病）
急性：脉搏强硬。病程长时，全身静脉出现瘀血现象。水肿不一定经常出现。病的后期，眼睑、胸腹下、阴囊部位发生水肿	牛肾炎

间质性：皮下水肿（心性水肿）
慢性：后期眼睑、胸腹下、四肢末端出现水肿
——牛肾炎

病久，颌下、垂皮、胸下发生水肿（无热无痛）
——牛肝片吸虫病（肝蛭病）

全身伴发剧痒性风疹和水肿，头、外阴部、乳房水肿更明显
——牛血清病

四、皮肤有结节、坏死、损伤

烧伤分三度：一度，皮肤表层被损伤，被毛烧焦留有短毛，局部热肿痛；二度，皮肤表层和真皮的一部分（浅二度）或大部分（深二度），伤部被毛烧光或被烧焦，拔皮肤表面留有的短毛能连皮肤拔下（浅二度）或只被毛能拔掉（深二度），血浆大量外渗，积聚在表皮与真皮之间，水牛见有水疱，浅二度创面一般2～3周愈合，深二度3～5周愈合；三度，皮肤全层或深层组织（筋膜、肌肉、骨）被损伤，形成焦痂，有时出现皱褶，因神经遭到破坏，疼痛反而轻些
全身症状：精神沉郁，体温升高，呼吸增数，鼻腔、气管黏膜肿胀，呼吸困难，流鼻液，严重时有管状假膜被咳出。眼结膜充血，心跳增数，烧伤部位有液体渗出，食欲废绝，反刍停止，尿少，严重时尿血。因脱水易引起酸中毒。如烧伤感染易继发败血病
——牛烧伤

后期：尾根皮肤薄处出现粟粒至蚕豆大深红色结节状的溢血斑点
——牛环形泰勒焦虫病

症状	疾病
后肢发生酒糟性皮炎，先瘤性肿胀，皮肤潮红，后形成水疱疹，水疱破烂后形成湿润溃疡面，上覆痂皮。严重时可波及附关节以上，并显跛行。如被感染则化脓烂死，并使皮肤病蔓延至全身	牛酒糟中毒
初期鼻黏膜、眼结膜小点出血，后发展成瘀血斑，皮下组织出现小的浆液性血性肿胀，而后融合成大片。同时，黏膜表面分泌淡黄色黏液状浆液，干燥时形成橘黄色、黄褐色或污秽色干痂，面部、鼻镜、唇突然或逐渐发生不对称的无热无痛的肿胀，按压有凹痕，眼裂有血样分泌物。吃草、反刍、吞咽均困难	牛血斑病
成年牛：腹侧或其他部位皮肤干性坏死，皮肤变硬，毛稀少、蓬乱、黑色，蹄底角质腐烂，有污黑臭液	牛坏死杆菌病
主要发生于乳牛，体温升高0.5～1℃，食欲减退，反刍停止。挤奶时乳房比较敏感，不久在乳房乳头（公牛在阴囊）出现红色血疹，后形成圆形或椭圆形豌豆大有凹陷的水疱，内有透明液体，逐渐形成脓疱，然后结痂，10～15天痊愈。若病毒侵入乳腺则引起乳腺炎	牛痘
牛在口唇周围、肛门、尾根、四肢系部、乳房发生湿疹或水疱性皮炎（亦称马铃薯性斑疹）。特别是前肢深部组织坏死性病灶	牛马铃薯中毒

症状	疾病
脱毛期：皮肤显著增厚，失去弹性，被毛脱落且皮肤皲裂流出血样液，长期躺卧，接触地面的皮肤坏死后结硬痂。15～30 天后，如不死亡转入第三期	牛贝诺孢子虫病
多见于 4 岁以上的牛，犊牛很少见有此病。在颈、肩、背、肋部形成一个半圆形小结节，皮破流血，形成一条凝血污，反复出现，到天冷为止	牛副丝虫病
感光过敏型：面、背、体侧在日光照晒下，呈现红斑，出现渗出液及类湿疹样损伤和感染	牛菜籽饼中毒
慢性：精神沉郁，消瘦、倦怠。皮肤皲裂，流出黄色液体，结痂脱落的同时因脱毛而出现无毛皮肤	牛伊氏维虫病
急性：皮肤干裂、坏死、溃疡	牛钩端螺旋体病

五、皮肤瘙痒

症状	疾病
真性有贫血和出血性素质及痒感	牛尿毒症
皮肤上突然发生直径 2～5 厘米大小不等的圆形或半圆形扁平的肿块，明显看出肿块上的被毛比周围的被毛长。初时多发生于头颈两侧，肩、背、胸壁、臀部各疹块可彼此融合成较大疹块，而后四肢发生疹块。疹块发痒，因擦痒啃咬而使皮肤损伤，发生水疱溃疡，有的体温上升 1～1.5℃，食欲减退	牛荨麻疹

症状	病名
大多数发生在前额、颈部、尾根、背腰部，先发生丘疹或水疱，而后有渗出物，后转为慢性湿疹。局部发生瘙痒，利用墙、木桩擦痒，脱毛出血，病变范围逐渐扩大，奶牛在乳房、内股之间积聚污垢，也易形成湿疹	牛湿疹
鼻镜瘙痒，全身伴发剧痒性风疹和水肿，头、外阴部、乳房水肿更明显，表现不安，注射部位过敏。流涎、战栗，全身虚弱、肺水肿，瘤胃膨胀，呼吸极度困难，间或发热，有时声门水肿，频频咳嗽	牛血清病
牛常在乳房、乳头、四肢、胸腹部、颌下、口周围出现疹块，并发奇痒。但食欲、粪尿无异常。白天在阳光照射下症状加剧，夜间则减轻 严重病例皮肤显肿胀，疼痛，形成脓疱，破溃后流黄色液体，化脓，坏死。还会发生口炎、结膜炎、鼻炎、阴道炎等，体温升高，食欲废绝，流涎、便秘，运动失调，以致后腿麻痹，双目失明	牛感光过敏
牛多数由疣毛癣菌、须毛癣菌、马毛癣菌侵害所致。常见头（眼眶、口角、面部）、颈和肛门等处以痂癣为多，最后初现小结节上有些鳞屑，逐渐扩大隆起形成圆斑，最后形成灰白色石棉状痂块，上残留短毛。严重时痂块融合成大片。不论早期或晚期均有剧痒和触痛。摩擦、减食、消瘦、贫血以至死亡	牛皮肤霉菌病
牛皮肤瘙痒，脱毛，公牛性机能抑制，母牛性周期紊乱，不育、早产、流产 犊牛：皮肤粗糙，蹄周及趾间皮肤皲裂，并形成短粗骨，后腿弯曲，关节僵硬	牛锌缺乏症

牛感染后，体温40℃，主要表现局部皮肤的强烈瘙痒，可发生于任何部位。初期不断舌舔瘙痒部，致皮肤发红，即使皮擦伤也不停止。如拴在木桩或靠墙壁更不停地擦痒，狂躁，起卧不安。后期吞咽麻痹，流涎、磨牙，后肢麻痹，卧地不起，呼吸困难、用力，心跳不规则，吼叫，痉挛而死。常在48小时内死亡。也有发病后不发痒，数小时死亡 ——牛伪狂犬病

水牛寄生部位症状与牛痒螨相似，但寄生部位的皮肤呈现一种起泡样的病变，表皮角质层细胞成片脱落 ——水牛螨病（痒螨）

牛多发生在头、颈，严重感染时也发生于其他部位。最初出现小结节，继为水疱，病变部瘙痒，夜间温度高时瘙痒剧增，因经常摩擦和啃咬，使皮肤损伤破裂，流淋巴液，表面角质脱落形成痂皮，痂皮下湿润，有脓性分泌物时有臭味。患部皮肤逐渐光秃并起皱褶，尤其是颈部。日渐消瘦，严重时引起死亡

痒螨：牛开始于颈部、角基、尾根出现症状，逐渐蔓延至垂皮及肩侧，严重时遍及全身。奇痒，摩擦，舌舔，皮肤损伤，渗出液形成痂皮，皮肤增厚，失去弹性，天暖时瘙痒减轻，入冬又重。严重时精神萎靡，食欲大减，卧地不起，以至死亡

足螨：牛多发生于尾根下部，球节、系部也可发生，并蔓延至四肢、乳房、会阴等部，皮肤湿疹样病，瘙痒 ——牛疥螨病

症状	疾病
蜱除传播原虫外，其寄生于牛形成的症状：硬蜱寄生时吸血，局部痒痛不安，摩擦、啃咬。大量寄生时，引起贫血、消瘦、发育不良、皮毛质量下降、产奶量下降。大量寄生于四肢时可引起四肢麻痹。软蜱寄生时能引起鸡痹性麻痹	牛蜱病
病牛瘙痒，常在墙、桩、槽上擦痒，可在颊部、耳根、颈部、肩部、尾根、会阴等贴近皮肤处见到芝麻大或半粒芝麻大的黑色虱（有的色淡）紧叮皮肤或在爬动，将虱放在掌心可见其爬动。病牛尾毛常因擦痒而逆立。瘙痒严重时食欲减退，反刍减少，呼吸增数，体温升高	牛虱病
牛皮蝇的幼虫寄生在牛背部皮下时引起局部皮肤瘙痒，出现不安和疼痛。如皮肤穿孔感染则流出脓液。病牛因虫的寄生而贫血和消化障碍，吃草、反刍均减少，母牛泌乳量也大减，也有因皮肤过敏而呼吸增数	牛皮蝇蚴病

六、皮肤变性

症状	疾病
水牛：公牛阴囊皮肤干硬、皱缩	牛霉稻草中毒
口服中毒：颈背部或肢间皮肤变厚和硬化	牛有机氯农药中毒
病后期皮肤干燥	牛日射病和热射病

症状	疾病
慢性：耳、尾部皮肤干枯，严重时部分或全部干僵脱落	牛伊氏锥虫病
慢性：皮肤多皮屑，颊、颈及耳部最明显	牛病毒性腹泻（黏膜病）
皮肤粗糙，毛乱	牛副结核

七、皮肤发绀

症状	疾病
内股、腹下皮肤发绀	牛白苏中毒
皮肤普遍发绀	牛巴氏杆菌病
体表皮肤出现紫斑	牛弓形虫病

八、被毛变色

症状	疾病
被毛褪色，由红色变为土黄色，黑色变为赭色或灰色。皮肤变红，一般从头部开始，而后发展至躯干和全身，发红皮肤多有水肿，指压褪色	牛钼中毒
营养不良，贫血，消瘦，被毛粗乱，毛色变淡（红色、黑色分别变为棕红色、灰白色）	牛铜缺乏症

九、体表淋巴结肿大

症状	疾病
亚临床型：淋巴细胞增生，可持续多年或终生不出现症状	牛白血病

症状	疾病
临床型：体温一般正常（曾见一例达41℃），腮腺、颈浅、髂下淋巴结显著增大，触摸可移动。如一侧颈浅淋巴结肿胀，颈向对侧偏斜；眶后淋巴结肿大，眼球突出；有时直肠检查，可摸到两侧淋巴结肿大。白细胞每立方毫米4万～5万个，甚至30万个	牛白血病
体表淋巴结肿大	公牛结核病
慢性：体表淋巴结肿胀	牛伊氏锥虫病
初期：颈浅、鼠蹊淋巴结肿大，有痛感	牛环形泰勒焦虫病
发热期：颈浅、髂下淋巴结肿大，第三期仍肿大	牛贝诺孢子虫病

第十二节　神经方面表现的临床症状

在病牛诊疗过程中常发现有些病例表现有神经症状，有的是因神经系统本身发生了疾病，如脑膜脑炎、脊髓损伤等，有的是传染性疾病使神经系统受到了侵害，也有因寄生虫在其代谢过程中产生的毒素刺激神经，有一些中毒病使神经受害更深，更容易出现神经症状。由于受害的神经部位不同、病的轻重不同及病程阶段不同，所表现的神经症状亦有差异。病情轻的病牛表现颤抖、肌肉震颤、痉挛、牙关紧闭；重则狂躁、不顾障碍猛向前冲、转圈、角弓反张、卧下四肢划动、抽搐、麻痹、昏迷、肢体强直。

一、脑、脊髓疾病出现的神经症状

症状	疾病
由于脑部病灶部位不同而出现不同症状：当眼肌痉挛时，眼球震颤、斜视，瞳孔左右大小不同，瞳孔反射机能消失	牛脑膜脑炎

咬肌痉挛时，牙关紧闭，磨牙

唇、鼻、耳肌痉挛时，唇、鼻、耳肌收缩

颈肌痉挛或麻痹时，颈肌强直，头向后上方或向一侧反张。倒地时做有节奏的游泳样动作

咽和舌麻痹时，表现吞咽障碍，舌脱垂于口外

面神经和三叉神经麻痹时，唇歪向一侧或弛缓下垂，上眼睑下垂，耳下垂

单瘫或偏瘫时，一组肌肉、某一器官或半侧机体麻痹

突然发病，发展急剧，意识障碍，精神沉郁，闭目垂头，站立不动，目光无神，直至呈现昏睡。其间有时突然兴奋。表现咬牙切齿，眼神凶恶，抵角甩尾，时而哞叫，鼻发鼾声。体温 40～41℃

——牛脑膜脑炎

被动性脑充血：抑郁失神，垂头站立，有时头抵墙或槽，感觉迟钝，不愿采食，有时癫痫发作、抽搐和痉挛

主动性脑充血：哞叫、啃槽，行为粗暴，狂奔，皮肤过敏，战栗，眼球转动，神态不自然，惊恐胆怯，行动笨拙，有时转圈或卧地抽搐

——牛脑及脑膜充血

脑损伤：除昏迷和知觉、运动反射减退或消失外，还发生抽搐、痉挛或麻痹、瘫痪，间或癫痫发作

当一侧脑受损害时，向健侧做圆圈运动

当小脑、前庭、迷路受损时，则运动失调或身向后仰滚，头不自主摇摆

脑干受损时，意识障碍，角弓反张，四肢

——牛脑震荡及损伤

痉挛，眼球震颤，瞳孔散大，视觉障碍，反射消失 当颅骨有损害时，则局部肿胀有热痛，如颅底骨折，咽、耳血管受损伤，耳、鼻出血，昏迷倒地，全身痉挛，迅速死亡	牛脑震荡及损伤
胸部脊髓全横径损伤：受害部位后方麻痹和感觉消失，腱反射亢进，有时后肢痉挛性收缩，腰窝、股部出汗，前肢痉挛性强直，呼吸与脉搏急速 腰部脊髓全横径损伤：如在前部，臀、后肢、尾的感觉和运动麻痹；如在中部，股神经运动核受到损害，膝与腱反射消失，股四头肌麻痹，后肢关节不能保持站立；如在后部，尾及后肢感觉和运动麻痹，粪尿失禁 因暴力作用，在脊髓受损害的后方，因中枢神经受到一瞬间的刺激，引起一时性痉挛。如脊髓膜广泛性出血，其损害部位附近呈现持续性痉挛，感觉过敏，并有局限性肿胀、疼痛、变形。如椎骨骨折，运动时可听到骨质摩擦音 脊髓全半侧损伤：损伤侧的对侧知觉麻痹，同侧的运动性及血管运动神经麻痹，皮肤感觉过敏 颈部脊髓全横径损伤：四肢麻痹瘫痪，膈神经与呼吸中枢联系中断，呼吸停止，立即死亡。如部分损伤，前肢反射机能消失，全身肌肉抽搐，痉挛，粪尿失禁或便秘，尿闭，有时可能引起延脑麻痹、咽下障碍、脉搏徐缓、呼吸困难以及体温升高 脊髓腹角损伤：运动障碍、弛缓、麻痹，	牛脊髓挫伤和震荡

所支配的肌肉萎缩，若传导神经受到破坏则感觉机能消失，肌肉反射性收缩障碍，协调作用丧失

脊髓背角损伤：相应的肌群感觉机能完全丧失，如仅背角损伤，初期感觉过敏，相应的效应区发生反射性痉挛收缩，其后传导机能中断则完全麻痹，反射机能消失

脊髓根传导障碍：损害部位以下的部分运动机能紊乱，如一侧背根受损亦能引起失调，但感觉仍存在，脊髓小脑径受损，后肢呈开张姿势，躯干呈矢状摆动

脊髓椎体束损伤：受损部位以下脊髓所支配的效应区运动麻痹，腱反射亢进，肌肉紧张性增强，发生痉挛性收缩

——牛脊髓挫伤和震荡

二、战栗、震颤、痉挛

败血型：肌肉震颤 ——牛巴氏杆菌病

全身震颤，排稀粪，抽搐而死 ——牛瘟

急性：抽搐 ——牛棉籽和棉籽饼中毒

牛常在采食后1～5小时发病，体温正常或偏低

呼吸困难，黏膜发绀，流涎，四肢无力，末端厥冷，肌肉震颤，步态摇晃，倒地全身痉挛，脉搏细弱（心跳每分钟120～140次），最后抽搐窒息而死

乳牛：初凝视呆立，精神萎靡，头下垂，后侧身突然倒地战栗，四肢僵硬，不吃不喝，呼吸困难，呻吟，可视黏膜苍白，体温下降。耳、尾放血，色如酱油

——牛硝酸盐和亚硝酸盐中毒

运动障碍：病初表现共济失调，四肢伸展过度，后肢运动失调，震颤和易摔倒，麻痹，起立困难和不能站立——牛海绵状脑病（疯牛病）

一般体温正常，但在夏季可能升至42℃，食欲废绝，精神沉郁，不注意周围事物，步态不稳，肌肉震颤，口角流少量白沫，口角、耳和上、下唇痉挛、抽搐，频频点头。病牛有时乱跑乱跳，做圆圈运动，头向后仰，卧地，四肢抽搦，做游泳动作。严重时后肢麻痹——牛食盐中毒

有些病牛出现神经症状，如凝视、头高举、颈部肌肉震颤，最后发生昏迷，并安静死亡——牛妊娠毒血症

热痉挛：体温正常，肌肉痉挛，导致阵发性疼痛，神志清醒，烦渴喜饮水——牛日射病和热射病

急性：血中非蛋白氮含量增高，呈尿毒症症状，衰弱无力，意识障碍或昏迷，全身肌肉阵发性痉挛。严重的腹泻，呼吸困难——牛肾炎

兴奋不安，前肢、肩部、肘头、后肢、腹部肌肉颤抖，站立不稳。呻吟、磨牙，吃草、反刍停止。四肢厥冷，可能出汗。恶化后陷于麻痹，窒息死亡——牛有机磷中毒

病程恶化时，全身虚弱，肌肉震颤，心跳加快，节律失调，食欲废绝，反刍停止，行走摇摆，站立不稳，因心脏麻痹而死。恶性口蹄疫死亡率为20%～50% —— 牛口蹄疫

迟发型：摄入氟乙酰胺5～7天后发病，初仅减食、不反刍，呆立，沉郁，随后绝食，空嚼流涎，口角有粉红色泡沫。体温正常或偏低。心跳每分钟100次以上，音弱，节律不齐。磨牙，呻吟，步态蹒跚，阵发性痉挛，瞳孔散大，口吐白沫而死亡。也有经治疗恢复吃草、反刍后又复发的 —— 牛氟乙酰胺中毒

轻度：食入后5～6小时发病，体表用药2小时后发病，减食或废食，呼吸困难，流涎。时起时卧，眨眼，眼球震颤，全身战栗，下痢 —— 牛有机氯农药中毒

急性：突病，烦躁不安，挣扎冲撞，遇障碍物不知躲避，不听使唤，不久倒地，四肢划动，频繁挣扎起立 —— 牛魏氏梭菌病

亚急性型：水牛多发。有3～4天食欲不振，瘤胃蠕动减弱，面部表情狂躁，四肢运动加剧，驱赶和突然转动其头部进行反抗，有尿闭和频频排粪的特征性症状。肌肉震颤，后肢痉挛，摆尾，站立不稳，叉开腿走路，并伴有缩头和牙关紧闭。运动声音和针刺均能引起剧烈的惊厥。如卧地不起，颈呈S状弯曲 —— 牛青草搐搦（泌乳搐搦）

三、癫痫

发作时，突然表现眼、口抽搐，四肢震颤，站立不稳。重时则摔倒抽搐，四肢乱蹬，口流白沫或血色沫，约几分钟或几十分钟即恢复正常状态。本病常会反复发生，最初发作的间歇期较长，1年或几个月1次，以后的间歇期缩短至十几天或几十天1次，甚至1天几次发作，最后衰竭死亡——牛癫痫

可出现癫痫症状。貌似健康的病牛，头颈高抬，不断哞叫，肌肉震颤，并卧倒于地，多数很快死亡。少数可持续1年以上，呈间歇性发作。并以前肢为轴心做圆圈运动。多于发作中死亡——牛铜缺乏症

假性：也称抽搐性尿毒症或肾性惊厥。突发癫痫性痉挛及昏迷。精神萎靡，流涎，瞳孔散大，反射增强，衰弱无力，卧地不起——牛尿毒症

脑震荡：轻的站立不稳，踉跄倒地，失去知觉，经过不长时间即恢复正常。重的倒地昏迷，知觉减退或消失，瞳孔散大，呼吸减慢，心跳增数，不久又恢复正常，会反复发生——牛脑震荡及损伤

四、强直

症状	疾病
腹肌紧张，阻碍瘤胃运动和嗳气而发生臌胀。牙关紧闭、流涎，从头、颈、前肢、躯干、后肢逐渐强直，不能弯曲活动，两耳直立，尾翘起，不能运动，摔倒不能站起。阳光、音响、触摸反应强烈，不能采食、反刍、吞咽	牛破伤风
体温 38.5～39℃，初食欲减少，后逐渐恢复，后期虽不能站立但仍能采食。对人的接近和声响敏感，触摸皮肤即惊恐不安和全身战栗，眼球突出，后肢抬举和伸张，继而强直，跗关节强直显著，站立不稳，频频交替负重，拱背缩腹	牛霉麦芽根中毒
急性：反刍停止，厌食，流涎、恶心、呕吐，呼吸困难，肌肉震颤，强直性痉挛，感觉过敏，易惊。常数小时内死亡	牛无机氟化物中毒
食入尿素后 30～60 分钟即出现症状：病初沉郁呆滞，接着感觉过敏，呻吟、反刍停止，瘤胃臌胀，肌肉抽搐，震颤，步态不稳，反复发作，强直痉挛。呼吸困难，心跳加快，流涎，出汗	牛尿素中毒

五、做圆圈运动

初期精神萎靡，食欲减退、反刍减少。有时表现站立不稳，左右摇晃，将要摔倒时才移站稳脚步，有时不靠着物体站不稳。病侧视力障碍，头向一侧倾斜，在行进时头总偏斜，虽不断纠正，也不能改变，经常出现转圈运动。虫体包囊小时转大圈，包囊大时转小圈，常见拴于木桩上的病牛绕桩转圈，直至缰绳绕完时还想转圈，解开绳子重新拴好后又继续转圈。病情严重的几乎不断转圈。如包囊接近额骨时，叩诊呈浊音，在病重时，长期不吃草、不反刍，最后衰竭死亡——牛多头蚴病（脑包虫病）

成年牛：初病时，体温40.5～42℃，头颈一侧性麻痹，弯向健侧，麻痹侧耳下垂、眼半闭、视力障碍。无目的地奔跑，有时做圆圈运动。强迫运动，遇障碍不知避开而抵靠不动，颈部强硬，角弓反张，后倒于地，如强使翻身，又重新恢复，甚至死亡。孕畜流产——牛李氏杆菌病

亚急性：绝食、呆滞、失明，共济失调，转圈，肌肉战栗，感觉过敏，磨牙、流涎，盲目行走可入水池——牛铅中毒

常表现不安，有时盲目前进或转圈后沉郁——牛过食豆类病

少数可持续1年以上，呈间歇性发作，并以前肢为轴做圆圈运动，多于发作中死亡——牛铜缺乏症

拱背，轻度腹痛，大多嗜眠。少数狂躁，能饮水，常出现转圈运动，空嚼、吼叫、感觉过敏，强迫运动显执拗。这些症状间断而又多次发生，每次持续1小时左右——奶牛酮病

急性：多在吃入铅化物12～24小时后发病，有时尚未出现明显症状即死亡

牛病初吼叫，步态蹒跚，转圈，头颈肌肉抽搐，感觉过敏，磨牙，口吐白沫，眼球转动，不断水平摆动，眨眼，瞳孔散大，心跳、呼吸增速。有的狂躁冲撞篱笆，爬槽，两耳摆动，角弓反张，惊厥，1～2小时死亡——牛铅中毒

六、游泳动作（四肢划动）

急性型：乳牛多发，放牧时突然停止，甩头，对周围警惕，似乎感到不适，肌肉和两耳明显搐搦，感觉过敏，稍有轻微干扰即可促发持续的吼叫和狂奔。步态蹒跚，倒地四肢抽搐，很快转为痉挛性惊厥，持续几分钟。惊厥时，项、背、四肢震颤，角弓反张，眼球震颤，牙关紧闭、空嚼、口吐白沫，两耳竖起，眼睑回缩，惊厥间歇时静卧，如有突然声响或触动，又重新发作。肌肉严重疲劳后，体温40～40.5℃，呼吸增数。一般60分钟死亡——牛青草搐搦（泌乳搐搦）

日射病：病初沉郁、眩晕、四肢无力，步态不稳，共济失调，突然倒地，四肢做游泳动作，体温40℃以上，兴奋时，狂躁不安。有时突然全身麻痹，皮肤、角膜、肛门反射减退或消失，腱反射亢进，常发生剧烈的痉挛和抽搐，迅速死亡（有时发现已病，从50米处闻声赶到已死）——牛日射病和热射病

严重时，卧地不起，初伏卧，后肢向外开张，不久横侧卧，四肢做游泳动作，最后四肢强直，直至死亡——牛霉麦芽根中毒

有时乱跑乱跳，做圆圈运动，头向后仰，卧地四肢抽搐，做游泳动作，严重时后肢麻痹——牛食盐中毒

严重时昏迷及卧地四肢呈游泳动作——牛皱胃炎

后期：倒地，肛门松弛，四肢划动，窒息而死，血液pH初期高，死后下降，并有高钾血症——牛尿素中毒

稍勾头，用手扶之可恢复正常姿势。严重病例感觉过敏，并有四肢抽搐，饮食消失，急性48～72小时死亡——母牛爬行综合征（“母牛卧倒不起”综合征）

神经型：牛、羊食后目盲，仰头，狂躁不安，瞳孔对光感应差——牛菜籽饼中毒

七、角弓反张

症状	疾病
有的狂躁冲撞篱笆，爬槽，两耳摆动，角弓反张，惊厥并于1～2小时死亡，急性多在吃铅后12～24小时后发病，有的不显症状即死	牛铅中毒
严重的：突然高度兴奋，毁物伤人，目光凶恶，约10分钟后倒地呕吐，全身发抖，角弓反张，很快衰竭死亡	牛有机氯农药中毒
采食后15～30分钟即发病，腹痛不安。口流白色泡沫，黏膜鲜红色。先兴奋（发生惊厥，角弓反张，狂叫），后沉郁，四肢痉挛发抖，瘤胃臌胀，瞳孔散大，后肢麻痹，体温下降，最后昏迷，衰竭死亡。病程约20分钟，长的1～4小时	牛氢氰酸中毒
突发型：突然倒地，剧烈抽搐、惊厥，角弓反张，迅速死亡。有的暂时恢复正常，心跳加快，节律不齐，最终死亡	牛氟乙酰胺中毒

八、吼叫

症状	疾病
持续哞叫，直至叫声嘶哑也不停止	牛狂犬病
肌肉震颤，步态蹒跚，濒死时狂躁不安，大声吼叫	牛氨中毒

症状	疾病
吼叫、痉挛而死	牛伪狂犬病

九、狂躁

症状	疾病
肉牛：有攻击行为，烦躁不安，兴奋，共济失调，步态踉跄，有时站立困难，易摔倒	牛妊娠毒血症
重度中毒：病初兴奋不安，狂躁，向前狂冲直撞。继而转为精神沉郁，后躯无力，步态摇晃，共济失调，甚至麻痹，可视黏膜发绀，呼吸无力、次少。瞳孔散大，全身痉挛，一般3～4天死亡	牛马铃薯中毒
少数兴奋不安，发狂，向前冲或奔跑，眼露凶光，卧地后抽搐，伸舌、气喘、呼吸加深，流涎，体温不高（37.8℃），心跳加快，心音强。有的几天内可以自愈，但有复发趋势	牛青草搐搦（泌乳搐搦）
牛中毒多为慢性，初表现消化不良。消瘦，随后食欲减退或废绝，反刍减少或停止，瘤胃蠕动减弱或消失。体温正常或偏高，呼吸、心跳增数，黏膜发绀、略带黄染。精神沉郁，离群，垂头站立。因肝肿大、腹膨大而有腹水。病程中有时向前猛冲不顾障碍，或做圆圈运动，无目的徘徊，有时突然倒地抽搐，个别病例皮肤感光脱屑或皲裂	牛猪屎豆中毒
精神异常：表现为神经质，焦虑不安，恐惧、狂暴，神志恍惚	牛海绵状脑病（疯牛病）

十、昏迷、意识障碍、麻痹、兴奋

症状	疾病
后期：贫血、衰弱、精神沉郁，甚至昏迷	牛皱胃炎
重度中毒：精神先沉郁后兴奋，牵出畜舍见日光时更明显，头下垂或向前抵墙不退	牛有机氯农药中毒
感觉异常：对触摸和声音过度敏感，挤奶时乱踢乱蹬，擦痒	牛海绵状脑病（疯牛病）
大量寄生于四肢时可引起麻痹	牛蜱病
真性：也称氮血症性尿毒症，表现精神沉郁，衰弱无力，食欲减退或废绝。也有的意识障碍、嗜睡，也有的兴奋、痉挛	牛尿毒症
除犊牛表现症状外，成年牛病初极兴奋	牛弓形虫病
病初兴奋不安，扒地，有攻击性，而后精神沉郁	牛瘟
腰部脊髓全横径损伤：如在后部，尾及后肢感觉及运动麻痹，粪尿失禁	牛脊髓挫伤和震荡
耳、角根、背腰、内股部发凉，四肢厥冷，体温正常。颜面静脉怒张，不安，严重时极度不安	牛白苏中毒

第十三节　粪便异常表现的临床症状

正常牛排的粪较软，落地成堆。以麦秸为饲草的牛，所排粪便为棕黄色；以高粱叶为主要饲草的牛，所排粪便呈棕黄略显红色；喂青草饲料的牛，所排粪便显绿色；喂青甘薯秧、嫩蚕豆荚或蚕豆秧的牛，所排粪便呈黑色。腹泻（拉稀）、下痢、稀粪中含血或粪如球，都是病态，如有臭气（恶臭、腐臭、酸臭、腥臭）则病情更严重。

一、腹泻（拉稀）

症状	疾病
腹泻 急性：表现胃肠炎，大量流涎，剧烈腹痛，粪中有黏液，且呈深绿色（铜绿叶素） 慢性：第二期可长达 10～25 天，腹泻	牛铜中毒
腹泻	牛食盐中毒
腹泻，甚至呕吐	牛硝酸盐和亚硝酸盐中毒
病情严重的腹泻	牛肾炎
急性：胃肠炎，腹泻	牛无机氟化物中毒
急性：胃肠炎，腹泻	牛氢氰酸中毒
真性：好喝水，呕吐，腹泻	牛尿毒症
吞食节片后，胃肠机能障碍，腹泻，甚至反刍停止，囊尾蚴虫达到肌肉后，临床症状消失	牛囊尾蚴病（牛囊虫病）

症状	疾病
溶血性贫血型：常发生腹泻	牛菜籽饼中毒
犊牛：食欲下降，腹泻、黄疸，目盲。重症有佝偻病（吮乳中毒）	牛棉籽和棉籽饼中毒
有的病牛表现黏膜性腹泻	牛副流感
腹泻	牛木贼中毒
经常腹泻	牛肝片吸虫病（肝蛭病）
排稀粪	牛瘟
慢性：部分病牛腹泻	牛病毒性腹泻（黏膜病）
采食 10 天后发生腹泻，粪中充满气泡。水牛持续排水样稀粪，黄牛间歇性排糊状粪，消瘦	牛钼中毒

二、下痢

症状	疾病
下痢，粪便中带有黏液，少数出现腹痛	牛阔盘吸虫病（胰吸虫病）
有的下痢	牛酒糟中毒
下痢，并引起死亡	牛双腔吸虫病
犊牛：食欲不振，顽固下痢，迅速消瘦	牛结核病
有时下痢	牛贝诺孢子虫病

三、粪稀带血

症状	疾病
粪干且呈暗褐红色，严重时努责加剧，排血色糊状粪，粪中有少量红黄黏液，甚至有血凝块	牛蕨中毒
肠蠕动停止，腹泻可能带血液、黏液	牛细菌性血红尿白尿
便秘，有时剧烈腹泻，并带有血液	牛马铃薯中毒
急性：严重腹泻，初水样，后带黏液和血	牛病毒性腹泻（黏膜病）
呼吸道型：有时可见腹泻带血	牛传染性鼻气管炎
急性：初便秘，后腹泻带血。有时腹痛	牛炭疽
偶有腹泻带血液、黏液	牛弓形虫病
胃肠有炎症，腹泻，粪中有黏液和血液	牛闹羊花中毒
感染后20天腹泻，里急后重，粪中有黏液和血液，甚至有黏液块。粪中有虫卵	牛吸血虫病（分体吸虫病）
粪可呈黑色或混有血液，有时腹泻。皱胃左方变位，粪减少呈绿色糊状，很少有潜血或明显血液	牛皱胃变位
排的粪每次量不大，粪稀时全为黑色，如煤焦油样。如为干粪，粪球内外均为黑色	牛皱胃阻塞（扩张）
有时粪呈黑色（皱胃有溃疡）	牛白血病

四、粪腐臭、恶臭、腥臭

症状	疾病
粪稀软，灰白色，有腐臭，混有豆瓣	牛过食豆类病
粪时干时稀，均为黑色，有恶臭	牛皱胃溃疡
经常腹泻，粪有恶臭	牛同盘吸虫病
慢性：便秘，腹泻，粪恶臭	牛铅中毒
有的病牛排粪恶臭，并混有血液和黏液	水牛类恶性卡他热（水牛热）
肠音强盛，排有血液和假膜的恶臭稀粪	牛蓖麻籽中毒
突然发病，一夜间可20%发病，2～3天可达80%，病情严重的占5%～10%，病牛排出恶臭的水样棕色或黑色的稀粪，并带有血液	牛弯杆菌性腹泻（牛冬痢）
发病12～24小时粪中即有血块，不久即下痢，并有恶臭，含有纤维素块，间有黏膜。病初体温40～41℃，下痢后体温正常或略高，可在24小时死亡或3～5天死亡	牛沙门氏菌病
早期出现间断性腹泻，以后变为顽固腹泻。排稀薄、有恶臭、带气泡黏液和血凝块。腹泻停止后，排粪恢复正常，但吃青草后腹泻加剧	牛副结核病

症状	疾病
肺炎型：便秘，有时下痢，粪恶臭 败血型：腹痛、下痢，粪中含有黏液、血液，并有恶臭。腹泻后体温下降，迅速死亡，病程 12～24 小时	牛巴氏杆菌病
初粪少而干，体温下降时即腹泻，粪恶臭、带血。粪中可能有黏液、假膜碎片	牛瘟
粪干成小球，外有黏液成串珠状（有的可长达数米），严重时排粪腥臭，排焦黄或黑红糊状粪	牛青杠树叶中毒
排腥臭含有黏液的稀粪，有轻度腹痛，里急后重。经短期缓和后又加重，腹痛加剧，所排粪黏液增多、粪草减少，而且能排灰白色管状或长条状的黏液膜（有的可长达 1～1.5 米）。排粪后腹痛减轻或消失。严重的会持续下痢	牛黏液膜性肠炎
粪稀、含有黏液，严重时排褐色的腥臭黏液和粪水，甚至不含草末。这时出现叉腿、里急后重，有时黏液中可见血丝和血液。尾根、臀部甚至飞节均被粪污染，甚至黏附有干结物，搡右腹侧显敏感	牛肠炎
粪稀软、酸臭	牛瘤胃酸中毒

五、排白色胶冻样黏液块

症状	疾病
每做排粪姿势而不排粪，仅排出白色胶冻样黏液块。如为盲肠不完全阻塞时，排出带褐色较稀黏液	牛肠阻塞
初排粪，后不排粪，排白色胶冻样黏液块	牛肠缠结

六、便秘或下痢

症状	疾病
消化型：主要见于去势小公牛，腹痛，腹泻或便秘，粪量减少	牛菜籽饼中毒
便秘或下痢	牛再生草热（牛特异性间质性肺炎）
粪有时干如球，覆有黏液，有时粪稀。严重时腹痛、下痢	牛皱胃炎
成年牛：粪正常、便秘或下痢，粪呈金黄色	牛无浆体病（边缘边虫病）
有顽固便秘和下痢 慢性：体温不高，常无血红蛋白尿。但有下痢或便秘	牛双芽巴贝斯焦虫病
初病时粪一般正常，病久，可能排稀粪，也可能排球状干粪	牛前胃弛缓

症状	疾病
急性：便秘，粪球干小，后期腹泻	牛棉籽和棉籽饼中毒
急性：泻痢和便秘交替发生	牛传染性胸膜肺炎（牛肺疫）
亚急性：先便秘后腹泻	牛铅中毒
排粪稀软甚至水样，间有草末，有时未经治疗即恢复正常，而且粪较干，甚至成粪球，如此反复发生	牛肠卡他

七、粪干或成球

症状	疾病
粪球干而小	水牛血斑病
排粪次数少且较干	牛瘤胃积食
便秘，粪外附有黏液	奶牛酮病
排粪干小成球，外表深褐或黑褐色，掰开粪球内部为黄色	牛瓣胃阻塞（扩张）
排粪尿不通畅	水牛有机氯农药中毒
亚急性：尿闭，频频排粪	牛青草搐搦（泌乳搐搦）

第十四节　尿异常表现的临床症状

健康牛的尿清亮如净水，泡大。尿量少，尿液浑浊或带血色，排尿困难，都是病象。

一、血色尿（血红蛋白尿）

症状	疾病
急性：尿暗红色	牛炭疽
慢性（第三期）：有的排血红蛋白尿	牛铜中毒
溶血性贫血型：排血红蛋白尿	牛菜籽饼中毒
排血红蛋白尿	奶牛产后血红蛋白尿
尿淡红色	牛木贼中毒
尿暗红色，半透明、起泡	牛细菌性血红蛋白尿
病初1～2天内尿液逐渐由淡红、红、暗红变为紫红和棕褐色。随后症状减轻痊愈，尿色又逐渐由深变淡，直至无色。排尿次数增加而每次尿量相对地减少。尿的潜血试验阳性，尿沉渣中不发现红细胞	牛血红蛋白尿
急性型：突发高热（40～42℃），尿中有大量白蛋白、血红蛋白和胆色素，常于发病后3～7天内死亡，死亡率高	牛钩端螺旋体病

症状	疾病
急性出现血红蛋白尿。有时没有	牛双芽巴贝斯焦虫病
尿色由深黄、棕红转为黑红，急性病例可持续1周，轻型病例在血红蛋白尿出现3～4天体温下降，尿色变清，病情逐渐好转	牛巴贝斯焦虫病
频尿或排尿困难，尿少浑浊，带血色的尿内含有蛋白质、白细胞、纤维素、上皮碎屑和小血块，以至引起尿毒症	牛细菌性肾盂肾炎
常有血尿 慢性：病牛可存活2～10年，反复间歇尿血，营养不良和贫血	牛蕨中毒
慢性：有些牛出现血红蛋白尿、贫血等	牛莱姆病
急性：排尿频繁，每次排尿量少，有时呈滴状流出，有时尿闭 卡他性膀胱炎：尿液浑浊，尿中含有大量黏液或少量蛋白 化脓性：尿中含有脓液 出血性：尿中含有血液或凝血块 纤维蛋白性：尿中含有纤维蛋白膜或坏死组织碎片，有氨臭气体 尿沉渣中有白细胞、红细胞、膀胱上皮细胞、组织碎片及病原菌	牛膀胱炎
排尿不成泡，如涓涓细流或滴尿，排尿时常有疼痛表现，公牛常伸出阴茎，母牛阴户不断开张，尿道黏膜有破损时，排尿之初见血。严重时有脓性分泌物随尿排出，检查公牛阴茎时炎症部位肿胀疼痛	牛尿道炎

症状	疾病
阻塞物未完全阻塞尿道时，尿如线流出。如尿道黏膜有破损时，先排出的尿含血且多呈红色，后续的尿逐渐成清水样	牛尿道结石
急性：频频排尿而尿量少，个别病牛无尿，尿色浓暗，尿中含有大量红细胞时呈粉红色、深红色或褐红色（血尿），尿中蛋白质含量增高（30%或更高），并有透明颗粒、红细胞管型、上皮细胞管型及散在红细胞、肾上皮细胞、白细胞、病原菌等	牛肾炎
尿少色深。后期排尿次数多而尿量少，尿呈淡黄红色或深棕色 急性：如化脓灶迁移至肾，直肠检查肾肿痛，出现蛋白尿，尿量减少，尿沉淀中有脓细胞	母牛产后脓毒血症
腰背僵硬，按压时肾区敏感疼痛	牛肾盂肾炎

二、尿少或无尿

症状	疾病
尿少而黄	牛流行热
尿量逐渐减少而呈色黄	牛肠炎
频频排尿，随后饮欲减少或消失，即排尿少或无尿	牛青杠树叶中毒
烦渴，饮水不减少，口干，尿少或无尿	牛食盐中毒

症状	疾病
尿道有阻塞物（结石）：不完全阻塞时尚能排尿或滴尿，完全阻塞时则不见排尿而有排尿动作 自龟头至会阴，可在阴茎的腹部尿道部位摸到尿道凸出处的阻塞物	牛尿道结石
如膀胱结石有几个，在运动中相互摩擦致各结石边缘光滑，虽有时发现排尿困难，但在病畜运动体躯方位改变时，结石位置也有改变，尿即能顺畅排出。如结石嵌入膀胱颈，则排尿困难，并显努责、疼痛，或频做排尿姿势而不排尿。直肠检查有时可摸到膀胱中的结石块	牛膀胱结石
首先发现排尿减少或不尿，病牛并无不安，有时排尿失禁而淋漓排出，排尿成滴状，或尿循阴户、会阴（母畜）流至跗关节，甚至跖骨部都被尿湿	牛膀胱麻痹
饮水少，尿量减少，后尿呈黄色	牛瘤胃慢性积食
常有蛋白尿，渗出液开始吸收后尿量增加	牛胸膜炎

三、尿频

症状	疾病
急性型：尿频	牛青草搐搦（泌乳搐搦）
生殖道型：尿频、有痛感。产乳量下降	牛传染性鼻气管炎

四、尿有特殊气味

症状	疾病
尿有酮气味	奶牛酮病
出现酮尿，尿量少，色深黄	牛皱胃变位

五、尿引起泡沫

症状	疾病
成年牛：尿清亮，无血尿，常引起泡沫	牛无浆体病（边缘边虫病）
尿呈浅黄色，易形成泡沫，有酮味，酮粉试验阳性	奶牛酮病
尿少色黄，易产生泡沫，尿沉渣中有红细胞、白细胞或透明管型	牛猪屎豆中毒

六、尿中有异物

症状	疾病
尿频而每次量少，并有排尿困难现象。尿液浑浊，有黏液、脓汁和大量蛋白质，尿沉渣中有脓细胞、红细胞、白细胞，肾盂上皮和肾上皮细胞，少量透明颗粒管型以及磷酸铵镁和尿酸铵结晶。尿液直接涂片镜检可发现病原菌	牛肾盂肾炎
急性：出现蛋白尿，尿量减少，尿沉渣中有脓细胞	母牛产后脓毒血症

症状	疾病
间质性：初期尿量多，后期减少，尿沉渣中见有少量蛋白、红细胞、白细胞及肾上皮细胞，还可见透明颗粒管型 慢性：尿量不定，蛋白质含量增高，尿沉渣中有肾上皮细胞、管型（颗粒上皮），少量红细胞和白细胞。重症病畜血中非蛋白氮可增至1.16毫克/毫升，尿液中尿蓝母可增至0.04毫克/毫升，大量积蓄而引起慢性氮血症性尿毒症	牛肾炎
真性：呼出气体有尿味。尿中非蛋白氮含量增加	牛尿毒症
尿沉渣中有白细胞、红细胞、脓细胞、膀胱上皮细胞组织碎片及病原菌	牛膀胱炎

第十五节　公牛表现的临床症状

雄性生殖系统的主要部分包括阴囊、睾丸、附睾、精索、输精管、阴茎和一些副性腺体（包括前列腺、精囊腺和尿道球腺）。在胎儿时期和出生时，精细管中即有原生殖细胞（俗称性原细胞），这些细胞增殖为精原细胞，进行一系列分裂成为初级精母细胞，精母细胞分裂为精细胞，再经过一系列的发育变化而成为精子。精子发生是指由排列在精细管中的干细胞（或称精原细胞）转化为释放到管腔中的精子的全部过程，精细管中的足细胞是精子的营养细胞。精子经过附睾的时间公牛为8～11天，精子在附睾中成熟和贮存直至射精。公牛所产生的精子有50％～60％被附睾吸收。

附睾的功能是：将精子送到射精管道，赋予精子成熟和受精能力，储存精子，按附睾充满的比例并根据采精频率吸收衰老的精子，吸收崩解的精子产物和液体。

荷兰公牛产生精子的平均年龄为47周（329天），如以通常推荐的总可消化养分130％定量，其产生精液的平均年龄在39周（273天），平均体重为

311 千克；喂低水平饲料，产生精液的平均年龄在 56 周（392 天），平均体重为 228 千克；喂中等水平饲料，产生精液的平均年龄在 47 周。

雄激素是睾丸的间质细胞所产生，并受丘脑下部垂体的影响（是睾丸最重要的外环境因子）。

公牛精子的发生和类固醇激素的发生虽受光照的影响较小，但精液的质量夏季最低，冬、春季最高，人工授精成功率夏季最低，秋季最高。

维生素 A 缺乏使生殖上皮变性，影响精子的发生。

当饲料中维生素缺乏、营养成分不足，或蛋白质过多，运动不足，长期不配种、过度配种或环境喧闹不安静，或因公牛生殖器官疾病、受到某些传染病和寄生虫病的侵袭，会影响公牛的配种。

一、阴茎、尿鞘病变

症状	疾病
阴茎潮红、肿胀，间或有小结节。睾丸、附睾发炎，急性病例睾丸肿胀疼痛。体温中度发热，食欲不振。以后疼痛逐渐减轻，约 3 周后只见睾丸、附睾肿胀，触之坚硬，鞘膜腔积水、有波动感。有时关节肿胀、疼痛	公牛布鲁氏菌病
龟头肿胀、潮红、疼痛，并有创伤和分泌物，严重时有溃疡，有坏死组织覆盖创面，常因龟头肿胀伸出后不能缩回尿鞘	公牛龟头创伤
潜伏期 2～3 天，精神沉郁，不食。生殖器黏膜充血，轻症 1～2 天消退而恢复。严重时发热，包皮、阴茎上发生脓疱，随之包皮肿胀、水肿。如再感染细菌则更严重。10～14天后开始恢复	公牛（生殖系型）传染性鼻气管炎
阴茎脱出于包皮口外，不能自行缩回，痛觉消失，排尿不出现障碍，如阴茎下垂较久则肿胀，因起卧摩擦易引起发炎和溃烂	公牛阴茎麻痹

症状	疾病
常发生干而短的咳嗽，呼吸增数，严重时气喘。体表淋巴结肿大，体温 40℃ 以上，呈弛张热或稽留热，睾丸及附睾肿大。阴茎前部发生结节、糜烂	公牛结核病
尿鞘内有脓液，尿鞘口的毛附有脓液或干结物，用手指插入尿鞘即可抠出大量的脓液和污垢，龟头不红肿	牛尿鞘炎
感染 12 天后，包皮肿胀，分泌大量脓性分泌物，阴茎黏膜上有红色小结节，不愿交配，这一现象不久即消失	公牛胎毛滴虫病

二、睾丸、附睾肿痛

症状	疾病
睾丸、附睾肿胀、热痛。2～3 周后睾丸、附睾仍肿大	牛布鲁氏菌病
体温稍升高，睾丸肿大、发热、疼痛，精索变粗，拱背拒绝配种。患侧后肢外展，运动时开张前进，显示步态强拘，站立时表现后肢屈曲。有外伤时，睾丸周围组织发炎，并使睾丸与周围组织粘连	牛睾丸炎
常以附睾患病，继而睾丸发炎，以致两者融为一体，肿胀很大，无热无痛，最后形成冷性脓肿。阴茎前部有结核、糜烂	牛结核病

症状	疾病
年轻牛的感染多属流产型，常发生精囊炎。其特征是精囊腺、睾丸和附睾呈慢性发炎，精液质量低劣，有些牛的睾丸萎缩，发病率 10%	公牛衣原体病
慢性：睾丸发生纤维变性、变硬、变小、无热、无痛	牛睾丸炎

三、不能配种

症状	疾病
交配或采精时阴茎不勃起。有的阴茎即使伸长露出尿鞘，但软绵而不坚挺，虽也爬跨母畜，但不能完成交配或采精过程	阳痿
公畜性欲旺盛，爬跨母畜正常，在配种中途突然鸣叫跳离，不见有射精动作	竖阳不射精
公牛不愿配种	牛钼中毒
外表不显症状，有时可见性欲减退，本交配种屡配不孕，肉眼观察精液为粉红色，或呈深红色、黄色（有尿液）。如镜检采精液，可发现无精子或精子数量少，精子有畸形，精子活力降低或死亡。生殖器官有脓性炎症时，镜检可见白细胞或脓细胞	精液质量不良

第十六节　母牛表现的临床症状

母牛生殖器官包括卵巢、输卵管、子宫（子宫角、子宫体、子宫颈）、阴道、阴门。牛的发情周期为21天（18～24天），发情持续时间平均18小时（12～24小时）。荷兰母牛发情视饲料的养分含量及养分被消化吸收的比例而不同。喂中等水平饲料，可消化养分129%，青年母牛首次发情平均年龄为37.4周（261.8天）；可消化养分93%，首次发情平均年龄为49.1周（343.7天）；可消化养分61%，直到72周龄（504天）才发情。

母牛排卵发生在发情结束后10～11小时（肉用牛和乳用牛也如此），在5～15小时排卵也正常。当卵巢的卵母细胞发育时，在雌激素和促性腺激素作用下形成卵泡，原基卵泡内含有1个卵细胞，卵泡在排卵前膨大，排卵时卵泡破裂，卵细胞随卵泡液流出，被输卵管的伞状端所收纳，并被输卵管送至1/3处的壶腹部，与精子相遇而受精。受精后的卵细胞即开始分裂，边被输送边分裂，在发情后第4天被输送至子宫角，由子宫为胎儿提供营养和处理排出的废物。30天后胎盘才形成，此后胎儿在胎衣内发育成长。妊娠期282～285天。

母牛在妊娠期间可能因为拥挤、营养元素缺乏或因患传染病、寄生虫病或其他疾病而发生流产。在分娩过程中，也会因胎儿过大、畸形或胎势、胎向不正和子宫扭转而发生难产。母牛在某一生殖器官发生疾病而影响发情，有的即使发情也屡配不孕，对畜牧业生产造成巨大损失。

在分娩期间或分娩之后，助产时常因操作不当或消毒不严而导致子宫、阴道、阴门发生创伤、炎症，或因体质关系出现胎衣不下或子宫、阴道脱出等疾病。

乳房在饲养管理不善、环境卫生不合格或机械取奶不当时会引发炎症，除直接影响奶的生产外，如发生化脓性炎很容易引起败血症。

一、母牛不发情

症状	疾病
一侧卵巢有肿瘤，常无明显症状，有时发情不明显或不发情，但也有发现慕雄狂症状	牛卵巢肿瘤
直肠检查卵巢，质地无明显变化，摸不到卵泡与黄体	牛卵巢机能衰退、不全
母牛不发情，间或受孕，产仔也难成活	牛钼中毒

症状	疾病
如两侧卵巢同时发炎，则不发情。如一侧卵巢发炎，则发情周期仍正常	牛卵巢炎
母畜不发情。直肠检查，卵巢萎缩，有的如豌豆粒大（正常母牛的卵巢长2～3厘米，宽1～2.5厘米，厚1～1.5厘米），如经10天左右再检查时仍如此，即可确诊	牛卵巢萎缩
触摸子宫无变化，有时松弛下垂，也无收缩反应	牛持久黄体
发情期间的发情征状与正常一样，因卵泡发育至二、三期即开始萎缩，所以发情期只维持3～5天即停止，卵泡逐渐缩小，波动和紧张性逐渐减弱，在此期间配种或人工授精均不能妊娠（因未排卵）。配种后直肠检查，不见卵巢形成黄体	牛卵泡萎缩

二、发情周期紊乱

症状	疾病
母牛发情周期紊乱，不育、早产、流产	牛锌缺乏症
成年牛甲状腺肿大，皮肤干燥，被毛脆弱；生殖力下降。公牛性欲减退。母牛发情周期紊乱，产期拖延，流产，产死胎，新生胎儿水肿，皮厚，毛粗糙、稀少	牛碘缺乏症
正常发情，但发情的持续时间延长，牛拖延3～5天或更长	牛排卵延迟

症状	疾病
发情周期不规则，长的可达 30～63 天	牛弯杆菌性流产

三、发情正常，屡配不孕

症状	疾病
发情周期正常，但屡配不孕	牛输卵管炎

四、持久发情，慕雄狂

症状	疾病
直肠检查，一侧卵巢的卵泡停止发育，开始萎缩，而对侧卵巢有大小不等的卵泡出现和发育，但还没发育成熟又开始萎缩。这种情况交替出现	牛卵泡交替发育
发情周期缩短或延长，病久易出现持久发情，甚至发展为慕雄狂。有时不发情	牛卵巢囊肿
母牛：生殖器官发生结核，发情频繁、慕雄狂和不孕，流产	牛结核病
全身强烈兴奋，吼叫，四肢刨地，发情规律被破坏，不断表现强烈的性兴奋，爬跨其他牛或让其他牛爬跨，任何时候都不拒绝公牛交配，多次交配或人工授精而不孕 如果病程延长，病牛性情粗暴并攻击人。此时食欲减退或废绝，被毛蓬松，乳汁分泌减少或停止。有的牛还表现下痢或尿频。阴唇增大和水肿，阴门流出浑浊黏液，尾根塌陷。髋结节、坐骨结节皮肤有伤痕。病程长的可出现阴道脱出	牛慕雄狂

五、流产

症状	诊断
隐性流产：配种后1至几周不发情，表示已怀孕，如又再次发情，并由阴户排出分泌物，因胚胎很小，常不易被发觉。曾见一例病牛阴户排浆液性分泌物，用开膣器检查阴道时发现阴道内有1个十几厘米长的木乃伊胎儿延期流产：至预产期曾出现努责，但较轻微，胎儿未产出即不再努责，胎儿死后不久即被母牛排出 临床曾见一母牛2个月前曾有分娩现象，未排出胎儿，乳房随后不产奶，畜主疑是假孕。后因病经直肠检查才发现子宫有胎儿而无胎水，经剖腹发现胎儿有30%皮肤与子宫壁粘连，胎儿肌肉未腐败，具有熟肉清香，实为罕见 怀孕至后期的流产：阴唇稍肿胀，乳房稍胀大，也努责，产出的胎儿能动，但不能成活 孕牛表现腹痛、起卧不安，体温稍高或无异常，常作排尿姿势，阴唇扇动，尿频而量少，阴户常流少量黏液。呼吸增数（60～80次/分），心跳增数（60～80次/分）	牛流产
常在分娩过程中或在分娩后48小时内发病	母牛爬行综合征（“母牛卧倒不起综合征”）
母牛甲状腺肿大，皮肤干燥，被毛脆弱，发情周期紊乱，产期拖延。流产、死胎，新生胎儿水肿，皮厚，毛粗糙稀少	牛碘缺乏症
产乳量下降，妊娠母牛发生流产或产弱犊	牛莱姆病

孕牛多流产。流产胎儿可发现病原菌——牛沙门氏菌病

脐带常呈浆液性浸润而肥厚
孕牛常在妊娠6～8个月时流产
胎衣呈黄色胶冻样浸润，有些部分附有纤维蛋白絮片，有的增厚，有的有出血点。绒毛叶部分或全部贫血，呈苍白色或混有灰白色、黄绿色纤维蛋白，或覆有脂肪状渗出物、脓液絮片——牛布鲁氏菌病

亚急性：流产是重要症状之一——牛钩端螺旋体病

牛经第一次感染后，对再感染产生抵抗力，仍能受孕
有的牛感染后第二个发情期可受孕，有的8～12个月不受孕。流产多发生于怀孕第5～6个月，流产率5%～20%。早期流产胎膜常随胎儿排出，5个月后流产，胎衣滞留——牛弯杆菌性流产

生殖道型：初发热（40℃以上），精神沉郁，无食欲。常经10～14天痊愈，孕畜的胎儿通过母牛而感染，7～14天死亡，24～48小时后流产——牛传染性鼻气管炎

孕牛常流产——牛流行热

孕牛会流产
如病程经2～3个月后转为慢性，则病牛症状不明显，但因反复发作而瘦弱不堪。粪中有虫卵。母牛会流产——牛吸血虫病（分体吸虫病）

症状	疾病
母牛：流产、死胎、泌乳减少或无乳	牛伊氏锥虫病
发热期常引起流产	牛贝诺孢子虫病
妊娠不久胎儿即死亡并流产。流产后母牛的发情间隔延长或不孕	牛胎毛滴虫病
慢性：出现流产、虚弱、分娩无力，受胎率低，步态强拘	牛硝酸盐和亚硝酸盐中毒
孕牛常在腹痛努责时流产	牛蕨中毒
孕牛流产，泌乳停止	牛蓖麻籽中毒
有的病牛流产	牛酒糟中毒
孕牛流产	牛马铃薯中毒
母牛发情期延长，不易受胎，孕牛早期发生原因不明的隐性流产	牛锰缺乏症

六、难产

症状	疾病
怀孕6个月后腹部逐渐膨大，右腹触诊有波动而触不到胎儿。呼吸、心跳增数，不愿卧下，起卧均较困难，卧下后又不愿起立，甚至瘫痪。直肠检查子宫充满液体，有波动，不易摸到胎儿。瘤胃被庞大的子宫挤压，因内容物不多而不易摸到	牛胎水过多

怀孕早期（曾见怀孕3个月的牛子宫扭转），出现疝痛，此时即不吃草不反刍。阴道检查时可摸到阴道壁有旋转皱襞，其方向有顺时针转，也有逆时针转，直肠检查时可摸到子宫体如麻花样扭转

分娩时虽表现腹痛努责，但阴户不见胎膜露出或胎水流出，阴道检查，阴道壁呈螺旋状顺时针或逆时针皱纹

——牛子宫扭转

分娩正常，阴门处见到胎儿的唇和前蹄（有时可见到胎儿舌活动），而阴门紧包胎头不能充分张开，限制胎儿排出

——牛难产（阴门狭窄）

预产期已到，分娩的预兆均已表现，阵缩努责也都正常，但长久不见胎膜露出，阴道检查阴道壁柔软有弹性，子宫颈口开张不够大，判定狭窄程度：一度，胎儿两前腿及头在拉得出时，尚能勉强通过，虽松弛不够，但不硬；二度，两前腿及颜面能伸入子宫颈管中，但不能硬拉，以免导致子宫颈撕裂；三度，仅两前肢能伸入子宫颈；四度，子宫颈仅开一个小口

——牛难产（子宫颈狭窄）

胎儿头及蹄肩已入阴道，牵引胎儿的头和前肢不能拉出，手入子宫颈口可摸到胎儿腹部膨大有波动

——牛难产（胎儿腹水过多）

曾见一例胎儿无腹壁，自腰椎反折，致头尾靠近，腹腔内脏暴露于体外，致分娩时虽努责正常，但不见胎儿头蹄露出，却见胎儿肠管露出

——牛难产（胎儿无腹壁）

曾见胎儿双头，分娩时排出胎水，不见胎儿排出，手入子宫检查，胎儿两个头联在一个体躯上——牛难产（胎双头）

曾见胎儿头大如圆球，鼻甚短，前肢屈曲不能伸直，胎儿不能进入阴道，子宫检查胎儿腕关节前置不能拉直，不能通过子宫颈——牛难产（头大、四肢蜷曲）

分娩时，阴道检查：可摸到胎儿两前蹄抵于阴道侧壁（或左或右），唇部伸入骨盆腔，下颌向左或向右。也有胎体侧位，唇、蹄不入阴道，前肢和头颈屈曲——牛难产（正生时侧位）

分娩时，阴道检查：在骨盆口可摸到胎儿头颈和前肢是屈曲的（偶有前肢伸入阴道而蹄底向上）。手入子宫，先摸到胎儿的头颈、腕及唇向上，胎儿胸腹向上，脊背向下——牛难产（正生时下位）

分娩时，可见胎儿蹄底向一侧，阴道检查：可摸到跗关节的跟结节偏向一侧——牛难产（倒生时侧位）

分娩时，胎儿蹄尖向上，阴道检查：跗关节的跟结节紧挨阴道腹部，手入子宫即摸到胎儿会阴与腹部，胎儿仰卧于子宫——牛难产（倒生时下位）

一侧肩部前置：阴门口见到胎儿嘴唇及一前蹄，手入子宫可摸到另一肢的肩部顶于骨盆口，蹄在胎儿腹下

两侧肩部前置，阴道有胎头而无前蹄，手入子宫摸到胎儿两肩均顶于骨盆口——牛难产（肩部前置）

阴户处可见到胎儿唇，还可见到一个或两个蹄尖。手入子宫摸到胎儿肘关节屈曲，肩端抵于骨盆口——牛难产（肘关节屈曲）

胎头已进入阴道，阴道检查可在骨盆口摸到一个或两前肢屈曲的腋部——牛难产（腕部前置）

分娩时，阴道无胎儿，手入子宫，摸到胎儿臀部、肛门及尾，两后肢向前伸于胎儿腹下——牛难产（坐骨前置）

在分娩时，胎水已流出，但不见胎儿头及蹄露出，阴道检查，如一侧跗关节前置，在阴道内摸到一后肢。如两侧跗关节前置，阴道内无胎儿也无肢体，手入子宫可摸到胎儿的尾、臀部及屈曲的跗关节——牛难产（跗部前置）

两前肢已进入阴道，头未进入阴道而歪向一侧，唇鼻抵于肩部不能伸直向前而难产出——牛难产（头颈侧弯）

胎儿两前肢已进入阴道，阴门处可能见胎蹄，阴道检查在骨盆口可摸到胎儿耳，胎儿头颈抵于骨盆口，向里可摸到鬐毛——牛难产（头向下弯）

子宫颈口已开张，并有胎水排出，阴道检查：两前肢已入阴道，手入子宫摸到胎儿气管、下颌支，再向里检查额靠近脊背——牛难产（头向后仰）

胎儿两前肢的蹄尖在下颌两侧的下方，而在胎儿头部的上方两侧，或胎儿的蹄尖顶于阴道的上壁，胎儿的掌部在胎儿头顶之上——牛难产（前腿置于颈上）

症状	诊断
阴道检查：可能有两肢入骨盆口或阴道，但向各肢的上部摸去，可发现腕、跗关节具有的不同点，再深入可摸到胎儿腹部	牛难产（横向腹部前置）
头部向上：胎儿前蹄和头前部进入阴道，向外拉头和蹄不动，手入子宫可摸到两后蹄紧贴骨盆口或后肢屈曲 臀部向上：后肢已入阴道，检查时可摸到跗关节和跟结节向上，前肢阻挡在骨盆口，手入子宫，可在子宫的腹部摸到胎儿的唇	牛难产（竖向腹部前置）
头部向上的竖向：阴道检查，胎儿未入阴道，手入子宫于骨盆口，可摸到胎儿的颈、肩和背脊 臀部向上的竖向：阴道检查，胎儿未入阴道，手入子宫于骨盆口，可摸到胎儿脊背，向上可摸到胎儿臀部和尾根	牛难产（竖向背部前置）
阴道检查：阴道无胎儿，手入子宫可摸到胎儿背脊，胎的头在母体的左侧或右侧，循胎儿向左或向右可摸到鬐甲或腰髋，即可断定胎儿头尾的方向	牛难产（横向背部前置）

七、乳房肿胀

症状	诊断
腺泡卡他，若全区腺泡发炎，则患区红肿、热痛，乳量减少，乳汁水样有絮片。可能出现全身症状	牛乳房炎（卡他性炎）
牛放线菌病：乳房患病时，呈弥漫性肿大，或有局限性硬块。乳汁黏稠，混有脓汁	牛乳房炎（特殊性乳房炎）

乳房脓肿：乳房中有很多脓肿，有时向皮肤外破溃，乳上淋巴结肿胀，乳汁呈黏性脓样含絮片

蜂窝织炎：一般与乳房外伤、浆液性炎、乳房脓肿并发。产后生殖器官炎性易继发本病，乳上淋巴结肿胀，乳量剧减，以后乳汁含絮片

——牛乳房炎（化脓性炎）

八、乳房淋巴结肿大

牛结核病：乳房上淋巴结肿大，无热无痛，泌乳量减少，乳汁初有变化，严重时水样稀薄——牛乳房炎（特殊乳房炎）

出血性炎：皮肤有红色斑点，乳房上淋巴结肿胀，乳量剧减，乳汁水样，含絮片及血液——牛乳房炎（出血性炎）

纤维蛋白性炎：乳房上淋巴结肿胀，挤不出奶或挤出几滴清水，往往与脓性子宫炎并发——牛乳房炎（卡他性炎）

进行性病例发生乳房结核，切开可见大小不等的病灶，内含干酪样物质——牛结核病

浆液性炎：乳房红、肿、热、痛，乳房上淋巴结肿胀，乳稀薄含絮片——牛乳房炎（浆液性炎）

九、乳房出现水疱

症状	疾病
乳头皮肤出现水疱，破裂变成溃疡，波及乳腺时，泌乳量减少 75%，甚至停止泌乳	牛口蹄疫
乳房发生湿疹或水疱性皮炎	牛马铃薯中毒
有的病牛乳头也可能发生水疱	牛传染性水疱性口炎
慢性：乳房出现圆形红色斑疹，向四周扩散，中央平整，四周隆起	牛莱姆病

十、乳汁变质

症状	疾病
急性脓性卡他性炎：由卡他性炎转变而来，乳量剧减或无乳，乳汁水样含絮片，有较重的全身症状，数日后转为慢性。最后乳区萎缩硬化，乳汁稀薄或黏液样，乳量渐减至无乳	牛乳房炎（化脓性炎）
亚急性型：常见于奶牛，体温不同程度升高，很少死亡，食欲减少，奶量下降，乳色变黄并常有凝血块，经 2 周逐渐好转，经 2 月恢复奶产量	牛钩端螺旋体病
乳质变黄，如初乳状并常有凝血块，黏膜黄染	牛乳房炎（特殊乳房炎）
急性：如化脓灶迁移至乳房，则乳房肿痛，发热并流脓	母牛产后脓毒血症

症状	疾病
乳房上淋巴结肿大，无热痛，泌乳减少，严重时乳汁稀薄	牛结核病
乳池乳管卡他：先挤的奶含絮片，后挤的奶无异常	牛乳房炎（卡他性炎）

十一、泌乳减少、停止

症状	疾病
奶量减少，有酮气味	奶牛酮病
若子宫化脓，则体温高，泌乳量减少	牛胎毛滴虫病
大量寄生时产奶量下降	牛蜱病
产奶量明显下降	奶牛产后血红蛋白尿
体温正常，奶产量减低，食欲正常，体重减轻。病程2周至6个月	牛海绵状脑病（疯牛病）
乳牛奶产量下降。体弱流产	牛木贼中毒
急性：有时可发生流产。泌乳停止	牛炭疽
泌乳减少，最后停止	牛副结核
体温41.5℃，死前降至常温，吃草、反刍废绝。泌乳停止	牛细菌性血红蛋白尿

十二、子宫、阴道、阴户病变

（一）子宫

症状	疾病
产后精神不振，懒于行动，较为沉郁，食欲大减或废绝，体温无异常（如有感染则略升高），心跳、呼吸增数，眼结膜苍白或稍苍白。阴门时有滴血，卧下时常有血液流出。尾部附有干血块	牛子宫出血
常见拱腰努责，经常由阴门流出浆性、黏性或脓性分泌物，每当卧倒或排粪努责时流出量增加，排出物大多有臭味。直肠检查，子宫稍膨大、柔软，按压敏感且阴门分泌物的排泄量增加	母牛产后子宫内膜炎
脓性：体温稍升高，精神不振，并稍消瘦，阴门排脓，卧下时量增多，阴户周围及尾根有脓液或干结物。直肠检查一侧或两侧子宫角增大，子宫壁厚而软，如子宫贮脓多，按压有波动，并增加阴户排脓量 继发败血症：不论何种子宫炎，如不及时治疗或治疗不恰当，均可能继发败血症。临床表现体温升高（40～41℃），心跳每分钟达 80～100 次，呼吸增数，精神不振，食欲反刍废绝，瘤胃蠕动弱，阴门流浆性、黏性或脓性分泌物，眼结膜充血且略有黄染，血液色暗而稀薄 阴门流浆性、黏性或脓性分泌物 隐性：全身不出现症状，发情时阴门流出分泌物增多。发情周期正常，屡配不孕。直肠检查，子宫稍敏感，冲洗子宫时流出稍浑浊分泌物	牛慢性子宫内膜炎

症状	疾病
胎儿产出后，仍时有努责，食欲不佳。阴道检查：阴道内有圆形、质较软的瘤状物。如内翻时间较长，因子宫套叠发生坏死，则有血污自阴道排出，触诊瘤状物有疼痛感	牛子宫内翻
发情周期正常，屡配不孕，阴门流出白色黏液	牛子宫颈炎
损伤不重时血液留在阴道内，损伤较重时阴户可见流血，阴道检查可见到子宫颈损伤部位，周围组织和子宫颈肿胀，创口有分泌物	牛子宫颈损伤
发情周期无变化，本交时精液易流出。发情时不排黏液。阴道检查：子宫颈口无间隙	牛子宫颈管闭锁
子宫内翻过度，可脱出于阴门外，牛常发现子宫黏膜上附有胎衣。如脱出时间较长，子宫黏膜水肿色红，常有泥、草、粪污，有时因与尾和地面摩擦，使子宫黏膜损伤、溃烂。部分风干处发黑。食欲和反刍废绝，排尿困难	牛子宫脱出
轻症：胎儿产出后十几小时胎衣还未完整排出，而悬挂于阴门外，外观可见大小子叶，土黄色 重症：悬挂于阴门外的胎衣干枯变黑，这种胎衣有的稍用力拉一下即断，有的外露部分已掉失，而阴道内尚有剩余部分，更严重的残留在子宫的胎衣已腐败有恶臭，状如豆腐渣。这时体温可达40℃以上，食欲废绝，反刍停止，心跳、呼吸均增数	牛胎衣不下

（二）阴道

蜂窝织炎性阴道炎，阴道黏膜肿胀、充血，触诊疼痛，黏膜下组织脓性浸润。有时形成脓肿，阴道中有脓性渗出物，其中混有坏死组织块，也可见到溃疡和溃疡愈合形成的瘢痕。发生粘连，使阴道狭窄，排尿、排粪有痛苦表现。能引起组织变化，可影响子宫颈，结果会危害精子的生存，造成不育——牛阴道炎

慢性化脓性阴道炎：阴道中有脓性分泌物，卧下时向外流出，尾部有薄的脓痂，阴道黏膜肿胀，有程度不等的糜烂或溃疡。阴道检查有痛苦，因组织增生阴道狭窄，狭窄的里侧贮脓。精神稍差，食欲减退，泌乳量下降。因组织变化影响子宫颈，结果会危害精子的生存，造成不育——牛慢性阴道炎

感染后1～2天，阴道即发炎肿胀，1～2周后阴门即排出絮状白色分泌物，黏膜上出现小疹样的胎毛滴虫结节，触摸时粗糙如砂纸——牛胎毛滴虫病

生殖系型（母牛），初发热（40℃以上），尿频、有痛感，产乳量下降。阴门、阴道黏膜充血，阴道底部有不等的无臭的黏性分泌物流出。阴门黏膜出现白色病灶并发展为脓疱，大量小脓疱使阴户前庭及阴道壁呈现有特征性的颗粒状外观，继而形成一个广泛的坏死膜。当擦掉或脱落后留下一个鲜红的表面，经常10～14天痊愈。孕牛的胎儿通过母牛而感染，7～10天死亡，24～48小时后胎儿流出——牛传染性鼻气管炎

潜伏期3周至6个月，有弛张热，并常见膝、腕关节炎，孕牛常在怀孕6～8个月时流产

阴道黏膜发炎，有粟粒大的结节，流灰白色或灰色黏液，流产时胎水多清朗，有时混有脓样絮片。胎衣常滞留。流产后常继续流污灰色或棕红色分泌物，有恶臭。胎衣有胶冻样浸润，有出血点，绒毛叶部分苍黄色，覆有纤维蛋白絮片或覆有脂肪样物。如胎衣不滞留，仍能受孕，也会再次流产

——牛布鲁氏菌病

母牛病初阴道卡他性炎，黏膜发红，子宫颈分泌增加，有时可持续3～4个月，黏液清澈，偶尔稍浑浊。发情周期不规则，长者可达30～63天

——牛弯杆菌性流产

阴道黏膜有丝状或斑点状出点

——牛无浆体病（边缘边虫病）

初病或病轻时：病牛卧下时，可见有乒乓球大小或拳头大的红色阴道壁脱出于阴户外，起立后即回缩于阴门内。随着病程延长，卧时脱出的阴道壁逐渐增大，黏膜干燥或沾有草屑和泥土

严重时：病牛站立时阴道也脱出阴户外，并常有努责脱出的阴道（如排球大），甚至可见到子宫颈口。此时出现排尿困难（当将脱出的阴道送入骨盆时即能排出大泡尿），脱出的阴道常因与地面摩擦而充血、水肿，甚至溃烂

——牛阴道脱出

（三）阴门

症状	疾病
生殖型：阴门、阴道黏膜充血，阴道底部有不等的黏液分泌物并流出。阴门黏膜出现白色病灶并发展为脓疱。大量小脓疱随后使阴户前庭及阴道壁呈现特征性的颗粒状外观，继而形成一个广泛的坏死膜，当膜擦掉或脱落后留下一个鲜红的表面	牛传染性鼻气管炎
一般全身无症状，仅阴门流出浆性、黏性或脓性分泌物，尾有黏液干结物，阴门肿胀。阴道检查：阴道黏膜充血、肿胀。或见有创伤、糜烂、溃疡，阴道内贮有分泌物，子宫颈口紧闭	母牛产后阴门、阴道炎
前庭疱状疹：阴门及前庭有透明小结节(小米粒至萝卜籽大)，色红逐渐浑浊，扁平而增大，有时许多疱疹汇成一片，部分破裂形成小溃疡，渗出污秽脓液（主要见于青年牛)，不久新的上皮形成白色小斑。通常2～4周疱疹减少、消失而自愈，很少造成不育。如疱疹破裂时受感染，则可引起脓性阴道炎或蜂窝织性阴道炎	牛阴门前庭炎
阴门损伤：可见阴门有损伤或撕裂的创口和肿胀，甚至阴道外翻 阴道损伤：可用开膣器观察到阴道黏膜红肿，阴道狭窄，流血或流浆性、黏性、脓性分泌物。多在配种后或分娩后发生	牛阴户、阴道损伤

第十七节 运动异常表现的临床症状

症状	疾病
常见腕、膝关节炎	牛布鲁氏菌病
急性：化脓灶如迁移至四肢，发生关节化脓，关节肿胀，发热、疼痛，并有跛行	母牛产后脓毒血症
骨骼变形，关节畸形，运动障碍	牛铜缺乏症
有时关节肿胀疼痛	公牛布鲁氏菌病
慢性：四肢无力，行走摇晃，多数后肢发生麻痹，昏睡。一肢、两肢或四肢腕、跗关节以下肿胀，有轻热、稍痛，经久溃烂	牛伊氏锥虫病
关节疼痛 有的病牛肋软骨与肋骨结合处有骨肿。最后肋骨上有骨痂 有的病牛尾椎骨末端变小、变软，甚至脱落	牛钼中毒
四肢运步强拘，跛行，但在运动之初跛行明显，走一段路后则跛行逐渐减轻至消失，休息后再行走跛行又趋严重	牛风湿症

慢性：老年畜反一肢有病，随后四肢交替跛行或前后肢对角线跛行。关节肿大、坚硬、运动痛苦，使役更甚。严重时卧地不起，牙齿含氟量 1 000～1 500 毫克/千克（正常 800 毫克/千克以下），白如枯骨，无光泽，齿釉质浅黄色，含氟量达 1 500～2 000毫克/千克时，釉质出现碎裂和齿斑，牙齿磨灭不齐。乳齿一般无变化

——牛无机氟化物中毒

体温 40～41℃，精神不振，食欲减退或废绝，反刍停止。尿量少而黄，粪渐变干。懒于运动，使之行走，后肢强拘，四肢疼痛，跛行。持续走路跛行稍缓和，但不会消失。大部分高热维持 2～3 天后渐轻，有一部分退热后常继发前胃弛缓，也有极少数发生瘫痪

——牛流行热

食欲废绝，反刍停止，瘤胃蠕动减弱，站立时左肘外展，行走小心，走下坡路小心，走上坡路时痛苦减轻。卧时非常小心，前肢跪下后，后躯左右扭动，最后才小心卧下

心区叩诊避让，有疼痛表现。心跳增数，每分钟 80～100 次，听诊有拍水音

——牛创伤性心包炎

急性：行走困难，步态蹒跚

——牛棉籽和棉籽饼中毒

消瘦，步态蹒跚

——牛蕨中毒

急性：体温升高，动作机械
慢性：体重减轻，趾间、乳房出现圆形红色斑疹，向四周扩散，中央平整，四周隆起，关节肿胀，蹄叶炎，行走异常，有些牛出现血红蛋白尿、贫血等

——牛莱姆病

典型症状：初病食欲减退或废绝，反刍减少或停止，瘤胃蠕动弱，停止排粪，沉郁不安，不愿走动，后躯摇摆，后肢交叉踏足，四肢肌肉震颤，末端发凉，几小时后不能站立，出现昏睡，眼睑反射减弱或消失，瞳孔散大，肛门松弛，反射消失，心跳每分钟达80～120 次。呼吸深慢，舌垂于口外，躺卧时头屈于一侧，用手扶正头颈后，如松手立即恢复弯曲。体温下降至 35～36℃
非典型症状：产前、产后很久才能发生，除瘫痪、食欲废绝外，头颈呈 S 状弯曲，精神沉郁而不昏睡，各种反射减弱而不消失，有时能勉强站立，但不能持久，行动困难，摇摆。体温正常或下降（不低于 37℃）

——牛生产瘫痪

第十八节　蹄异常表现的临床症状

当牛舍地面不清洁干燥，蹄部容易受到污染，稍有创伤即易引发炎症。有些传染病、中毒病致蹄部发生水疱、溃烂、坏死；有些病可引起蹄叶炎而影响运动。

一、蹄部发生水疱、溃烂、坏死

在趾间和蹄冠部皮肤发生红肿、水疱，跛行，甚至蹄壳脱落

——牛口蹄疫

症状	疾病
蹄部也可能发生水疱	牛传染性水疱性口炎
新生胎儿运动失调，蹄部趾间皮肤有急性糜烂炎症、溃疡及坏死	牛病毒性腹泻（黏膜病）
水牛：多在早晨突然发病，步态僵硬，患肢间歇性提举。病初蹄冠微肿，系部皮肤横裂，有痛感。数日后肿胀蔓延至腕、跗关节，呈明显跛行。随后肿部皮肤变凉，表面渗出淡黄白色液体，皮肤破溃、出血、化脓、坏死，疮面久不愈合，腥臭、难闻，最后蹄匣或指（趾）关节脱落 有少数病牛肿胀可延及股部、肩胛部，肿消退后，皮肤硬结如龟板样。有的消肿后发生干性坏死，或耳尖、尾尖坏死。干硬呈褐色的病部皮肤最后脱落	牛霉稻草中毒
病初蹄间皮肤发生急性皮炎，潮红肿胀(如切开皮肤可见充满黄色液体和坏死组织)，于蹄间裂开后向前扩展到蹄冠的接续部，向后发展到蹄球，出现轻度跛行（病变侵害深部组织时则出现严重支跛）。表面发生溃疡并有恶臭。病变涉及皮下组织发生蜂窝织炎，很快由蹄间裂波及系部和球节，伴有剧痛。病情严重时，还出现食欲不振，消瘦，泌乳量下降等全身症状	牛腐蹄病
慢性：趾间出现圆形红色斑疹，向四周扩散，中央平整，四周隆起	牛莱姆病
蹄底角质腐烂，有污黑臭液	牛坏死杆菌病

二、蹄叶炎

症状	疾病
急性：有些病牛常有蹄叶炎和趾间皮肤糜烂、坏死，跛行 慢性：蹄叶炎和趾间糜烂、坏死，跛行	牛病毒性腹泻（黏膜病）
蹄冠系部血管扩张、充血，有的有血栓，有灰色或暗红色凝固物	牛霉稻草中毒
站立、行走时患肢不愿负重，如四肢或三肢发病则卧地不起，蹄角质发热，叩之疼痛	牛蹄叶炎
有时发生蹄叶炎，叩诊有痛感，跛行	牛瘤胃酸中毒
关节肿胀，蹄叶炎，慢性时行动异常	牛莱姆病
蹄叶发炎，跛行	牛蓝舌病

第十九节　直肠检查和阴道检查

通过直肠检查可以进一步补充临床诊断，摸清肾、膀胱、卵巢、子宫的病变状态（肿胀、敏感、疼痛、扭转等）。阴道检查对子宫颈口、阴道黏膜的炎性肿胀、结节、溃疡等，以及阴道内是否存有木乃伊胎、肿瘤，可以有直观了解。

一、卵巢、卵泡

症状	疾病
发情周期缩短，发情期延长 病久，易出现持久发情，甚至发展为慕雄狂。有时不发情。直肠检查：卵巢有一个或几个有波动的囊泡，其直径可达5～7厘米	牛卵巢囊肿

(正常卵泡左侧 2.36 厘米×3.71 厘米，右侧 2.8 厘米×4.3 厘米)，囊壁紧张，按压无痛，2～3 天后再次检查时可发现卵泡囊肿转移（交替发生)。而正常状态时则应消失囊肿。严重时持续表现强烈的发情行为而成为慕雄狂——牛卵巢囊肿

一侧卵巢有肿瘤，常无明显症状。有时发情不明显或不发情，但也有发现慕雄狂症状

直肠检查：卵巢肿大可超过拳头大，因下垂而离开原卵巢部位而可能被误认为胎儿，但子宫形状无变化，不膨大，隔段时间再直肠检查，可能仍在增大。如为恶性，则母畜呈现渐进性消瘦——牛卵巢肿瘤

直肠检查：子宫增大，一侧或两侧卵巢体积增大，有波动，黄体呈结节状或蘑菇状突出——牛慕雄狂

发情周期停止循环，不发情。直肠检查：卵巢增大，表面有或大或小突出的黄体。当母牛超过了应当发情的时间还不发情，在第一次检查后经 5～7 天再检查时，卵巢原部位仍有同样的突出持久黄体——牛持久黄体

直肠检查：发病的卵巢肿大（可达小鸡蛋大)，柔软，表面光滑，摸不到卵泡和黄体，握捏有疼痛感，如已化脓，则显示柔软有波动，疼痛更敏感，体温升高，食欲减退或废绝

慢性时，直肠检查：卵巢体积增大，卵巢上无卵泡和黄体，质地变硬，表面凹凸不平，握掐疼痛轻微或无疼痛感。两侧卵巢同时发生慢性炎症时，不发情——牛卵巢炎

症状	疾病
发情表现有时旺盛，有时微弱，连续或继续发情，发情期拖延很长，有时可达 30～90 天	牛卵泡交替发育
间隔直肠检查：卵泡不形成囊肿	牛排卵延迟
母牛发情周期延长，或久不发情	牛卵巢机能衰退、不全

二、输卵管

症状	疾病
发情周期正常，但屡配不孕。直肠检查：摸到输卵管时有发现输卵管变粗（筷子粗），有的形成一个或几个结节，握捏有痛感，如与周围组织粘连，则活动受到限制	牛输卵管炎

三、子宫

症状	疾病
卡他性：有时体温稍升高，食欲、泌乳稍减，发情周期正常，但屡配不孕。阴道存在透明或浑浊分泌物 直肠检查：子宫变粗，子宫壁肥厚，按压敏感，并增加阴门分泌物的排出。如浆液分泌物多而不能排出，可形成子宫积水，按压有波动感。用力按压或卧下时有水样液体从阴门流出 直肠检查：一侧或两侧子宫角增大，子宫壁厚而软，如子宫贮脓多，按压有波动，并增加阴户排脓量 直肠检查：子宫稍敏感，冲洗子宫时流出稍浑浊分泌物	牛慢性子宫内膜炎

症状	诊断
直肠检查：子宫稍膨大，柔软，按压有敏感，并增加阴门分泌物的排泄量	母牛产后子宫内膜炎
曾见一母牛腹痛，注射安乃近后即安静，并恢复吃草、反刍。如此反复多次，应邀会诊，得知曾配种3次，直肠检查发现子宫麻花样扭转	牛子宫扭转
直肠检查：子宫颈粗大、坚实	牛子宫颈炎

四、胎水

症状	诊断
直肠检查，子宫充满液体，有波动，不易摸到胎儿，瘤胃被庞大子宫挤压，因内容物不多，不易摸到	牛胎水过多
曾见一头母牛2个月前有分娩征兆并努责，但未产胎又一切如常，生产队认为是假孕，未予以处理。后因此牛不吃草、不反刍来诊查，见腹围甚大，疑而直肠检查，子宫已无胎水，可清楚地直接摸到胎儿体躯形态。行破腹术，切开子宫，胎儿不仅没腐烂，切开胎儿皮肤，肌肉鲜红有清香气味，实属罕见	牛死胎不腐

五、肾脏

症状	诊断
直肠检查：肾肿大，敏感，膀胱肥厚有痛感	牛细菌性肾盂肾炎
直肠检查：肾肿痛	母牛产后脓血症

急性：直肠检查，触诊肾肿大，疼痛
间质性：直肠检查肾体积变小，有坚硬感，无敏感疼痛，最后肾衰，导致尿毒症而死亡
——牛肾炎

肾区疼痛，腰背僵硬，直肠检查时，肾体积增大，敏感性增高。肾盂内有贮脓时，输尿管膨胀，有波动感
——牛肾盂肾炎

六、膀胱

慢性：症状与急性相似。但程度较轻，无排尿困难，但病程较长。直肠检查，膀胱壁增厚，稍敏感
——牛膀胱炎

直肠检查，有时可摸到膀胱中的结石块
——牛膀胱结石

直肠检查：膀胱膨大，充满尿液，膀胱壁光滑紧张，按压无疼痛反应，按摩压迫膀胱即有尿随之排出，按压停止尿也停止流出。如持续压迫能大量排尿是末梢神经麻痹，如按压膀胱尿液喷射而出，则为脑性麻痹
——牛膀胱麻痹

直肠检查膀胱胀满
如经2～3天不排尿，直肠检查摸不到膨大的膀胱，而腹部膨大有波动，腹腔穿刺有尿液流出，说明膀胱已破裂
——牛尿道结石（膀胱破裂）

七、皱胃

症状	诊断
直肠检查：掌心向瘤胃自上向下摸，手背即能触到硬块（内容物充实的皱胃）	牛皱胃阻塞（扩张）
直肠检查：可摸到两侧淋巴结肿大	牛白血病

八、子宫颈

症状	诊断
发情周期正常，屡配不孕，阴门流白色黏液。直肠检查：子宫颈粗大坚实。阴道检查：阴道黏膜松软，充血、水肿，内有分泌物。子宫颈外口稍哆开（可进 1～2 指），有弥漫性充血、出血，子宫颈管内有黏性分泌物 慢性：子宫颈结缔组织增生，黏膜皱襞肥大，年老母牛子宫颈阴道部凹凸不平，呈菜花状 也有炎症消退后，子宫颈口向上、向下或向左、向右歪斜，致本交时公牛射出的精液不能通过子宫颈口进入子宫	牛子宫颈炎
阴道检查：子宫颈口无间隙	牛子宫颈管闭锁

九、阴道

症状	诊断
阴道检查：因组织增生，阴道狭窄，检查时有痛苦，阴道黏膜发炎、肿胀，狭窄的里侧贮脓 慢性卡他性阴道炎：阴道黏膜稍苍白，有时红白不匀，黏膜表面有皱纹或皱襞，黏膜上附有渗出物	牛慢性阴道炎

症状	疾病
阴道检查：阴道黏膜充血、肿胀，或见有创伤、糜烂、溃疡，阴道内贮有分泌物，子宫口紧闭	牛产后阴门阴道炎
直肠检查：可摸到子宫麻花样扭转 阴道检查：可摸到阴道壁有呈顺时针或逆时针方向扭转的皱纹	牛子宫扭转
阴道经常流浆液性黏液，用开膣器进行阴道检查，发现阴道内有因用于催母牛发情而塞进阴道的大葱、辣椒、蒜瓣，还曾有母牛阴道深部有一木乃伊胎儿	牛阴道有异物
不完全破裂：手由阴道入子宫检查时虽可摸到肠管，因隔有子宫浆膜，不能握住肠管 完全破裂：手入子宫可摸到子宫裂口，通过裂口可摸到胎儿	牛子宫破裂

第二十节　犊牛特有的临床症状

犊牛出生时由于在母体处于40℃左右的环境中，突然排出体外，而产房室温除盛夏外，其他季节均与母体温度有很大差距，冬季更甚，尤其在幼犊体表所附的胎水未被完全擦干的情况下，很容易发生感冒，加上由鼻吸入胎水（分娩时时间较长及未彻底排净鼻腔胎水），稍有忽视，很容易引起肺炎。也有因某些元素缺乏而嗜土舔墙，或牛舍地面不洁、母牛腹部不净或乳头污染，都易引起腹泻。也有母牛吃了有毒饲料、野草而侵害犊牛。有些传染病很容易侵害幼犊。因此，对犊牛的临床诊疗需仔细观察。犊牛自由运动，没有严重病态，常不易被察觉。且幼犊抗病力差，一旦发现有病，如不争取时间及时诊疗，稍有延误即造成损失。

一、眼部异常

症状	疾病
眼结膜充血	犊牛肠炎
结膜炎，流泪	犊牛衣原体病
卡他型：急性时，眼睑肿胀，眼结膜潮红、充血，流泪（浆液性或黏液性）。羞明，有时眼睁不开，眼睑外翻，按触眼睑有热痛。分泌逐渐变稠为脓性 转为慢性时，眼结膜暗红黄染，增厚，有少量浆液性或黏液性分泌物，有时较多，如结膜外翻，经久摩擦会出现溃疡	犊牛结膜炎
眼结膜或稍充血	犊牛消化不良
急性：眼结膜充血、黄染	犊牛脓毒败血症
病初黏膜迅速变为灰色或蓝色，大量流泪	犊牛硝酸盐和亚硝酸盐中毒
眼结膜苍白或发绀	犊牛水中毒
体温不升高，食欲逐渐减退，消瘦，贫血，眼结膜苍白，毛粗乱，精神不振	犊牛莫尼茨绦虫病
体温正常，被毛粗乱，眼结膜苍白，食欲不振，腹部膨胀。消瘦，臀部肌肉松弛，后肢无力，站立不稳。如虫体过多，肠梗阻，有疝痛	犊牛新蛔虫病

症状	疾病
多数发生角膜炎，角膜浑浊和软化	犊牛白肌病
眼球增大而突出，指压眼球有坚实感，瞳孔散大，光线暗时可见瞳孔反射出绿光，虽强光照射瞳孔也不缩小，因无视力、步态不稳，不避障碍和坑凹，易摔倒，在阳光下曾见一例视网膜剥离作浮动状。用检眼镜检视可见视神经乳头萎缩和凹陷，血管偏向鼻侧，晚期视神经乳头呈苍白色。角膜初透明，后浑浊	犊牛青光眼
角膜干燥，突出的病症是夜盲，傍晚、夜间、凌晨常因盲目行走、不避障碍而跌入水池	犊牛维生素 A 缺乏症
初生牛不被发现，1～2 月后眼球上先天赘生皮肤组织的被毛增长刺激结膜而经常流泪，张开眼睑可见瞬膜边缘、角膜中央或边缘生长有绿豆或手指甲大的皮肤组织，并长有被毛样的毛（多数在角膜上）	犊牛毛眼
流泪	犊牛李氏杆菌病

二、厌食、流涎

症状	疾病
吃奶减少，病重时不吃奶	犊牛肺炎
吃奶减少或废绝	犊牛消化不良
口唇、口角、鼻孔周围和黏膜明显充血，流涎、厌食，生长不良，腹泻	犊牛核黄素缺乏症

症状	疾病
厌食，轻度抑郁和低热，因症状不明显常不易发现。但在染色的血片中可发现少量红细胞里有无浆体	犊牛无浆体病（边缘边虫病）
体温一般正常，后期稍高，心跳、呼吸增数。吃奶减少或废绝，瘤胃臌胀，叩诊鼓音，精神不振，好卧。有时便秘或腹泻。如用导管（马用黑色导尿管）送入瘤胃，有污灰色（奶或饲料）、污黑（碎煤）臭的内容物排出	犊牛瘤胃臌胀
因母牛缺乳而发育不良，以至死亡。也有因胎盘感染后2～3周内死亡	犊牛伊氏锥虫病
有时厌食	犊牛维生素 B_1 缺乏症
大量流涎	犊牛硝酸盐和亚硝酸盐中毒
严重时嘴合不拢，流涎	犊牛佝偻病
1日龄至6月龄犊牛：口流沫	犊牛弓形虫病
口鼻周围有过量的黏液	犊牛蕨中毒
口角留有白沫	犊牛莫尼茨绦虫病
体温正常或偏低，耳尖凉，鼻干、流涎，口吐白沫，腹围增大，瘤胃臌胀，蠕动音消失，眼结膜苍白或发绀	犊牛水中毒

症状	疾病
沉郁、呆立、轻热、低头耷耳、流鼻液、流涎、流泪。不听使唤，咀嚼、吞咽困难	犊牛李氏杆菌病
常为坏死性口炎（又称白喉），体温40～41℃，口腔黏膜红肿，增温，齿龈、舌、上腭、颊、咽等处可见有粗糙、污秽的灰褐色或灰白色的伪膜，流涎，强力撕去假膜，则露出易出血、不规则的溃疡面，坏死部位在咽部时，吞咽和呼吸困难，如病灶延及肺部，常导致死亡	犊牛坏死杆菌病

三、腹部臌胀，磨牙，腹泻

症状	疾病
腹围增大，瘤胃臌胀，蠕动消失。排稀粪，甚至水泻	犊牛水中毒
一般体温、心跳、呼吸无异常，不同的发病原因，临床症状也有差异 如有毛球或其他异物使幽门部不通畅时，则排粪停止，而排淡褐色胶冻样黏液，在右腹软肋下方显膨大，触诊有波动。幽门部尚有隙缝可使液体通过时则还排稀软粪，臭气较重。如皱胃内有气体，则叩之鼓音不显波动 病程稍长，体温略升高，末期下降	犊牛皱胃臌胀

症状	疾病
体温、心跳、呼吸无异常。吃奶逐渐减少，腹渐下垂、膨大，触诊柔软有波动，腹壁穿刺流出黄色或淡红色液体（病后3天可放出5 000～7 000毫升），此时心跳每分钟130～150次，呼吸增数，食欲废绝，精神沉郁，排粪也逐渐减少，5天左右死亡	犊牛先天性膀胱粘连和破裂
有异嗜，喜啃墙、吃泥土，常因吃泥土而引起腹泻	犊牛佝偻病
腹泻	犊牛核黄素缺乏症
腹泻，胃肠炎	犊牛衣原体病
腹泻，粪先黏液样，后水样	犊牛脓毒败血症
有时腹泻，脱水	犊牛维生素 B_1 缺乏症
败血型：发热、精神委顿、间有腹泻，症状出现后几小时至1天死亡。也有未见腹泻即死亡 肠毒血型：少见突然死亡，病程稍长。中毒时不安、兴奋，后来沉郁，昏迷以至死亡。死前多腹泻（肠毒素引起，没有菌血症） 肠型：体温40℃，食欲减退或废绝，喜卧，几小时后下痢，体温降至正常，粪如稀粥、黄色，后水样灰白色，混有凝乳片、凝血块和泡沫，有酸败气味。末期肛门失禁，常有腹痛，蹴腹，并常发生脐炎、关节炎、肺炎	犊牛大肠杆菌病

症状	疾病
体温一般40℃左右，腹泻，粪中含有黏液或大部分为黏液，有时含有血液，有腥臭，有时含水量多，心跳、呼吸增数，吃奶减少或逐渐废绝，尾根和肛周有粪污或黏液干结物。眼结膜充血，精神不振，甚至沉郁消瘦	犊牛肠炎
牛群中有带菌牛，则生后24小时内即表现拒食、卧地，迅速衰竭，常于3～5天死亡。多数在生后10～14日龄发病，体温40～41℃，脉增数，呼吸加快，24小时后排出灰黄色液状粪便，混有黏液和血丝。一般出现症状后5～7天内死亡，死亡率50%。病程延长时，腕、跗关节可能肿大，有的还有支气管炎和肺炎。恢复后很少体内带菌	犊牛沙门氏菌病
15日龄以内的初生犊：排黄色稀水样粪，含有奶瓣。体温一般无异常，病稍久（几天）显消瘦，肛门周围及尾根有粪污，吃奶减少，精神不振 15日以上的幼犊：排稀水或稀粥样粪，色黄、灰黄或污绿，尾常有粪污，体温正常或低于正常，精神不振，吃奶减少或废绝，眼结膜充血或稍充血 中毒性：消瘦，腹泻物有恶臭，严重的含有血液，体温稍升高，眼结膜充血，心跳、呼吸增数，全身震颤，有时出现抽搐，后期四肢下端、耳尖、鼻端厥冷，昏迷至死	犊牛消化不良

症状	疾病
体温正常或稍高，如降至正常体温以下是死亡的预兆。精神萎靡，厌食。粪液状、黄白色或灰暗水样，有时有血液。腹泻延长则脱水明显。病程1天，病死率1%～4%	犊牛轮状病毒感染
持续腹泻，排黄绿色乃至黑色水样粪（国外称泥炭病）	犊牛铜缺乏症
腹部膨胀，排灰白色稀粪，有时混有血液，有特殊腥臭气味	犊牛新蛔虫病
有些病例后急里重，初期可排出黏液样粪或松馏油样粪	犊牛肠套叠
常腹泻，粪中常可见白色长方形孕节片，有时一泡粪中有几个或十几个孕节片，肉眼可见其蠕动 虫体较多时会互相缠绕而使肠道阻塞，不排粪，且有疝痛 病的后期，体况更差，常卧地不起，磨牙，口角留有泡沫，感觉迟钝	犊牛莫尼茨绦虫病

四、流鼻液、呼吸增数、呼吸困难

症状	疾病
流鼻液	犊牛李氏杆菌病

急性：体温40～41℃，沉郁，心跳增数，呼吸促迫，结膜充血、黄染，腹泻，粪先黏液样，后水样

严重病例：恶寒战栗，四肢厥冷，黏膜青紫，意识障碍，腹痛不安，卧地，脉细弱，第一心音弱，第二心音消失，呼吸深而慢，尿量减少，甚至无尿

——犊牛脓毒败血症

体温40～41℃（一般39～40℃），心跳、呼吸增数，呼吸音粗厉，精神不振，吃奶减少，病重时不吃奶。病稍久出现咳嗽，胸部听诊有啰音，有浆性鼻液（后转黏稠）

——犊牛肺炎

呼吸浅表

——犊牛肠套叠

病初心跳明显增快，黏膜迅速变为灰色或蓝色，大量流涎，流泪。经过短时间挣扎后僵卧。死前呼吸急促，严重时气喘和强烈呼气。严重的几分钟或1小时死亡。轻的可以耐过而自然恢复

——犊牛硝酸盐和亚硝酸盐中毒

呼吸困难和腹式呼吸

——犊牛维生素E缺乏症

甲状腺明显增大，压迫咽喉部出现呼吸困难，最终窒息死亡

——犊牛碘缺乏症

症状	疾病
吞咽和呼吸困难，如病灶延及肺部，常导致死亡	犊牛坏死杆菌病
经常高温，表现迟钝，倦怠，口、鼻周围有过量的黏液，咽喉部水肿，致呼吸困难，出现喘鸣声。外部没有出血现象，但经常见有高温，仅尸检时可见瘀血	犊牛蕨中毒
1日龄至6月龄犊：呼吸困难，打喷嚏，咳嗽，鼻流分泌物，口流沫	犊牛弓形虫病
如犊牛出生后感染，幼虫移行至肺部支气管时有咳嗽，如虫体在肺部成长，还因肺炎而呼吸困难，口腔有特异臭味	犊牛新蛔虫病
体温40～41℃，沉郁、腹泻，鼻流浆液性分泌物，结膜炎，流泪，以后出现咳嗽和支气管炎，病状表现轻重不一	犊牛衣原体病
呼吸80～90次/分，病程中可继发支气管炎和肺炎 可继发支气管炎和肺炎，最后多因心脏衰弱和肺水肿死亡	犊牛白肌病
有的还有支气管炎和肺炎	犊牛沙门氏菌病

五、尿异常

症状	疾病
犊牛出生后首次排尿，以后则不见排尿姿势和排尿，母犊用人用导尿管不见有尿排出。有的病犊用力排尿时阴门滴尿，脐部也同时滴尿，脐部被毛潮湿	犊牛先天性膀胱粘连和破裂
犊牛暴饮水后 1～4 小时，轻的发生血红蛋白尿，尿浅红而透明或暗红、紫红，排尿次数多，但每次尿量少	犊牛水中毒
尿量减少，甚至无尿	犊牛脓毒败血症
犊排尿次数增多，呈酸性反应，尿中有蛋白质和糖，肌酸含量 15～40 毫克/毫升	犊牛白肌病

六、心跳异常

症状	疾病
严重病例：脉细弱、心音弱、第二心音消失	犊牛脓毒败血症
心律不齐	犊牛维生素 E 缺乏症
发病 12～24 小时后每分钟心跳 80～120 次	犊牛肠套叠
多为急性型。沉郁喜卧，消化不良，心跳每分钟可达 140 次，呼吸 80～90 次，病程中可继发支气管炎和肺炎。最后多因心脏衰弱和肺水肿死亡	犊牛白肌病

七、腹痛

突然腹痛、蹴腹、摇尾，频频起卧，站立时背部稍凹（背腰结合部），按右腹有痛点，发病12～24小时腹痛减轻或消失。但精神萎靡，体温正常或稍高，每分钟心跳80～120次，呼吸浅表。有些病例感到不适和里急后重，初期可排出黏液样粪或松馏油样粪，腹内压增高，直肠有褐色胶冻样粪便——犊牛肠套叠

疝痛，起卧不安，回顾腹部，蹴腹，排稀粪，甚至水样——犊牛水中毒

腹痛不安，卧地——犊牛脓毒败血症

八、运动失调、震颤、角弓反张

表现衰弱，共济失调，惊厥。有时腹泻，厌食和脱水——犊牛维生素B_1缺乏症

因地方性肌营养不良，呈现运动障碍，步态不稳，蹒跚，不能随意乱跑或吃草，接近母畜时还能吃奶（骨骼肌营养不良，显著萎缩）。呼吸困难和腹式呼吸（膈肌肋间肌分布有营养不良的肌束），心律不齐（急性型心肌营养不良占优势）。尿中肌酸可达15毫克/毫升。血清中谷草转氨酶含量高达300～900单位——犊牛维生素E缺乏症

共济失调，站立不稳，步态蹒跚，肌肉震颤，最后绝食，卧地不起，角弓反张——犊牛白肌病

沉郁，呆立，低头耷耳，轻热，不听使唤，咀嚼，吞咽困难——犊牛李氏杆菌病

牛皮肤有麸皮样痂块，角膜干燥，突出的病症是夜盲，傍晚、夜间、凌晨常因盲目行走、不避障碍物而跌进水坑
脑脊髓液压力增高，常发生强直和阵发性惊厥，感觉过敏——犊牛维生素A缺乏症

严重时出现嗜睡，肌肉震颤，昏迷。有的短暂角弓反张，惊厥，个别出汗、咳嗽，呼吸困难，一侧鼻孔出血。一般几小时恢复或死亡，个别延至2~4天——犊牛水中毒

中毒性，全身震颤，有时出现抽搐——犊牛消化不良

九、骨骼变形、关节发炎

衰弱无力，骨骼发育不全，四肢弯曲变形，站立困难，严重时腕关节触地。皮肤干燥、增厚、粗糙。甲状腺明显增大，可压迫咽喉部出现呼吸困难，最终窒息死亡——犊牛碘缺乏症

骨骼畸形，前肢粗短且弯曲，运动失调，发生麻痹者居多，哞叫，肌肉震颤，乃至痉挛性收缩。关节麻痹，运动明显障碍——犊牛锰缺乏症

症状	诊断
犊牛出生后，两前肢肘关节以下不呈垂直线，腕关节向内或向外弯曲，不愿多走动，好卧，精神委顿，严重的犊牛嘴合不拢，流涎，吃食困难，有异嗜，喜啃墙吃泥土，吃奶减少，较瘦，常因吃泥土而引起腹泻	犊牛佝偻病
生长缓慢，消瘦、贫血，步态僵硬，四肢运动障碍，掌骨、跖骨远端骨骺增大，关节肿大、僵硬，触诊有疼感。易发生骨折	犊牛铜缺乏症
幼犊出生后能行走，但以蹄尖着地，系冠关节不能伸直而呈屈曲状态，奔跑时易摔倒，蹄尖磨损，系冠关节前方皮肤常有损伤	犊牛先天性屈腱挛缩
转移性：体温40～41℃，关节肿大有热痛，有的有波动，抽出液体镜检有链球菌	犊牛脓毒败血症
病程延长时，腕跗关节可能肿大	犊牛沙门氏菌病
髋、膝、跗关节发炎	犊牛衣原体病

十、脐部炎症

症状	诊断
脐带脱落后，脐部被毛湿润，稍肿脐，挤压流出脓液或恶臭液体。曾见2月龄母犊患脐瘘，探针不能探到底，高锰酸钾液注入由阴户排出（先天性膀胱粘连） 坏疽性脐炎：脐周围湿润肿胀，有恶臭，残断脐带脱落后露出污红色创面，有赘生肉芽和脓性分泌物，周围组织易引起蜂窝织炎 如引起脓毒败血症则体温升高，废食，心跳、呼吸增数	犊牛脐炎

症状	疾病
断脐后脐部不断滴血	犊牛脐部出血

第二十一节 牛病病程和死亡

牛的疾病各有不同的发展过程，相对来讲，最急的病病程最短，常未出现任何症状即死亡，急性常比亚急性病程短，慢性的病程可能经历几周甚至几个月。对牛机体损害严重的病，有的得病几分钟或几小时即死亡，有的延迟几天才死亡，这警示我们，牛得病后留给我们诊疗的时间是很有限的。因此，对牛病的发现和诊疗越早越好，如果失去最好的治疗时机，就可能失去抢救的机会。

一、发病数小时内死亡

症状	疾病
严重的几分钟或 1 小时死亡，轻的可耐过而自然恢复	犊牛硝酸盐和亚硝酸盐中毒
如卧下几分钟即起，说明已濒临死亡	牛黑斑病甘薯中毒
急性：片刻死亡 亚急性：2～3 天死亡	牛魏氏梭菌病
最后体温下降（35℃以下），昏迷衰竭死亡，病程短的约 20 分钟，长的达 1～4 小时	牛氢氰酸中毒
急性型；一般 30～60 分钟死亡	牛青草搐搦（泌乳搐搦）
最急性：病程数分钟或数小时 急性：一般 1～2 天死亡（天然孔流血，尸僵不全） 亚急性：病程 2～5 天	牛炭疽

症状	疾病
经消化道吸收常在1～3小时，最短十几分钟即出现中毒症状，恶化后陷于麻痹，窒息死亡	牛有机磷中毒
吃后12～24小时发病，1～2小时死亡	牛铅中毒
急性：常在数小时内死亡，犊牛因胎盘感染生后2～3周死亡	牛伊氏锥虫病
牛食后2～3小时出现症状，重者1～2小时死亡	牛毒芹中毒
急性：几小时死亡 水牛几小时或几十小时死亡	牛有机氯农药中毒
窒息虚脱，几小时至1～2天死亡	牛再生草热（牛特异性间质性肺炎）
一般几小时至24小时症状消失，牛重剧发病时几分钟内窒息死亡	牛血清病
急性瘤胃臌胀，如不及时治疗，可在几小时内死亡	牛瘤胃臌胀
突然昏迷，行动无力，有时碰墙也无感觉，绝食，大小便不通，呼吸浅而急，几小时至几十小时死亡	水牛有机氯农药中毒
慢性进程，急性发作，不断哞叫，突然倒地后很快死亡，少数可持续1天以上	牛铜缺乏症

临床表现	疾病
孕牛12小时，公牛、阉牛、非孕母牛3～4天未治疗死亡率95%	牛细菌性血红蛋白尿
牛采食3～4小时发病，最后倒地不起，昏迷，体温下降，呼吸麻痹而死	牛闹羊花中毒
急性，常数小时内死亡	牛无机氟化物中毒
败血型：腹泻后体温下降，迅速死亡，病程12～24小时 咽喉型：病程12～36小时 肺炎型：病程3～7天	牛巴氏杆菌病

二、发病1～3天死亡

临床表现	疾病
可在24小时死亡，或延至3～5天死亡	牛沙门氏菌病
常在48小时内死亡。也有发病不发痒，数小时死亡	牛伪狂犬病
病程一般5～14天，有时可长达3～4周，如变慢性，可延至几个月，最急性1～2天死亡	牛恶性卡他热
急性瘤胃酸中毒，如不及时治疗，1～2天死亡	牛瘤胃酸中毒
急性经1～2天，慢性10天左右可能死亡	牛日本乙型脑炎
急性的48～72小时死亡	母牛爬行综合征（“母牛卧倒不起”综合征）

表现	疾病
急性而又严重的扭转，可在48～96小时死亡	牛皱胃变位
病程2～4天，衰竭死亡	牛狂犬病
一般24～63小时死亡	牛气肿疽
有的病牛2～3天死亡，牛群发病率20%，死亡率1%～2%	牛副流感
病程一般10天左右，病重的多在发病后4～7天死亡，但也有2～3天内死亡的	牛瘟
黄牛：肿部不如水牛明显，病程2～3天至1周，治愈率较高	牛霉稻草中毒
最急性：体温41℃左右，腹泻，很快衰竭，1～2天死亡	犊牛脓毒败血症

三、发病3天以上死亡

表现	疾病
重剧中毒一般3～4天死亡	牛马铃薯中毒
病后期如出现四肢战栗，常3～6天内死亡	牛巴贝斯焦虫病
急性常于发病后3～7天内死亡，死亡率高，亚急性很少死亡	牛钩端螺旋体病

症状	疾病
多经3～7天窒息而死	牛网尾线虫病
病程：急性3～7天，一般15天左右，长的可延长至1个月以上	水牛恶性卡他热
急性：贫血明显，可视黏膜苍白、黄染，有75%红细胞受到破坏，瘦弱，晚期有明显黄疸。常在4～8天死亡。如不治疗，死亡率50%～90%。初期发热反应中，外周血液出现虫体，红细胞感染率一般10%～15%，个别可达65%，轻的低于2%～3%	牛双芽巴贝斯焦虫病
一般5～8天死亡，整个病程15～60天	牛传染性胸膜肺炎（牛肺疫）
乳牛经7～8天死亡 肉牛沉郁持续10～14天，最后出现昏迷，并安静地死亡	牛妊娠毒血症
急性通常死于发病后1～2周，少数病程1个月 慢性：大多死于病后2～6个月	牛病毒性腹泻（黏膜病）
病程不延长（5～7天）则可恢复产奶量，大多病程10天以上，重症数小时死亡，严重流行时发病率75%以上，但死亡率在10%以下。一般感染发病率不高	牛传染性鼻气管炎

四、病程与死亡率

病程与死亡率	疾病
病程2～3周，一般死亡率1%～2%，恶性口蹄疫死亡率高达20%～50%	牛口蹄疫
病程2～3天，如及时治疗，很少死亡	牛弯杆菌性腹泻（牛冬痢）
脱毛期15～30天，如不死亡，转入干性皮脂溢出期 发病率1%～20%，病死率10%	牛贝诺孢子虫病
病程1～2周或20天，尾根出现溢血斑点，随后死亡	牛环形泰勒焦虫病
病程14天至6个月，最终卧地不起而死亡	牛海绵状脑病（疯牛病）
一般3～4个月衰竭死亡	牛副结核病
死亡率可达50%	奶牛产后血红蛋白尿
犊牛：如病灶延及肺部，常导致死亡	牛坏死杆菌病
体温41℃，减食，毛乱，消瘦，肌肉松弛。有的2～5天死亡。牛群发病率20%，病死率1%～2%	牛副流感

症状	疾病
犊牛：感染症状更明显，常引起死亡。不死亡的发育受阻，成为侏儒牛	牛吸血虫病（分体吸虫病）
青壮年牛和孕牛多发，发病率 11%～53.3%，病死率 100%，无明显季节性。前后病例的间隔时间 1～3 天或 1 个月	牛魏氏梭菌病
奶牛群暴发本病时，发病率 25%，病死率 90%	牛妊娠毒血症

第三章 牛病的病理变化

牛在患病过程中，皮下、肌肉、骨骼及全身各个器官必然会发生不同的病理变化，有的具有普遍性，有的具有特征性。不论器官是肿大、充血、出血或萎缩、苍白，甚至产生结节、坏死灶、溃疡等，都要仔细观察并予以记录，以便在剖检结束后将各器官、各部位的病变进行综合分析研究，再结合临床症状综合分析，将有助于对疾病的确诊。

第一节　皮下组织

正常情况下，剥离皮肤，皮下组织分别依附皮肤和肌肉，不见皮下组织单独存在，但如有浸润或水肿，则明显可见到皮、肉之间有一层胶冻样组织，皮下也可能出现出血点、出血斑。

一、皮下胶冻样浸润

病变	疾病
皮下组织广泛充血和胶冻样浸润	牛蓝舌病
局部弥漫性水肿，皮下有污黄色液浸润，含有腐败酸臭的气泡，肌肉呈灰白色或红褐色，多含有气泡	牛恶性水肿
皮下组织黄色胶冻样浸润	牛无浆体病（边缘边虫病）
胸腹两侧皮下黄色胶冻样浸润	牛环形泰勒焦虫病

病变	疾病
皮下积有淡黄色胶冻样液，各浆膜中有大量积液	牛青杠树叶中毒
皮下呈浆液性浸润	牛布鲁氏菌病

二、皮下水肿

病变	疾病
尸僵快，脱水、贫血，有时皮下水肿	牛细菌血红蛋白尿
全身黄疸，皮下水肿	牛猪屎豆中毒
皮下水肿，骨骼肌水肿	牛食盐中毒
全身出血性水肿，主要在颌下、颈部、胸前呈黄色胶冻样，有时深达肌间结缔组织	水牛类恶性卡他热（水牛热）
皮下组织充血、黄染、水肿。浆膜和肌间结缔组织水肿、黄染。血液稀薄，凝固不全	牛双芽巴贝斯焦虫病

三、皮下出血

病变	疾病
败血型：内脏器官、黏膜、浆膜、舌、皮下组织和肌肉都有出血点	牛巴氏杆菌病
慢性：皮下出血	牛铅中毒
皮肤、皮下组织出血，并有广泛水肿。呈黄色胶冻样浸润	牛血斑病

皮肤瘀血，皮下组织溢出血液——牛白苏中毒

皮下组织可见血液外渗——牛青草搐搦（泌乳搐搦）

四、剖检皮下、腹腔有脂肪

全身脂肪胶冻样——牛钼中毒

第二节 腹腔、腹膜

牛腹腔比马的大，前方以膈与胸腔隔开，后方接骨盆腔，与骨盆腔的分界称作终线或骨盘；该线上部为荐骨基底，两侧为髂耻线，下界为耻骨前缘。腹壁由腹外斜肌、腹内斜肌、腹直肌、腹横肌，腹腔肌质壁表面覆有筋膜（膈筋膜、腹横筋膜、髂筋膜、腰背筋膜的深层）。浆膜下组织连于筋膜与腹膜之间，附有少量脂肪。腹膜为浆膜，衬于腹腔内壁上，也覆盖于腔内各脏器表面大部。腹膜面光泽而滑润（有一层浆液）。当有些疾病发生时会使腹膜发炎，以致腹腔有腹水（黄色或血色），甚至有纤维素。

一、腹腔黄色积液

腹水——牛猪屎豆中毒

腹腔有多量液体——牛恶性水肿

腹腔有淡黄色积液——牛钼中毒

腹腔有大量黄色腹水，大网膜黄色，有出血点——牛环形泰勒焦虫病

病理变化	疾病
肺类型：腹膜炎 败血型：腹腔有大量渗出液	牛巴氏杆菌病

二、腹腔红色积液

病理变化	疾病
腹腔常有微红色或暗红色液	牛气肿疽
急性：腹腔有红色液体	牛无机氟化物中毒
急性：腹腔中有带血的液体	牛肝片吸虫病（肝蛭病）
浆膜腔有微红色液体。腔壁可能覆有纤维蛋白凝块	牛布鲁氏菌病
腹腔浆膜上可发生密集的结核结节，呈粟粒至豌豆大、半透明、灰白色的坚硬结节（即所谓珍珠病）	牛结核病
胸、腹腔有积水，可由腹腔中找出虫体	牛弓形虫病

三、腹膜下渗血

病理变化	疾病
腹膜下可见血液外渗	牛青草搐搦（泌乳搐搦）

第三节　瘤　　胃

食管的末端是贲门，呈喇叭状，有一个食管沟几乎垂直通向网瓣孔（孔在瘤胃前庭网胃右侧壁）。食管沟两侧有唇缘，当吃奶或反刍的食物在吞咽动作的刺激下，两侧唇缘即合拢成管，使奶或食糜直接经网瓣孔进入瓣胃。

成年牛的瘤胃很大，占腹腔的3/4。初生牛犊的瘤胃和网胃相当于皱胃的1/2，生后4个月，瘤胃、网胃已为瓣胃、皱胃容积的4倍，成年牛胃的容积，瘤胃占80%，网胃占5%，瓣胃占8%或7%，皱胃占7%或8%。瘤胃有左右两个纵沟和冠状沟将瘤胃形成上前、上后、下后、下前4个盲囊；与沟相应有强大的肉柱，其收缩与弛张，促使瘤胃内容物周而复始地运转，并能充分混合、发酵消化。瘤胃肉柱苍白色，黏膜呈褐色，黏膜面有大小不等的角质乳头。瘤胃、网胃之间的上方形成一个圆顶室，没有明显的两胃分界线，称瘤胃前庭。

一、瘤胃黏膜有出血、糜烂、溃疡

症状	疾病
瘤胃黏膜偶有出血和糜烂	牛病毒性腹泻（黏膜病）
瘤胃、瓣胃黏膜上也有出血、烂斑	牛瘟
败血病：前胃有瘀血斑	牛李氏杆菌病
消化道黏膜有小出血点，瘤胃、皱胃有溃烂	牛蓝舌病
瘤胃浆膜有出血点	牛环形泰勒焦虫病
口服中毒：主要表现为瘤胃黏膜肥厚，网胃有弥漫性出血点，甚至多发烂斑或溃疡（直径可达3～5厘米），皱胃黏膜充血、出血	牛有机氯农药中毒
前胃黏膜有时可发生烂斑和溃疡	牛口蹄疫

二、瘤胃黏膜剥脱

病理变化	疾病
急性：前胃黏膜易剥离	牛无机氟化物中毒
瘤胃黏膜脱落	牛闹羊花中毒
水牛：瘤胃、网胃、瓣胃黏膜脱落 黄牛：瘤胃、皱胃壁水肿，有溃疡	牛食盐中毒
病程较久，病程较重的，瘤胃黏膜能用手一条条剥离，如喂稻壳较久，瘤胃、网胃、瓣胃黏膜全部剥离	牛前胃弛缓

三、瘤胃有异物、异味

病理变化	疾病
瘤胃有甘薯块、甘薯片、甘薯秧、幼苗、粉渣	牛黑斑病甘薯中毒
瘤胃内容物有氨臭。胃内有一层细粉样物与胃内界限分明	牛尿素中毒
瘤胃内充满气体，内容物有杏仁味	牛氢氰酸中毒

第四节　网　　胃

瘤胃与网胃之间由瘤胃、网胃褶形成瘤网口，网胃后壁紧靠瘤胃，前壁紧靠膈，网胃黏膜有许多隆起褶形成很多五边形或六边形的空隙小房如蜂窝，所以又叫蜂窝胃。小房的底面及端尖有角质乳头，均为褐色。牛采食时，有些异物很容易停留在网胃，极易引起创伤性网胃炎。如果是缝针针尖朝前，在网胃收缩时很容易穿透膈刺入心包和心肌。曾见一例有一个麻包缝针针尖向后穿透腹壁在左肋软骨后方形成一个有波动的椭圆形肿胀，切开取出针尖朝后的生锈麻包针；另一例剑状软骨后方白线部位有一脓肿，切开发现其中有一根缝针；还有一例剖检发现网胃有一个直径约 5 厘米的破口，破口外与膈、瘤胃、腹壁粘连成一个小盲囊。另一头消瘦有腹水的黄牛剖检发现网胃、瓣胃、皱胃交界处有一已破裂的脓肿。

症状	疾病
如喂稻壳酒糟较久，网胃黏膜全部剥离	牛前胃弛缓
水牛：网胃黏膜脱落	牛食盐中毒
网胃内可能见有铁丝、铁针。曾见针被包裹于网胃壁间和网胃有一个直径 3 厘米的洞，使网胃、膈、瓣胃、瘤胃粘连形成一个盲囊	牛创伤性网胃炎

第五节 瓣　　胃

瓣胃在网胃右侧，反刍后的食物经食管沟由网瓣口进入瓣胃。瓣胃内有 100 个左右纵褶（瓣胃叶），其中大叶有 12 个或 12 个以上，大叶与大叶之间有较小的中叶和小叶，叶面上附有许多小乳头，使食物摩擦变碎变细，在瓣胃小弯有一瓣胃沟约 10 厘米长，通向瓣皱口，瓣胃黏膜灰褐色，乳头褐色。如果因水分缺乏或瓣胃弛缓形成阻塞时，叶间的食物干结成板块，黏膜剥离附着于板块上。曾见一例瓣胃阻塞（扩张）重达 30 多千克。

一、瓣胃黏膜脱落

症状	疾病
水牛：瓣胃黏膜脱落	牛食盐中毒
瓣胃内容物干燥，黏膜易脱落	牛环形泰勒焦虫病

病理变化	疾病
如喂稻壳酒糟较久，瓣胃黏膜全部剥离	牛前胃弛缓
瓣胃内容物干燥坚硬，犹如纸版样压块，两边瓣叶黏膜黏附于表面。曾见一例扩张的瓣胃重达35～50千克	牛瓣胃阻塞（扩张）

二、瓣胃黏膜有出血、烂斑

病理变化	疾病
瓣胃黏膜上有出血、烂斑	牛瘟

第六节　皱　　胃

皱胃在瓣胃后方，胃底部在剑状软骨部，邻接网胃，胃体经瘤胃的腹囊与瓣胃之间向后延伸，再经瓣胃的后方转向右侧，末端（幽门部）斜向背侧走，在幽门处与十二指肠相接。皱胃的内腔在胃底部黏膜形成12个以上宽广的螺旋褶，淡褐色，幽门口小而圆。当牛中毒或有寄生虫时，会引起皱胃发炎甚至溃疡。此外，曾见一例病牛幽门部有一毛球阻塞，另一例皱胃内有未经反刍长2～4厘米的干甘薯秧，导致黏膜发炎有溃疡。还有一例皱胃阻塞（扩张），手术时抠出干的草末一大桶，仅瓣皱口附近的胃内容物呈粥状。有时奶牛在分娩后发生皱胃变位。

一、胃有炎症

病理变化	疾病
急性：胃炎	牛铅中毒
急性：皱胃充满（不形成堵塞）内容物，有多量带血色黏液，急性皱胃黏膜充血、肿胀、浑浊，被覆一层黏稠透明黏液或黏液性	牛皱胃炎

脓性分泌物。黏膜皱襞特别是幽门区弥漫性或局限性血色浸润或有红色斑点 慢性：皱胃黏膜呈灰青色、灰黄色或灰褐色，甚至大理石色，并发现血斑或溃疡，黏膜具有萎缩或肥厚性炎性变化	——牛皱胃炎
皱胃特别是幽门部呈砖红、暗红和紫红色，不同色调黏膜肿胀，黏膜下层水肿浸润，含有圆形或条状小出血，后期皱襞顶部有扁豆大盖有假膜的烂斑	——牛瘟
常伴有寄生虫性皱胃炎及真菌瘤胃炎	——牛妊娠毒血症
慢性中毒的特征是皱胃充血、肿胀	——牛氨中毒
皱胃有淡黄色或白色黏液絮状物	——牛布鲁氏菌病

二、胃黏膜充血、出血

皱胃有出血性炎症	——牛口蹄疫
口服中毒，皱胃黏膜充血、出血	——牛有机氯农药中毒
皱胃黏膜充血、出血	——牛狂犬病
皱胃有出血性炎症病变	——牛无浆体病（边缘边虫病）

三、胃黏膜水肿、糜烂、溃疡

病变	疾病
皱胃黏膜水肿有溃疡，内容物干燥	牛青杠树叶中毒
皱胃炎性水肿和糜烂	牛病毒性腹泻（黏膜病）
黄牛：皱胃壁水肿，有溃疡	牛食盐中毒
皱胃黏膜水肿，有出血斑	牛双芽巴贝斯焦虫病

四、胃黏膜出血、溃疡

病变	疾病
胃底出血，有溃疡	牛弓形虫病
皱胃黏膜出血及溃疡	牛蕨中毒
皱胃黏膜肿胀，有出血斑，并有蚕豆大溃疡（严重病例占皱胃面积一半以上是特征性病变，很少例外）	牛环形泰勒焦虫病
消化道黏膜都有小点出血，皱胃有溃疡	牛蓝舌病
胃底部有出血斑	牛猪屎豆中毒
经消化道中毒 10 小时以上：消化道黏膜有散在出血点，黏膜呈暗红，肿胀且有脱落。稍久后皱胃、小肠发生坏死性出血性炎症	牛有机磷中毒

症状	疾病
呼吸系型：常有皱胃发炎和溃疡	牛传染性鼻气管炎
胃内有气，黏膜易剥离，并有小点出血，幽门部炎症严重	牛酒糟中毒

五、胃变硬

症状	疾病
皱胃因肿瘤浸润而变硬	牛白血病
胃有时也可见虫卵结节	牛吸血虫病（分体吸虫病）

六、胃肠黏膜有炎症、出血

症状	疾病
胃肠有炎性变化	牛木贼中毒
胃及十二指肠有卡他性炎	牛巴贝斯焦虫病
胃肠黏膜多充血	牛硝酸盐和亚硝酸盐中毒
胃肠黏膜充血、潮红、出血，上皮细胞脱落	牛马铃薯中毒
肺炎型：胃肠卡他性炎和出血性炎	牛巴氏杆菌病
胃肠有微出血性炎症	牛气肿疽
胃肠黏膜充血、出血	牛氢氰酸中毒
胃肠黏膜充血，有点状出血	牛菜籽饼中毒

病理变化	疾病
慢性中毒：胃肠黏膜充血、出血，幽门部有炎性病灶	牛有机氯农药中毒
胃肠黏膜有小的片状炎症，有的点状出血或假膜炎	牛蓖麻籽中毒
急性：出血性胃肠炎，前胃黏膜易剥离	牛无机氟化物中毒
胃肠浆膜下可见出血点或线状出血	牛布鲁氏菌病
胃肠黏膜有出血斑点	牛副流感
胃肠有出血点	牛黑斑病甘薯中毒
胃肠有弥漫性出血	牛闹羊花中毒
胃肠黏膜充血、出血、脱落，肠壁肿胀	奶牛菜籽饼中毒

七、胃肠水肿、有异味

病理变化	疾病
胃肠及其他实质器官水肿、出血	牛白苏中毒
胃肠黏膜水肿、坏死，内容物有氨气臭味	牛氨中毒
经消化道中毒10小时内：胃肠黏膜充血，内容物有蒜臭。其余无明显变化	牛有机磷中毒

八、胃肠黏膜有结节或溃疡

胃肠黏膜上可能有大小不等的结核结节或溃疡	——牛结核病

九、胃肠内有残片

消化道可找到小铅块、铅片和油漆残片，如吞食滑润油，内容物呈黑色油糊状	——牛铅中毒

第七节 肠

十二指肠从皱胃幽门起向背侧走至肝的脏面形成S状弯曲（胆管开口于S状的腹部，胰管开口于胆管口后方30厘米处），向后至髋结节处再转向前走，形成U形髋骨弯曲（此处易形成阻塞）。小肠的其余部分形成密袢状的弯曲，围绕肠袢周缘呈花环状排列（易形成肠缠结）。回肠末端细长（此处也易发生阻塞）向前突入结肠的起始部内，此处是盲肠结肠的交界线。盲肠后部游离（此处易发生不完全阻塞和完全阻塞）。结肠的大部在肠系膜两层之间形成双袢状椭圆形环状弯曲，向心和离心两种回转（中心部位易发生阻塞），结肠末端离开肠袢，在骨盆口处形成S状弯曲，连接直肠。牛的直肠比马的短，肛门不向外突出。

一、肠阻塞、扭转

阻塞的部位：可见毛球嵌在幽门与十二指肠连接处，十二指肠阻塞常在髂骨弯处，可见甘薯秧缠结成团的阻塞物。回盲口处，瓣状褶皱容易导致阻塞。盲肠后部游离不固定，与结肠连接处稍有收缩，可形成完全阻塞和不完全阻塞。结肠在肠袢形成的向心和离心弯曲的中心弯曲处可见到阻塞块。在阻塞结	——牛肠阻塞

病变	疾病
块之前的肠段和皱胃内存在大量的液体内容物。皱胃、瘤胃也有较多积水	牛肠阻塞
可见肠袢边缘的小肠有扭转，扭转部位前的肠腔充满液体	牛肠缠结

二、肠壁肥厚

病变	疾病
回肠外表无变化，肠壁增厚3～20倍，并发生硬而弯曲的皱褶，黏膜黄白或灰黄，皱褶突起处充血。浆膜、肠系膜下淋巴管肿大如索状，肠系膜淋巴结肿大变软，切面湿润，上有黄白色病灶	牛副结核病
肠壁肥厚，均有卡他性炎，空肠、回肠较严重	牛病毒性腹泻（黏膜病）
肠壁肥厚，常有溃疡，甚至穿孔，并随之发生化脓或化脓腐败性腹膜炎	牛血斑病
牛多在回肠，一般在回肠、盲肠、结肠中有稀薄液状或带白色的内容物，并有微黄色乃至棕色的黏液膜状管型，长0.5～1米，个别可长达8米。部分附着于肠黏膜上。肠壁肥厚，肠腔狭窄	牛黏液膜性肠炎

三、肠黏膜水肿

病变	疾病
小肠黏膜水肿、充血、出血和溃疡。内容物有黏液、血液，呈咖啡色	牛青杠树叶中毒

小肠黏膜水肿，有血斑——牛双芽巴贝斯焦虫病

肠系膜水肿，肠内容物混有血液——水牛类恶性卡他热（水牛热）

四、肠发炎

小肠有卡他性炎——牛氨中毒

严重肠炎——牛氟乙酰胺中毒

大小肠发炎，间有斑点状出血——牛无浆体病（边缘边虫病）

五、肠黏膜充血、出血

肠黏膜充血、出血——牛食盐中毒

大小肠均有出血性炎症——牛口蹄疫

大小肠均有出血点——牛弓形虫病

脱水。空肠、回肠有卡他性炎、出血——牛弯杆菌性腹泻（牛冬痢）

小肠黏膜高度潮红，有时表面坏死及点状或条状出血，回盲瓣有出血——牛瘟

口服中毒：小肠黏膜显著出血和卡他性炎症，大肠黏膜也见出血——牛有机氯农药中毒

病理变化	疾病
肠黏膜尤其是滤泡附近出血和溃疡，皮下结缔组织、消化道有明显的水肿区，水肿液呈淡黄色	牛炭疽
小肠，有时大肠发生出血。肠内容物有凝固和未凝固的血液	牛细菌性血红蛋白尿
肠黏膜下可见血液外渗	牛青草搐搦（泌乳搐搦）

六、肠系膜出血

病理变化	疾病
肠系膜有程度不同的出血	牛环形泰勒焦虫病
肠系膜有瘀血、出血	牛猪屎豆中毒

七、肠黏膜脱落

病理变化	疾病
肠黏膜表层易剥离，有小出血点，空肠、回肠、盲肠有局限性瘀血斑，肠腔内有血液和微量血块，直肠水肿，黏膜脱落	牛酒糟中毒
肠黏膜潮红，间有出血，肠黏膜脱落，有局限性坏死区，肠系膜淋巴结水肿出血	牛沙门氏菌病

八、直肠肿胀、出血、溃疡

病理变化	疾病
直肠高度肿胀，暗红色	牛瘟

病变	疾病
大肠黏膜充血、出血，内容物暗红，呈糊状、有恶臭，后段内容物变黑成干粪块，表面覆有黏液、血液，或为一段黄褐色的伪膜所包裹 直肠壁水肿肥厚（可达2厘米以上）	牛青杠树叶中毒
直肠有卡他性、出血性、溃疡性以至坏死性炎症	牛病毒性腹泻（黏膜病）
严重感染时肠道各段可找到虫卵的沉积，尤其直肠病变更严重，常见为小溃疡、瘢痕及肠黏膜肥厚。肠系膜和大网膜也可见虫卵结节。将肠系膜对光照视可找到静脉中的成虫(雄虫乳白色，雌虫暗褐色，常呈合抱状态)	牛吸血虫病（分体吸虫病）

第八节　肝，胆囊，胰

牛肝几乎全部位于体正中的右侧斜向前下方，宽广度不如马，但厚度较大，重3～4.5千克，大的5～6千克，由背叶、腹叶、尾状叶、乳突状叶组成。肝门脉裂为肝动脉、门静脉、胆管出入处。当肝本身有病或患其他传染病、寄生虫病或中毒时均能引起肝组织的病变，会出现肿大、质脆或变硬，有的充血、出血或有坏死灶，色泽有黄红、土黄、黄褐等。

胆囊长10～15厘米，胆囊的颈部直接连胆囊管，还有几条小的肝胆囊管直接开口于胆囊，胆囊管与胆管之间在门脉裂外侧以锐角相连接构成输胆汁管。输胆汁管很短，开口在十二指肠S状弯曲距幽门约60厘米处。

牛的胰腺几乎全部在体中线右侧，平均重约350克，背侧面接肝、右肾、膈脚、后腔静脉、腹腔动脉及肠系膜前动脉，腹侧面与瘤胃的背侧弯及肠管相邻接，右侧部在十二指肠系膜两浆膜之间向后突出，达尾状中心后方。腹外侧缘与十二指肠第二部相邻接。右侧部（或后部）宽广而薄，常常分成两支。胰腺管自腹外侧（或右侧）缘的后部，离开腺体进入十二指肠，距胆管开口部的后方约 30 厘米。有些吸虫病可使胰见到虫卵结节。

一、肝变性

病变	疾病
肝变性	牛日射病和热射病
肝实质变性	牛菜籽饼中毒
败血型：肝器质变性	牛巴氏杆菌病
急性：肝色淡，中央小叶变性 慢性：脂肪肝	牛铅中毒
肝脂肪变性	牛传染性胸膜肺炎（牛肺疫）
肝脂肪变性或坏死	牛沙门氏菌病
肝肿大变性	奶牛菜籽饼中毒

二、肝肿大、质脆

病变	疾病
肝肿大、脆弱	牛猪屎豆中毒
肝肿大变脆，呈黄红色	牛木贼中毒
肝脂肪变性，色黄质脆，切面缺血	牛尿素中毒
肝轻度肿大，质脆	牛青杠树叶中毒

病变	疾病
慢性：肝微肿、质脆、色黄	牛铜中毒
肝肿大，质脆	牛酒糟中毒
肝肿大，质脆，灰红或杏黄色，被膜有小出血点	牛环形泰勒焦虫病
初期死亡病牛肝肿大，脂肪变性，边缘钝圆，质脆弱，病程长，肝细胞坏死、溶解，肝缩小，被膜皱缩，边缘菲薄，肝组织柔软，表面、切面灰黄色	牛肝炎、肝肿大
肝肿大约2倍，质脆，含多量暗黑色血液	牛马铃薯中毒

三、肝坏死

病变	疾病
肺炎型：肝内有小坏死灶	牛巴氏杆菌病
肝肿大。稍久后，肝切片中可见有小坏死灶	牛有机磷中毒
肝可能有炎性灶和坏死灶（死前有神经症状）。败血症畜：肝有坏死	牛李氏杆菌病
肝点状出血，有灰白或灰黄色坏死灶	牛弓形虫病
肝有不同的肿胀，有的有散在炎性坏死灶	牛布鲁氏菌病

肝有多发性灶状坏死，还有多处出血现象——牛蕨中毒

肝肿大、充血、出血、坏死——牛黑斑病甘薯中毒

发生坏死性肝炎时，肝呈土黄色，其中散布多数黄白色、质坚实、周围有红晕、大小不同的坏死灶——牛坏死杆菌病

四、肝肿大

肝肿大——牛蓖麻籽中毒

肝充血、肿胀——牛氟乙酰胺中毒

肝瘀血、肿大——牛硝酸盐和亚硝酸盐中毒

肝肿大，也常见出血——牛马铃薯中毒

肝肿大，泛黄——牛钩端螺旋体病

肝发黄、肿大——牛巴贝斯焦虫病

肝肿大，呈土黄色，质脆易碎，表面和切面可见灰黄色粟粒状坏死灶，多时布满全肝——水牛类恶性卡他热（水牛热）

肝明显肿大，呈苍白黄色，质脆多脂——牛妊娠毒血症

肝肿大，呈黄红色，被膜上有少数出血点，剖面呈黏土色——牛双芽巴贝斯焦虫病

肝显著肿大，呈红褐色或黄褐色——牛无浆体病（边缘边虫病）

肝肿胀有灰黄色病灶——牛恶性水肿

慢性中毒的牛：全身组织器官呈黄色。肝显著肿胀，变硬小，小叶中心坏死——牛有机氯农药中毒

肝广泛性血铁黄素沉着——牛铜缺乏症

五、肝有寄生虫或虫卵

急性：肝肿大，表面膜上有纤维素沉着，出血，有数毫米长的暗红色虫道，虫道内有凝血和很小的童虫。急性时肝有炎症和内出血

慢性：初肝肿大后萎缩。肝硬化，小叶间结缔组织增生，寄生虫多时胆管因炎症扩张而增厚、变粗甚至阻塞。胆管像绳索样凸出肝的表面。胆管内膜粗糙（有磷酸钙和磷酸镁沉着），胆管内有虫体和污浊浓稠的液体（也有的无虫体）——牛肝片吸虫病（肝蛭病）

肝肿大，肝在水中撕碎洗，可见有柳叶状、体扁平而透明的虫体（棕红色，体长5～15毫米，宽1.5～2.5毫米）——牛双腔吸虫病

肝表面和切面有粟粒大到高粱粒大的灰白色或灰黄色的小点（虫卵结节）。肝初肿大，以后萎缩、硬化——牛吸血虫病（分体吸虫病）

六、肝其他病变

病变	疾病
肝损伤	牛白血病
肝切面有大小不同的干燥病灶（死后仍继续扩大），因产气形成多孔的海绵状	牛气肿疽
肝贫血性梗死，稍凸起，色较周围组织淡，呈现蓝红色充血的带状轮廓	牛细菌性血红蛋白尿
肝瘀血，青紫色	牛白苏中毒
肝有大小不等瘀血斑，粟粒至高粱粒大白色病灶	牛毒芹中毒

七、胆囊肿大

病变	疾病
胆囊肿大 2～3 倍，胆汁褐绿色，稀稠不定，有时混有黏稠物	牛环形泰勒焦虫病
慢性中毒：胆囊扩张，重症病牛，可达小儿头大	牛有机氯农药中毒
胆囊肿大如鸡蛋或小儿头大，胆囊壁充血、水肿，多有出血斑点	牛青杠树叶中毒

八、胆囊肿大，胆汁浓稠、色暗

病变	疾病
胆囊肿大，胆汁浓稠、呈暗绿色	牛无浆体病（边缘边虫病）

症状	疾病
慢性：胆囊扩张，胆汁浓稠	牛铜中毒
胆囊扩大，胆汁浓稠、色暗	牛双芽巴贝斯焦虫病

九、胆囊肿大，黏膜出血

症状	疾病
肝一般无变化。胆囊肿大，充满胆汁，有时混有血液，黏膜有小出血点	牛瘟
胆囊扩张，黏膜有出血和溃疡，充满黏稠胆汁	水牛类恶性卡他热（水牛热）
稍久：胆囊肿大、出血	牛有机磷中毒
胆囊黏膜有出血点	牛猪屎豆中毒
胆囊有出血点	牛皱胃炎

十、胆囊壁增厚

症状	疾病
胆囊壁肿胀	牛酒糟中毒
胆囊增厚，胆汁浑浊、黄褐色	牛沙门氏菌病

十一、胆囊有出血点、坏死灶

症状	疾病
胆囊壁有出血斑点和坏死灶，胆汁呈黑色	牛蕨中毒

病变	疾病
胆囊肿大、充血、出血、坏死	牛黑斑病甘薯中毒
胆囊浆膜附有多量纤维蛋白，胆汁金黄色，胆囊黏膜散在出血点	牛白苏中毒

十二、胰有寄生虫和虫卵结节

病变	疾病
胰有时也可见虫卵结节	牛吸血虫病（分体吸虫病）
胰表面不平，色调不匀，有小出血点，胰管发炎，管壁增厚，管腔缩小。管腔黏膜不平，有许多小结节，有点状出血，内有大量虫体。有的胰萎缩变硬	牛阔盘吸虫病（胰吸虫病）

第九节 脾，淋巴结

牛脾呈长椭圆形，两端圆而薄，大小相似，平均重 900 克，平均长度 50 厘米，宽 15 厘米，中部厚 2～3 厘米。一般位于第 8 或第 9 肋骨的胸骨端上方一掌的位置。壁面隆凸与膈相接，脏面边为凹面，被覆在瘤胃的左侧面，脾门位于脏面上 1/3 的近前缘处。在一些原虫病和传染病病程中受害时可肿大2～3倍，这对有关疾病的诊断起重要作用。也有些疾病可使脾肿大，或有出血，牛气肿疽和恶性水肿，脾会出现小气泡。

淋巴结一面产生淋巴细胞，一面阻拦外来的异物。这种过滤作用被认为是通过机械作用及网状内皮细胞的吞噬作用而完成的。因此，全身各个系统各个组织遍布的淋巴结对机体实施防卫功能。体表可见到的淋巴结有：①下颌淋巴结一侧一个，位于胸头肌与下颌腺腹侧部之间，背侧面接颌外静脉，卵圆形，一般长 3～4 厘米，宽 2～3 厘米；②腮腺淋巴结，位于咬肌后部，一部被腮腺背端所覆盖，有的完全覆盖，长 6～8 厘米，宽 2～3 厘米；③颈浅淋巴结，位于冈上肌前缘，肩胛关节上方 10～12 厘米水平位置，表面由肩胛横肌和臂头肌所覆盖，为一长结节，长 7～10 厘米，宽约 3 厘米；④髂下淋巴结，位于腹外斜肌的腱膜上，密接腹阔筋膜肌，在膝盖骨上方12～15厘米，长8～10厘米，宽约2.5厘米，有的还有第二个小的淋巴结在大淋巴结的上方或下方；⑤腹股沟浅淋巴结，公牛1～2个，位于耻骨前腱的下方狭窄的股沟隙内，被包在阴囊颈上方脂肪组织内、精索的后方，一部分为包皮引肌所遮盖。在母牛名为乳房上淋巴结，位于乳腺基底部后缘的上方（增大时可以触知，特别大时在体表形成隆起），较大的一对背侧部互相连接，有时融合，大淋巴结扁平呈肾形，平均高度7～8厘米，小结在大结的背内侧或前方，小结圆而厚，相当于大结的1/4～1/2。全身各器官均有诸多大小淋巴结并分别起到防卫作用，因此一些传染病、原虫病、中毒病，均能引起全部或局部淋巴结发炎、肿胀，甚至出血。

一、脾肿大2～5倍

症状	疾病
脾肿大2～3倍，被膜下有稀散的点状出血，切面有暗红色颗粒	牛无浆体病（边缘边虫病）
脾肿大2～3倍，软化，脾髓暗红色，被膜上有少数出血点	牛双芽巴贝斯焦虫病
慢性中毒：脾肿大，超过3～3.5倍，呈暗红色，质脆	牛有机氯农药中毒
脾肿大2～3倍，被膜有出血点。髓软，紫红色	牛环形泰勒焦虫病
肉眼所见与双芽贝斯焦虫病相似，脾较严重，有时出现破裂，脾髓色暗，脾细胞突出	牛巴贝斯焦虫病
脾明显肿大，典型病例，脾肿大几倍，呈黑色，充满煤焦油样的脾髓和血液	牛炭疽

二、脾肿大、充血

症状	疾病
脾肿大	牛蓖麻籽中毒

病变	疾病
病程延长，脾肿大、充血	牛沙门氏菌病
慢性：脾肿大，呈棕色或黑色	牛铜中毒
脾增大，脆弱。有的纤维化缩小为正常的一半	牛猪屎豆中毒

三、脾有出血点

病变	疾病
脾有出血点	牛弓形虫病
脾有出血点	牛钩端螺旋体病
脾肿大，也常见出血	牛马铃薯中毒
败血型：脾有小出血点或无变化	牛巴氏杆菌病

四、脾有坏死灶

病变	疾病
脾肿大，包膜紧张，散在出血斑，切面髓质瘀血，结构模糊，有灰白色粟粒状坏死灶	水牛类恶性卡他热（水牛热）
脾有不同程度的肿胀，有的散在有炎性坏死灶	牛布鲁氏菌病

五、脾有气泡

病变	疾病
脾肿大，偶有气泡	牛恶性水肿
脾常无变化或被小气泡所胀大	牛气肿疽

六、脾其他变化

症状	疾病
脾有时也可见虫卵结节	牛吸血虫病（分体吸虫病）
脾缩小，柔软，切面凹陷	牛霉麦芽根中毒
脾广泛性血铁黄素沉着	牛铜缺乏症
肺炎型：脾不肿大	牛巴氏杆菌病

七、体表淋巴结肿大

症状	疾病
肩前有其他体表淋巴结肿大，外观紫红色 肝门淋巴结肿大，有出血斑，剖面有胆汁 肾门淋巴结肿大 肠系膜淋巴结肿大，有出血点，剖面有灰红色液 纵隔淋巴结肿大 肺门淋巴结肿大	牛环形泰勒焦虫病
下颌、肩前、乳房淋巴结显著增大，切面多汁，有斑点状出血 成年牛：体表淋巴结肿大	牛无浆体病（边缘边虫病）
肩前、腹前淋巴结肿大明显，常达鹅卵大	水牛类恶性卡他热（水牛热）
肩前、股前、腹股沟、下颌、咽、颈淋巴结肿大，无热痛	牛结核病

病理变化	疾病
腮、肩前、股前、乳房、腰淋巴结常肿大，被膜紧张切面灰色突出	牛白血病
患肢淋巴结（肩前、股前）明显肿大，切面湿润呈黄灰色，部分有散在出血点	牛霉稻草中毒

八、全身淋巴结肿大

病理变化	疾病
全身淋巴结肿大，周围水肿，切面有许多灰白或灰黄粟粒状坏死灶	水牛类恶性卡他热（水牛热）
全身淋巴结有出血点	牛猪屎豆中毒
全身淋巴结肿大、充血、出血	牛弓形虫病

九、淋巴结水肿、浸润、坏死

病理变化	疾病
败血型：淋巴结显著水肿 肺炎型：淋巴结紫色，充满出血点	牛巴氏杆菌病
淋巴结急性肿胀和出血性浆液性浸润	牛气肿疽
淋巴结有不同的肿胀，有的散在有炎性坏死灶	牛布鲁氏菌病
肺门、头、颈、肠系膜淋巴结有白色或黄色结节，切开干酪样坏死，有的钙化，排出后形成空洞	牛结核病
肠淋巴结充血	牛酒糟中毒

症状	疾病
肠系膜淋巴结、肺淋巴结肿胀、出血，小肠的淋巴滤泡也有坏死灶	牛有机磷中毒
肠系膜淋巴结肿大	牛钩端螺旋体病
肠系膜淋巴结肿胀，沿肠系膜血管和淋巴管有条状炎症	牛蓖麻籽中毒
大肠变化与小肠相同，集合淋巴结及孤立淋巴滤泡肿胀突出	牛瘟

第十节　胸腔、胸膜

牛的胸腔比较小，两侧壁由于膈的肋骨附着部比较靠前，所以显著减小。胸内筋膜比马发达，富有弹性组织，胸膜也比较厚，这里无纵隔贯通。胸膜囊的大小与马相比，左右有显著的不同，胸腔纵隔的腹侧部偏于左侧。心包纵隔的前方大部与胸腔左壁相接。

胸膜在膈上的翻转线即膈肋线与马的差别很大。该线自第 8 肋骨的腹侧端起，向后上方走，到第 12 肋骨椎骨端的下方 15 厘米处，沿背最长肌的外缘向后延伸至最后肋骨。

有些传染病、寄生虫病、中毒病使胸膜受到损害，甚至因渗出液而使胸腔积水，有的混有血液、纤维素。

一、胸膜肥厚、出血、有结节

症状	疾病
肺炎型：胸腔有大量纤维性渗出液，肺、胸膜上有小点出血及一层纤维薄膜。肺有不同肝变，切面如同大理石状，肺泡有少量红细胞，呈弥漫性出血。病程进一步发展时，出现坏死灶，呈污灰或暗红色，无光泽	牛巴氏杆菌病

胸膜有瘀血斑——牛日射病和热射病

胸膜下可见血液外渗——牛青草搐搦（泌乳搐搦）

胸膜苍白，肥厚不透明——牛再生草热（牛特异性间质性肺炎）

胸膜脏层透明发亮，有时见有小气泡——牛黑斑病甘薯中毒

胸腔浆膜上可发生密集的结核结节，呈粟粒至豌豆大半透明灰白色的坚硬结节（即所谓珍珠病）——牛结核病

二、胸腺出血

胸腺有出血斑点——牛副流感

慢性：胸腺出血——牛铅中毒

三、胸腔积水

胸腔积液——牛尿素中毒

胸腔有大量积水，肺叶萎缩——牛青杠树叶中毒

胸腔积水——牛弓形虫病

胸腔积水——牛网尾线虫病

败血型：胸、腹腔有大量渗出液——牛巴氏杆菌病

症状	疾病
有些胸腔有透明黄色或浑浊液体，多的可达 1～2 升。肺有病变的表面与胸壁粘连	牛传染性胸膜肺炎（牛肺疫）
胸腔有淡黄色积液	牛钼中毒
胸腔积聚浆液性纤维素性渗出液。胸膜有纤维素附着	牛副流感

四、胸腔有红色积液

症状	疾病
胸腔有血色液体	牛细菌血红蛋白尿
胸腔常有微红色或暗红色液体	牛气肿疽
胸腔有暗红色液	牛流行热
胸腔有多量淡红色液体。胸腔壁有小点出血	牛环形泰勒焦虫病
胸、腹腔有黄红色积液	水牛类恶性卡他热（水牛热）

第十一节　肺、气管、支气管

牛的右肺比左肺重约 1/3，为 3～4 千克。左肺分三叶（尖叶、心叶、膈叶）；右肺分 4～5 叶，其中尖叶比左肺大很多，并分前、后两部分，其他还有心叶、膈叶、中间叶。

牛的气管比马短，平均长度 65 厘米，气管的横径约 4 厘米，垂直径约 5 厘米、气管环 50 个左右，进入胸腔后分成三支支气管入肺门，一支入右肺尖，另两支分别入左右肺。肺呈粉红色、死后稍缩小，有弹性。如发生气肿或水肿则肺的体积膨大，当小叶发炎充血时呈红色，如有出血、瘀血则显紫红，切面有血液流出。如发生肝变，按捏较硬，切块投水中下沉。气管、支气管内腔黏膜光滑、闪亮、湿润、空洞。有些传染病、寄生虫病或中毒病，可使气管、支气管黏膜充血、出血，胸腔内甚至有泡沫状液体或脓液。

一、肺气肿

病理变化	疾病
早期肺气肿、肺水肿，有间质增宽气肿，呈灰白色透明。有时许多间质因充气而明显分离与扩大，甚至形成新的大气腔。严重的病例肺表面常见到大小不等的球状气肿	牛黑斑病甘薯中毒
肺膨胀，附少量纤维蛋白，肺间质膨胀透明，尖叶、心叶、副叶形成带状或半球状气囊，肺组织水肿	牛白苏中毒
急性死亡牛：肺间质气肿，有的肺部充血，肺高度肿胀，间质增厚，内有气泡，按压肺有捻发音。有的肺水肿，两肺肿胀，间质增宽，内有胶冻样浸润，肺切面流出大量紫红色液体	牛流行热
肺极度膨胀，肺间质扩张，有浅灰色透明的条纹，切面充满泡沫状水肿液，间质气肿。叶间形成大小不同的气腔，大部分肺组织高度水肿，肺实质坚硬、呈暗红色	牛再生草热（牛特异性间质性肺炎）
慢性中毒：显著肺气肿	牛有机氯农药中毒

二、肺发炎、充血

病理变化	疾病
肺有发炎区	牛沙门菌病

病变	疾病
肺可能有真菌性灶性肺炎，伴有静脉血栓	牛妊娠毒血症
肺充血	牛有机磷中毒
肺有炎性变化	牛木贼中毒

三、肺充血（瘀血）、水肿、气肿

病变	疾病
肺充血和水肿	牛日射病和热射病
肺也可能充血、水肿	牛食盐中毒
肺体积膨大，有不同程度瘀血、水肿、气肿，有卡他肺炎变化	水牛类恶性卡他热（水牛热）
肺水肿、充血	牛氢氰酸中毒
肺瘀血、水肿。严重者肺气肿	牛霉麦芽根中毒
肺小叶间水肿	牛气肿疽
肺水肿、气肿，被膜有小点出血。支气管、大支气管和咽喉部黏膜均有出血斑点	牛环形泰勒焦虫病
肺水肿和气肿	牛菜籽饼中毒
常无特征性病变，有的仅表现肺水肿、充血，有瘀血，有的可见到全身瘀血，器官充血。严重者肺水肿	牛尿素中毒

病理变化	疾病
肺水肿、气肿	奶牛菜籽饼中毒

四、肺出血、水肿

病理变化	疾病
肺充血、出血、水肿，支气管黏膜充血、出血，充满渗出液	牛氨中毒
肺有出血点	牛钩端螺旋体病
肺血肿	牛蓖麻籽中毒
肺出血，有间质水肿	牛弓形虫病
肺有瘀血、出血	牛猪屎豆中毒
肺切面暗红色，间质轻度水肿	牛毒芹中毒

五、肺肝变

病理变化	疾病
肺有不同程度肝变，切面如同大理石状，肺泡有少量红细胞，呈弥漫性出血。病程进一步发展时，出血坏死灶污灰或暗红色，无光泽	牛巴氏杆菌病
两侧肺前下部充满纤维素块而膨胀，硬实，切面有红灰色肝变，小叶间水肿、变宽	牛副流感
肺灰白色，有的尖叶、心叶有局灶性肉变区	牛钼中毒

六、肺大理石病变

肺的前下部散在一个或几个孤立的大小不同的肺炎病灶，这些肺小叶是在病变的支气管分支的区域，病的组织坚实、不含空气，初暗红后变灰红色，新生病变区充血显著，呈红色或灰红色，病久，因上皮脱落渗出性细胞增加而呈灰黄或灰白色。肺的间质扩张，被膜浆液性浸润，呈胶冻状。在炎症病灶周围几乎总见代偿性气肿——牛支气管肺炎

初期胸膜脏层下小叶性肺炎，病灶大小不一，最大不超过小叶范围，切面红色或灰红色。中期病变以右侧为多，多发生在膈叶。切面如多色的大理石，即炎性小叶。正常小叶与肝变小叶相互交错，一部分鲜红湿润，一部分干燥紫红、灰红、黄色或灰色，有贫血性坏死区。后期若呈不完全自愈状态、局部病灶包裹不完全，灶内仍保留病变肺组织的原有结构，即死块组织内有时液化。液体可从血管、淋巴管转移，局部结缔组织增生形成瘢痕。若为完全自愈，形态、病灶则完全瘢痕化——牛传染性胸膜肺炎（牛肺疫）

七、肺有坏死

死于“白喉”，肺也有坏死病变，有时肺的病变可继发坏死性化脓性胸膜肺炎——牛坏死杆菌病

肺有白色或黄色结节，切开干酪样坏死，有的钙化——牛结核病

八、肺有虫体

病理变化	疾病
肺肿大，有大小不一的肝变。大、小支气管均被虫体阻塞	牛网尾线虫病

九、气管、支气管（上呼吸道）发炎

病理变化	疾病
气管、支气管黏膜充血	牛闹羊花中毒
气管、支气管黏膜充血，肺有炎性变化	牛木贼中毒
支气管血管舒张、充满血液，黏膜发红呈现局部性或弥漫性分布的斑点、条纹，也见有瘀血。病初黏膜肿胀干燥，随后渗出物先稀后稠，黏膜下水肿，有淋巴细胞和分叶细胞浸润	牛支气管炎
呼吸道黏膜潮红、肿胀，有点状出血和条状出血。肺脏正常或仅部分有充血炎灶。鼻腔、喉、气管黏膜有烂斑覆有假膜	牛瘟
上呼吸道黏膜卡他性炎，鼻腔副鼻窦积聚大量黏液性、脓性分泌物。支气管黏膜充血、肿胀，管腔内有纤维素块	牛副流感

十、气管、支气管有出血

病理变化	疾病
呼吸道黏膜有小点出血	牛蓝舌病

病变	疾病
慢性：气管出血	牛铅中毒
支气管、大支气管和咽喉部黏膜均有出血斑点	牛环形泰勒焦虫病
支气管黏膜充血、出血，气管内充满渗出液	牛氨中毒
气管可能有小出血	牛硝酸盐和亚硝酸盐中毒
支气管和纵隔淋巴结水肿、出血	牛副流感

十一、气管、支气管有泡沫状液体

病变	疾病
气管、支气管黏膜有出血，并有大量泡沫状液体	牛氢氰酸中毒
气管有白色泡沫，肺充血	牛有机磷中毒
气管有多量泡沫状黏液	牛流行热
支气管和气管内充满白色泡沫状液体	牛霉麦芽根中毒
气管、支气管内充满白色泡沫和清水	牛白苏中毒
气管有血色泡沫	牛细菌性血红蛋白尿
气管、支气管充满水肿液	牛蓖麻籽中毒

病变	疾病
气管、支气管充满泡沫状液体	奶牛菜籽饼中毒
气管、支气管黏膜有少量出血点，其中有黄红、灰白黏稠分泌物，有的弥漫性充血、出血，气管内充满红色泡沫状液体	牛毒芹中毒

十二、气管、支气管有溃疡和腐臭液

病变	疾病
呼吸系型：气管、大支气管黏膜高度发炎，有浅溃疡，并覆有腐臭黏液性、脓性分泌物	牛传染性鼻气管炎

十三、气管有瘤胃内容物

病变	疾病
有的气管中有瘤胃内容物	牛尿素中毒

十四、支气管有虫体

病变	疾病
支气管均被虫体阻塞，多时可达 300～500 条（雄虫长 40～55 毫米，雌虫长 60～80 毫米）	牛网尾线虫病

第十二节　心包、心

牛的心包为一纤维浆膜性囊，包于心脏外围，心包的形状与心相适应，纤维层相当薄，强固而缺少弹性。由左右两条纤维带（心包胸骨韧带）系着于胸骨、肋骨间，距膈 2.5 厘米，腔内有少量透明的心包液。成年牛的心平均重量为 2.5 千克，相当于总体重的 0.4%～0.5%，沿正中线纵切，左右两部分重量比例为 4∶3。心骨有两个，位于主动脉口纤维环内，右侧的一个与房室环并列，呈不规则的三角形，其左面凹陷有主动脉瓣附着，骨的长度一般为 4 厘米。左侧心脏骨较小，有时不存在。右缘凹陷，有主动脉瓣的左后瓣附着。在一些传染病、寄生虫病及中毒病的病程中受到侵害，心包、心内外膜甚至心肌发炎、出血，心肌变性，心包积液，尤其心包距膈很近，如网胃曾存有缝针且针尖朝前，当网胃前后收缩时，缝针很容易穿透膈而进入心包，引起创伤性心包炎，进而刺入心肌引起心肌溃烂成洞。

一、心包发炎、积液

病变	疾病
心包、心肌、心内膜充血、出血，心包积聚大量渗出液，有时有纤维素渗出物，甚至有大量的恶臭脓液。有的针或铁丝有一半露在心包之外，有的心肌有一直径1厘米的腔孔，内有一个生锈的缝针	牛创伤性心包炎
心包有积液	水牛类恶性卡他热（水牛热）
心包内积水	牛环形泰勒焦虫病
心包有积水	牛弓形虫病
心包有积液	牛食盐中毒
心包有多量液体	牛恶性水肿
心包积水。心内、外膜下出血。血液黏稠	牛尿素中毒
心包积水，个别多达500毫升	牛青杠树叶中毒

二、心包出血

病变	疾病
心包有点状出血	牛氨中毒

心包膜有瘀血斑，心肌发生变性——牛日射病和热射病

肺炎型：纤维素性心包炎——牛巴氏杆菌病

心包膜出血——牛木贼中毒

心包有弥散性出血点——牛口蹄疫

心包出血——牛氟乙酰胺中毒

心包液增多，暗红色——牛气肿疽

三、心内、外膜出血

心内膜有出血点，血液凝固不良——牛菜籽饼中毒

常无特征性变化，血色暗，心肌松软，心包、心内膜出血——牛氟乙酰胺中毒

心肿大，心肌变性，心内膜、心包膜出血——牛木贼中毒

心内膜可见不整血斑。稍久后，心内、外膜有小出血点——牛有机磷中毒

心内、外膜下出血，血液黏稠——牛尿素中毒

心包有积液，心包膜及心内、外膜均有出血斑点，心肌严重变性——水牛类恶性卡他热（水牛热）

心内、外膜下可见血液外渗——牛青草搐搦（泌乳搐搦）

病变	疾病
心包内积水，心内、外膜有出血斑点，冠状动脉周围及脂肪组织有胶样浸润和出血点	牛环形泰勒焦虫病
心内、外膜有出血斑点	牛副流感
心内、外膜出血，心肌柔软	牛瘟
心肌和心内、外膜都有小出血点	牛蓝舌病
心包膜、心外膜点状出血	牛氨中毒
心腔内充满不凝固血液，心表面有点状出血，心内膜有溢血点。心包积液	牛马铃薯中毒
心包积水，个别多达500毫升。心内、外膜均有出血斑点，心肌色淡质脆，如煮肉样	牛青杠树叶中毒
心包液增多、暗红色，心内、外膜有出血斑，心肌变性，色淡而脆。血液暗红色、凝结完全	牛气肿疽
心肿大，心肌软而色淡，心内、外膜和冠状沟有斑点出血	牛无浆体病（边缘边虫病）
心肌、心内膜充血、出血	牛创伤性心包炎
左心房瘀血，呈青紫色，冠状脂肪液化、浑浊，血色浸润。左心室内膜有出血斑。右心室扩张柔软，前腔静脉壶状扩张，血液凝固不全	牛白苏中毒

心内、外膜有出血斑点——奶牛菜籽饼中毒

四、心肌有出血

心肌瘀血或瘀血性出血。心冠、心内膜有出血——牛猪屎豆中毒

心冠和纵沟有出血点，右心室弛缓扩张——牛霉麦芽根中毒

心肌可能有小出血点——牛硝酸盐和亚硝酸盐中毒

心肌有出血点——牛黑斑病甘薯中毒

心肌有出血点——牛钩端螺旋体病

心肌出血严重，出血面积可达 60%～70%——牛蕨中毒

各脏器有不明显的溢血点——牛巴贝斯焦虫病

五、心肌切面有虎纹斑

心包有弥漫性点状出血，心肌切面有淡黄色或灰白色斑点和条纹，好似虎纹斑，质地松软似煮过的肉——牛口蹄疫

慢性中毒：心肌有坏死灶——牛有机氯农药中毒

六、心肌变软、增厚

病变	疾病
血液稀薄，心肌柔软色淡，心房、心室壁变薄，右心房特别显著，有的壁厚仅1毫米左右	牛钼中毒
急性：心肌松软，血液稀薄	牛无机氟化物中毒
右心房、右心室、中隔肌常发生浸润，色灰而增厚	牛白血病

七、血液鲜红、暗黑、凝固不良

病变	疾病
血管充血，血液鲜红且凝固不良，尸体不易腐败，长时间呈鲜色	牛氢氰酸中毒
心腔充满凝固不全的暗黑色血液	牛马铃薯中毒
血液凝固不良，呈暗红色煤焦油样，尸体易腐烂	牛炭疽
血液呈油漆状，凝固不良	奶牛菜籽饼中毒

八、心肌有虫卵结节

病变	疾病
心肌有虫卵结节	牛吸血虫病（分体吸虫病）

第十三节　肾、输尿管、膀胱

牛肾的表面由深度不同的沟分成许多多角形叶，叶的大小很不一致，为

20个左右，沟内充满脂肪。右肾呈长椭圆形，稍上下压扁，在前两个或三个腰椎横突的下方。左肾位置很特殊，如瘤胃未充满时则左肾的一部分位于体正中线的左侧，而瘤胃充满时则左肾移向正中线的右侧达右肾的后下方。在肾的周围包盖多量脂肪，称肾脂囊。成年牛肾的重量为600～700克，一般左肾比右肾约重30克，两肾总重量相当于体重的0.2%。牛肾缺少肾盂，输尿管的起始端是由两个薄壁、相当大的输出管即肾大盏汇合而成（相当于肾盂）。每个肾大盏分出许多小支构成漏斗状的肾小盏，每个肾小盏围拥一个肾乳头。

左肾输尿管出肾门（在右侧）绕过肾的外侧面，再经背侧面过体正中线到左侧，向后走进入膀胱。

牛的膀胱比马的长而细，伸展到腹腔部分也较长，后端狭窄称膀胱颈，接尿道。

当一些传染病、寄生虫病、中毒病发生时，肾和膀胱会发生一些病理变化。

一、肾肿大、充血、发炎

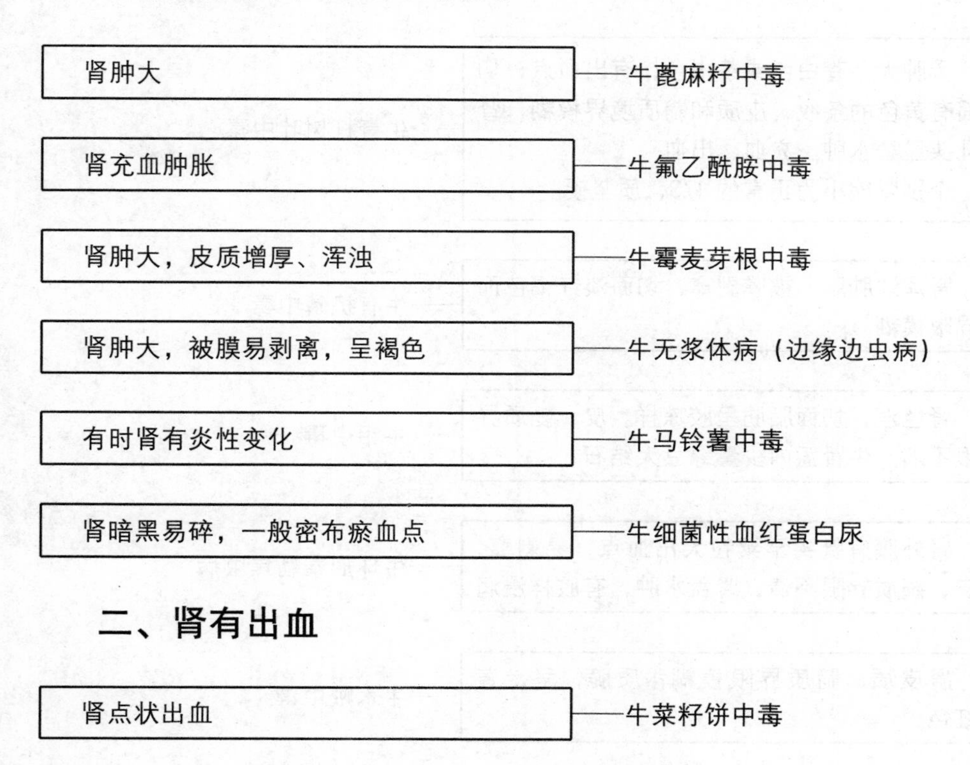

急性：肾充血，死亡时常有出血——牛铅中毒

慢性：肾高度肿大，呈暗棕色，常有出血点——牛铜中毒

慢性中毒：肾肿大，明显出血，被膜不易剥离，肾小管上皮脂肪变性——牛有机氯农药中毒

肾被膜有出血点——奶牛菜籽饼中毒

肾有少数出血斑——牛马铃薯中毒

三、肾肿大、皮质和髓质界线模糊

肾肿大：苍白色或茶褐色，有出血点，切面有黄色的条纹，皮质和髓质境界模糊，肾乳头显著水肿、充血、出血
个别肾缩小为正常的1/3，质坚硬——牛青杠树叶中毒

肾浑浊肿胀，被膜剥离，切面淡红褐色而界限模糊——牛有机磷中毒

肾色淡，切面脂肪呈胶冻样。皮、髓质界限不清。牛肾盂内少量绿豆大结石——牛钼中毒

肾外膜有针尖至粟粒大出血点，易剥离，皮、髓质界限不清，肾盂水肿，有胶样浸润——牛环形泰勒焦虫病

肾皮质、髓质界限模糊，质脆，呈土黄红色——牛木贼中毒

四、肾有化脓、坏死、梗死灶

病变	疾病
肾肿大柔软，被膜不易剥离，表面见有灰黄色纹状化脓灶。髓质、皮质切面呈楔状或有线条状小脓肿，其周围有出血。肾盂明显扩张，其中充满黏液和脓液，肾盂黏膜肿胀、肥厚、充血、出血、坏死和溃疡。肾乳头明显变性、坏死	牛肾盂肾炎
肾肿大，严重者肿大2倍。病久肾外膜与肾部分粘连，病肾灰黄色小化脓灶和坏死灶，呈斑点状，切面有楔状病变	牛细菌性肾盂肾炎
肾有出血点，稍肿。有灰色病灶	牛钩端螺旋体病
肾浑浊、肿胀，有灰黄色病灶	牛恶性水肿
肾有大梗死灶	牛传染性胸膜肺炎（牛肺疫）
肾有出血点和坏死灶	牛弓形虫病

五、肾变性

病变	疾病
败血型：肾器质变性	牛巴氏杆菌病
肾有变性	牛日射病和热射病
肾实质变性	牛猪屎豆中毒
慢性：肾变性，肾小球囊增厚变性，肾小管上皮变性、坏死	牛铅中毒

肾脂肪变性——牛尿素中毒

六、肾盂扩张、出血、结石

肾盂有卡他性肿胀，有时有小点出血——牛瘟

肾盂明显扩张，其中充满黏液和脓液，肾盂黏膜肿胀、肥厚、充血、出血、坏死和溃疡，肾乳头明显变性、坏死——牛肾盂肾炎

肾盏、肾盂由于渗出液积聚而扩大——牛细菌性肾盂肾炎

肾盂水肿，有胶样浸润——牛环形泰勒焦虫病

肾盂内有少量结石——牛钼中毒

七、肾小管和肾乳头坏死、出血

肾小管浑浊、肿胀，有坏死灶——牛氨中毒

肾小管上皮有脂肪，肾上腺增大，色变黄——牛妊娠毒血症

肾乳头显著水肿、充血、出血——牛青杠树叶中毒

肾乳头坏死，有渗出物，混有纤维素块、小血块、坏死组织和石灰质——牛细菌性肾盂肾炎

肾上腺肿大、出血，剖面有红黄色汁液——牛环形泰勒焦虫病

八、肾其他病变

病变	疾病
肾也可损伤	牛白血病
肾也有因产气形成多孔的海绵状	牛气肿疽
肾广泛性血铁黄素沉着	牛铜缺乏症
肾有时也可见虫卵结节	牛吸血虫病（分体吸虫病）
肾皮质有灰白色与黄红色相间存在	牛毒芹中毒

九、膀胱充血、肿胀（肥厚）

病变	疾病
膀胱壁增厚，黏膜肥厚，有出血、坏死和溃疡。尿恶臭，含有血、脓、黏液、纤维素块和脱落的坏死上皮	牛细菌性肾盂肾炎
膀胱壁增厚，有数量不定的瘤状物，贮有血尿	牛蕨中毒
急性：膀胱黏膜充血、肿胀、有小出血点，表面覆盖有脓液或黏液。严重者黏膜出血或溃疡、脓肿，表面覆有黄色纤维素膜或灰黄色固有膜性附着物	牛膀胱炎
肾盂、膀胱有卡他性肿胀，有时有小点出血。尿棕色	牛瘟

十、膀胱充血、出血

症状	疾病
慢性膀胱炎	牛铅中毒
膀胱黏膜发红	牛食盐中毒
膀胱黏膜充血，有时有点状溢血。尿液常为红色	牛双芽巴贝斯焦虫病
膀胱出血	牛猪屎豆中毒
膀胱浆膜下可见出血点或线状出血	牛布鲁氏菌病

十一、膀胱积尿

症状	疾病
膀胱充满紫红色尿液	牛细菌性血红蛋白尿
膀胱积有深黄色或红色尿	牛钩端螺旋体病
膀胱积尿，尿色正常	牛无浆体病（边缘边虫病）
膀胱多空虚	牛青杠树叶中毒
膀胱黏膜有少量小出血点	牛毒芹中毒

第十四节　子　　宫

牛的子宫分子宫体、子宫角、子宫颈三部分，子宫体仅 3～4 厘米长，但从外表看有 13～16 厘米，因为子宫角的后部与子宫体由结缔组织和肌组织连接在一起，同时又由一总腹膜覆盖所致。子宫角的长度平均为 35～40 厘米，角的游离缘逐渐变细，所以与输卵管连接部没有什么明显的界限。牛的子宫颈约 10 厘米长，管型呈螺旋形，正常状态闭锁得很坚固，难以张开。子宫颈的阴道部背腹侧稍有不同，腹侧部附着于阴道壁，阴道穹隆向子宫颈背侧深度约 3.5 厘米，而腹侧部与阴道交界处仅有很浅的凹陷。子宫黏膜面散在有卵圆形隆起（子宫绒毛叶阜）约 100 多个，并列成 12 行，子宫绒毛叶阜平均长约 1.5 厘米，宽和厚较短些，妊娠后变大，长 10～12 厘米，宽 3～4 厘米，厚 2～2.5厘米。胎衣外周有相应的凹陷，与子宫绒毛叶阜紧密连接，保证妊娠期间胎儿在胎衣内有稳定的环境，不易流产。

一、子宫破裂

病理变化	疾病
不完全破裂：胎儿产出后有较多的血水流出。手入子宫检查时可摸到撕裂的痕迹，虽可摸到肠管，因隔有子宫浆膜，不能握住肠管 完全破裂：努责突然破裂，出汗，颤抖，沉郁，眼结膜苍白，心跳增速，腹下部较大，腹壁底部可摸到胎儿，手入子宫可摸到裂口，手触裂口可摸到胎儿和肠管 子宫穿孔：在胎儿排出后，于阴门见到肠管	牛子宫破裂

二、绒毛叶坏死

病理变化	疾病
绒毛叶阜部分或全部贫血，呈苍黄色，覆有灰白色或黄绿色纤维蛋白，或覆有脂肪状渗出物或脓液絮片	牛布鲁氏菌病
流产病畜，子宫内膜充血，以至广泛坏死，胎盘子叶常有出血和坏死	牛李氏杆菌病（败血病）

三、流产胎儿病变

胎儿皱胃有黄色或白色黏液絮状物，肠胃和膀胱浆膜下可见有出血或线状出血。浆膜腔有微红色液体，腔膜可能覆有纤维蛋白凝块。皮下呈浆液性浸润。淋巴结、肝、脾有不同的肿胀，有的散在炎性坏死灶，脐带呈浆液性浸润肥厚——牛布鲁氏菌病

流产的胎儿口腔、食管、皱胃、气管可能有出血斑及溃疡——牛病毒性腹泻（黏膜病）

第十五节　全身浆膜、黏膜、肌肉、关节

一、浆膜黄染、出血，黏膜出血

黏膜黄染，逐渐消瘦——牛双腔吸虫病

黏膜和皮下组织黄染——牛钩端螺旋体病

黏膜出血，并有广泛水肿，呈黄色胶冻样浸润，所有黏膜除潮红外，黏膜本身或黏膜下的结缔组织呈胶冻状——牛血斑病

全身浆膜、黏膜出血——水牛类恶性卡他热（水牛热）

二、肌肉苍白或灰白

肌肉呈灰白色或红褐色，多含有气泡——牛恶性水肿

慢性：肌肉苍白如水样或呈煮熟状——牛铅中毒

病部肌肉呈灰色或苍白色——牛霉稻草中毒

三、肌肉有出血、坏死、变性

肌肉有出血，并有广泛水肿。呈黄色胶冻样浸润——牛血斑病

骨骼肌多呈凝固坏死和出血——牛霉麦芽根中毒

慢性中毒：骨骼肌有坏死灶——牛有机氯农药中毒

有的大骨骼肌可在两侧对称地发生数厘米大小的灰黄色病灶——牛副流感

骨骼肌发生变性——牛日射病和热射病

四、病部肌肉产酸气、有气泡

患部皮肤正常或坏死，皮下组织呈红色或金黄色胶样浸润，有的部位杂有出血或小气泡。肿胀部位的肌肉潮湿或特殊干燥，呈海绵状，有刺激性酸酪样气味，触之有捻发音，切面呈一致污棕色，或有灰红色、淡黄色和黑色条纹。如病程较长，肌肉坏死性病变明显——牛气肿疽

五、肌肉内有囊尾蚴

症状	疾病
囊尾蚴在牛体部位的发现率为：咀嚼肌52%，舌肌36%，腹肌4%，腰肌28%，心肌52%，颈肌16%，肩胛外侧肌56%，腹内侧肌4%，枕肌8%，臀部肌48%，肋间肌16%，内部脂肪12%。在组织内的囊尾蚴6个多月已钙化	牛囊尾蚴病（牛囊虫病）

六、关节变性

症状	疾病
犊牛腕关节周围滑液囊的纤维组织层增厚，骨骺板增厚，骨骼钙化缓慢	牛铜缺乏症
关节囊肥厚、出血，周围胶样浸润	牛木贼中毒
慢性：肋骨、桡骨、腕骨、掌骨较大，粗糙、呈白恶质。肋骨松脆，与肋软骨接连部常膨大，极易骨折，牛的腕关节常生骨赘并被大量结缔组织包裹。下颌骨、骨盆、腰椎变形	牛无机氟化物中毒

第十六节　咽喉、食管

牛的咽短而宽广，咽穹隆由一正中黏膜褶（鼻中隔黏膜的延续）分成左右两个凹窝。两侧咽腔壁各有一个比较小的咽鼓管的开口，腹侧接喉。牛的喉头比马紧缩而坚实，由环状软骨（软骨板软骨弓）、甲状软骨、杓状软骨、会厌软骨等构成，吞咽食物时，会厌软骨盖住喉门。喉以下为气管，咽以后为食管。

咽和喉虽属于两个不同的系统，由于太邻近，当咽或喉发炎或有其他病理变化时，常易被波及，尤其是在传染病或中毒时更容易同时受到侵害。

牛的食管是由肌肉围成的管状器，长125～150厘米，起始部位于喉环状软骨前缘正中部，下行至第4颈椎处偏到气管的左侧，一直达第3胸椎再转向气管的背侧面，向后走在胸纵隔内，通过膈的食管裂孔接胃的贲门。食管的颈部比胸部长约13厘米，腹部仅2厘米。其因病导致的病理变化少。

一、咽喉充血、出血

病理变化	疾病
咽喉黏膜轻度发炎，食管黏膜充血	牛酒糟中毒
咽喉部瘀血，呈紫红色	牛白苏中毒
喉黏膜充血，有出血点	牛恶性卡他热
咽喉有出血点	牛猪屎豆中毒

二、咽喉糜烂、溃疡

病理变化	疾病
咽喉黏膜高度发炎，有浅溃疡，并附有腐臭黏液性、脓性分泌物	牛传染性鼻气管炎
主要特征在消化道：口腔黏膜、咽、食管可见充血	牛瘟
咽喉黏膜充血、糜烂	牛狂犬病
在咽喉、气管、支气管黏膜发生烂斑和溃疡	牛口蹄疫

三、咽喉部皮下胶样浸润

病理变化	疾病
咽喉型：喉部和颈皮下及肢部皮下有浆液浸润，切开流出深黄色透明液体，间有出血。咽周围黄色胶样浸润，咽部淋巴结高度肿胀，上呼吸道黏膜潮红	牛巴氏杆菌病

四、食管充血、出血、糜烂

病变	疾病
食管黏膜充血	牛酒糟中毒
食管浆膜有出血点	牛环形泰勒焦虫病

五、食管糜烂

病变	疾病
特征性损害是食管黏膜糜烂，呈大小不等的形状或直线排列	牛病毒性腹泻（黏膜病）
食管可见充血、烂斑、假膜	牛瘟

第十七节　脑、脊髓

牛的大脑覆有三层膜，表层为硬脑膜，紧密附着颅腔内的周壁表面，稍带青白色。蛛网膜为一层纤细而透明的薄膜，位于硬脑膜与软脑膜之间。软脑膜为一层富有脉管的薄膜，密接脑脊髓的表面，被覆面很广，脑面的凹凸部如大脑裂（沟）及小脑表面的裂隙内均有软膜覆盖。

脑位于颅腔，其形状大小与颅腔一致，平均重量约 650 克。大脑为一卵圆形块，左右半球由纵裂分开，表面有大脑沟及圆索状隆起（即大脑回），在大脑额叶前极的表面可见嗅球的上端。枕叶后方脑横裂后方为小脑。小脑成圆形，位于大脑的后方，延脑上方，延脑背侧由小脑覆盖，只能看到 1/3。两侧小脑半球表面有回转及脑沟，回转及脑沟比较狭窄，方向近于横向。脊髓位于椎管内，属中枢神经的一部分，前端自枕骨大孔起，后端达荐骨中部。

在脑发生炎症或有些传染病、寄生虫病、中毒病侵害脑、脊髓时，使脑、脊髓产生病变。在特殊情况下才对脑部进行剖检。

一、脑膜充血、出血

病理变化	疾病
软脑膜小血管充血、瘀血，轻度水肿，有的具有小出血点，切面蛛网膜下腔和脑室内的脑脊液增多，浑浊，含有蛋白质絮状物。脉络丛充血，灰质与白质充血，并有散在小出血点，有的大脑皮层、基底核、丘脑、中脑、脑桥等部位有针尖状或粟粒大出血点 慢性：软脑膜肥厚成乳白色，并与大脑皮层密接。镜检脑实质硬化灶周围有星状胶质细胞增生	牛脑膜脑炎
主动性充血：硬脑膜有大量血液，软脑膜变成红色，沿血管周围有出血点。皮层灰质呈淡灰或红灰色，白质是淡红或褐红色，切面流血滴，脑实质具有充血性斑点	牛脑及脑膜充血
脑及脑膜的血管高度瘀血，并有出血点，脑脊液增多，脑组织水肿	牛日射病和热射病
生前有神经症状的：脑和脑膜可能有充血、炎症和水肿，脑脊髓液增加，浑浊，含有很多细胞，脑干变软，有小脓灶	牛李氏杆菌病
硬脑膜、脑侧室及脉络膜充血	牛尿素中毒
脑和脑膜肿胀、充血、出血，大脑、小脑、延脑的神经胞浆内出现内基氏小体	牛狂犬病
脑充血，轻度水肿	牛毒芹中毒

病变	疾病
脑及软脑膜充血	牛酒糟中毒
脑及脑膜瘀血、出血	牛猪屎豆中毒
脑膜充血，脑质软化。脊髓液增多而稍浑浊。坐骨神经干束膜呈线条状、点状或弥漫性出血，神经干周围疏松组呈胶样浸润和出血	牛霉麦芽根中毒

二、脑充血、出血

病变	疾病
脑充血、出血	牛食盐中毒
被动性充血：脑回及其间沟中小血管与迂曲的静脉管剧烈充血，脑膜及脑实质为鲜红或暗红色，窦内充满血液，甚至有凝血块，小血管有小出血点。脑脊髓液量增多，切面流出血液，如伴发瘀血性水肿时，脑的体积和重量增加，脑沟展平	牛脑及脑膜充血
急性：脑有水肿，皮层严重充血，斑状出血 慢性：为层状脑皮质坏死，内皮和星状细胞增生，神经小胶质细胞积聚，软脑膜有部分伊红细胞浸润	牛铅中毒
脑血管充血、出血	牛有机氯农药中毒
脑、脊髓充血	牛木贼中毒

三、脑有出血性梗死

脑部少数病例有坏死和出血性梗塞，大部分病灶在白质中——牛环形泰勒焦虫病

四、脑及脑膜有结节

如脑及脑膜发生结节，则癫痫发作和运动障碍——牛结核病

五、脑、脊髓有瘀血、肿瘤

脑脊髓血管扩张，大脑纵裂横裂、脑沟瘀血，甚至局限性出血——牛白苏中毒

脊髓硬膜外壳里有肿瘤结节，脊髓因受压而萎缩变形。脑的病变少见——牛白血病

六、大脑淀粉样变并有空泡

肉眼看不出明显变化。组织学检查以灰质的空泡为特征。其空泡样变的神经元呈双侧对称分布，构成神经纤维网的神经元突起内有许多小囊状空泡（脑海绵样变），神经元胞体膨胀，内有较多的空泡。大脑呈淀粉样变，空泡样变主要分布于延脑、中脑部中央灰质区、丘脑、下丘脑侧脑室、间脑，而小脑、海马区、大脑皮质、基核的空泡样变较轻微。对病变脑组织抽提常可收集到类痒病蛋白纤维，故认为疯牛病为类痒病——牛海绵状脑病（疯牛病）

七、脑有脑包虫

病理变化	疾病
前期急性死亡的见有脑膜炎及脑炎病变。还可见到六钩蚴在脑膜移动留下的弯曲伤痕 后期病畜可找到一个或更多的囊体在大脑、小脑或脊髓的表面，有的嵌入脑组织 与病变或虫体接触的头骨骨质变薄、松软，甚至穿孔，使皮肤向表面隆起 寄生部位常有脑炎变化（渗出性炎或增生性炎），靠近多头蚴的脑组织有时出现坏死	牛多头蚴病（脑包虫病）

第十八节 犊牛病的病理变化

犊牛的疾病，可能因病程短，或因可治愈，或因病理变化不明显，致有些病缺少病理变化的检验记录，因此描述不够完整。

一、腹膜、腹腔

病理变化	疾病
纤维素腹膜炎：有时可见肝（营养不良）与横膈膜，大肠、小肠与腹膜有纤维素粘连	犊牛衣原体病
急性：腹膜有出血点	犊牛沙门氏菌病
腹腔有不甚透明或浑浊的液体	犊牛莫尼茨绦虫病
腹腔有黄绿色腹水，大网膜有红色肉芽组织	犊牛菜籽饼中毒

二、瘤胃

病理变化	疾病
瘤胃黏膜充血、出血	犊牛菜籽饼中毒

三、网胃

病理变化	疾病
网胃黏膜充血、出血	犊牛菜籽饼中毒

四、皱胃

病理变化	疾病
皱胃黏膜有出血点	犊牛沙门氏菌病
皱胃有大量凝乳块，黏膜充血、水肿，皱褶有出血	犊牛大肠杆菌病
胃有乳汁和凝乳块	犊牛轮状病毒病
皱胃斑点状弥漫性出血	犊牛菜籽饼中毒

五、肠

病理变化	疾病
急性：小肠黏膜有出血点	犊牛沙门氏菌病
胃肠有炎症，肝与膈，大肠、小肠与腹膜有纤维素粘连	犊牛衣原体病
肠道有坏死病变	犊牛坏死杆菌病

病变	疾病
肠黏膜弥漫性出血，黏膜易脱落，肠管菲薄、充血，有灰黄或灰黑液状内容物	犊牛轮状病毒感染
肠淋巴滤泡肿大，有白色或灰色小病灶，有些部位有直径4～15毫米的溃疡，表面有凝乳块 直肠黏膜肥厚，有出血点，内容物褐色，恶臭，有纤维薄膜和黏膜碎片	犊牛球虫病
肠有血块、气体、恶臭，小肠黏膜上皮脱落，直肠也有同样变化	犊牛大肠杆菌病
肠黏膜有明显出血点，小肠莫尼茨绦虫寄生处有卡他性炎，曾见一水牛犊小肠内有200多条绦虫。有时可见肠扩张臌气、肠套叠等现象	犊牛莫尼茨绦虫病
空肠后段和回肠充血、出血	犊牛菜籽饼中毒

六、肝

病变	疾病
病程长时，肝肿大、色淡，有坏死灶	犊牛沙门氏菌病
肝肿大变性	奶牛菜籽饼中毒
肝肿大、硬而脆，表面粗糙，断面有槟榔样花纹。有的病例肝由深色变成灰白色，最后成土黄色	犊牛白肌病
肝苍白，有时有出血点	犊牛大肠杆菌病

病变	疾病
发生坏死性肝炎时呈土黄色，其中散布多种黄白色质坚实、周围有红晕、大小不同的坏死病灶	犊牛坏死杆菌病

七、胆囊、胆汁

病变	疾病
胆囊增大 2~5 倍，胆汁深绿而稀薄	犊牛黑斑病甘薯中毒
病程较久：胆汁变稠而浑浊	犊牛沙门氏菌病

八、脾

病变	疾病
脾肿大	犊牛衣原体病
急性：脾充血、肿胀 病程较久：脾有坏死灶	犊牛沙门氏菌病
脾有针尖大出血点	犊牛菜籽饼中毒

九、肠系膜淋巴结

病变	疾病
肠系膜淋巴结肿大	犊牛大肠杆菌病
肠系膜淋巴结水肿，有时出血	犊牛沙门氏菌病
急性肠系膜淋巴结肿胀、充血	犊牛衣原体病
肠系膜淋巴结肿胀发炎	犊牛球虫病

肠系膜淋巴结水肿，纵隔淋巴结瘀血——犊牛菜籽饼中毒

十、肾

肾苍白，有时有出血点——犊牛大肠杆菌病

左肾有梗死，右肾有虎斑色彩——犊牛菜籽饼中毒

肾营养不良，包膜下常出血——犊牛衣原体病

肾充血肿胀，实质有出血点和灰色的斑状灶——犊牛白肌病

病程较久：肾肿大，有坏死灶——犊牛沙门氏菌病

十一、膀胱

膀胱黏膜有出血点——犊牛沙门氏菌病

原始的管状膀胱从脐向后有一部分与腹壁粘连，断脐后不能被中韧带和圆韧带向上提升至骨盆，致积尿不能上扬，由尿道排出而破裂——犊牛先天性膀胱粘连和破裂

十二、胸腔、胸膜

胸腔有不甚透明或浑浊液体——犊牛莫尼茨绦虫病

胸腔积水多——犊牛黑斑病甘薯中毒

有时见胸膜炎——犊牛衣原体病

十三、心

心包液增多，有纤维蛋白块。心内膜有血斑——犊牛菜籽饼中毒

心、内外膜出血。心肌营养不良——犊牛衣原体病

急性：心壁有出血点——犊牛沙门氏菌病

心内膜、心包膜有明显出血点，心包有不甚透明或浑浊的液体——犊牛莫尼茨绦虫病

心肌扩张变薄，以左心室为明显，多在乳头肌内膜有出血点，心内外膜有黄白色或灰白色与肌纤维方向平行的条纹斑——犊牛白肌病

心内膜有出血点——犊牛大肠杆菌病

十四、肺

肺有淡红色病灶，经常肺膨胀不全。有时见胸膜炎——犊牛衣原体病

肺有气肿——犊牛菜籽饼中毒

病程长的肺部有病变——犊牛大肠杆菌病

病程较久：肺部常有炎区——犊牛沙门氏菌病

肺有坏死病变，可继发坏死性化脓性胸膜炎——犊牛坏死杆菌病

十五、肌肉、关节

病变部肌肉（骨骼、腰、背、臀、膈肌）变性，色淡如煮肉样，呈灰黄色或黄白色的点状、条状、片状不等，横断面有灰白色、淡黄色斑纹，质地变脆、变软、钙化——犊牛白肌病

肌肉色淡——犊牛莫尼茨绦虫病

髋、膝、跗关节发炎——犊牛衣原体病

病程较久：关节有胶冻样液体——犊牛沙门氏菌病

病程长的关节也有病变——犊牛大肠杆菌病

十六、脑

大脑充血——犊牛衣原体病

十七、瘀血

尸体可见有瘀血，很少有明显的内出血——犊牛蕨中毒

皮下有明显瘀血——犊牛菜籽饼中毒

第四章

各种牛病的主要症状、病理变化和实验室诊断

牛病的诊断，主要依靠观察病牛表现的临床症状，如有死亡，通过剖检所见各脏器的病理变化进行诊断，如果是传染病、寄生虫病或中毒病，还需要通过实验室诊断找到病原体或毒物成分，结合饲养管理、流行病学等外在因素进行综合分析，方可确诊。只有确诊后采取有效的防治措施，才能获得防治效果。本章将对各病的诊断要点进行叙述，以供诊断参考。在分析过程中，如要排除相类似的疾病，可参阅《实用牛马病临床类症鉴别》有关疾病的“类症鉴别”项目，将有助于分析确诊。

第一节　普　通　病

1. 牛口炎

主要症状　口腔黏膜潮红、肿胀，麦芒刺伤重时有溃疡，覆有纤维素，流涎，无传染性。

2. 牛腮腺炎

主要症状　一侧耳下腺肿胀、热痛，吃草缓慢。如两侧同时发炎，吞咽、呼吸困难。呼吸发出鼾声，流涎。

3. 牛咽炎

主要症状　吃草吞咽困难，咽部红肿，外部触诊敏感，流涎。

4. 牛食管阻塞

主要症状　绝食，口贮唾液，流涎。瘤胃臌胀，喝水由鼻孔流出。胃导管受阻，不能进入瘤胃。

5. 牛前胃弛缓

（1）主要症状　吃草、反刍减少，甚至废绝，瘤胃内容物按压粉样或柔软，瘤胃蠕动音减弱。一般体温、呼吸、心跳无异常。

（2）主要病理变化　瘤胃、瓣胃黏膜易剥离（如吃稻壳，瘤胃、网胃、瓣胃黏膜全部脱落）。

6. 牛瘤胃积食

主要症状　瘤胃充满内容物，左肷隆凸，按压硬如木板，蠕动音弱，吃草、反刍很少，积食过多，气喘。

7. 牛瘤胃膨胀

主要症状　左肷隆凸，重时高过脊背，按压触不到瘤胃内容，叩之鼓音，呼吸困难，烦躁不安，不能卧下，针刺瘤胃有大量气体逸出。

8. 牛瘤胃酸中毒

主要症状　采食较多的富含碳水化合物的精料，瘤胃 pH 下降至 6 以下（尿 pH4～5），左肷下陷，按压柔软，蠕动音弱或听不到蠕动音，行走无力，懒于行动，粪酸臭。

9. 牛过食豆类病

主要症状　偷吃黄豆过多，瘤胃轻度臌胀，蠕动音弱，针刺瘤胃放不出气（泡沫阻塞针孔），粪灰白色、含有豆瓣、恶臭。导管洗胃可见豆瓣、豆渣。行动无力。

10. 牛创伤性网胃炎

（1）主要症状　体温稍高（39～40.5℃），吃草、反刍减少，瘤胃蠕动音弱。脚踢剑状软骨后方有疼痛感，卧时很小心，前肢先跪下，后躯忽左忽右扭动多次才会小心卧下。金属探测仪阳性反应。

（2）主要病理变化　网胃壁某局部肥厚，有铁针包埋于胃壁肌层中。也见网胃有直径 3 厘米的大孔，使网胃与膈、瓣胃、瘤胃粘连成一个盲囊。有时刺伤处与瓣胃、皱胃粘连。

11. 牛创伤性心包炎

（1）主要症状　体温稍高（39～40℃），吃草、反刍减少后废绝，瘤胃蠕动音弱。心跳每分钟 100 次左右，听诊有拍水音，叩诊心区有疼痛。卧时很小心，前肢先跪下，后躯忽左忽右扭动多次方能小心卧下。

（2）主要病理变化　心包、心肌、心内膜充血、出血，心包积贮大量液体，有时有纤维素或恶臭脓液。心包或心肌内有铁针或铁丝。

12. 牛瓣胃阻塞（扩张）

（1）主要症状　吃草、反刍减少，瘤胃反复臌胀，蠕动减弱。病初有腹痛，后消失。在右肋弓上方、腰椎横突下方，用手向里向下按压或在肋软骨下方向里向上按压，可触到圆球状硬块（这个硬块即阻塞的瓣胃）。粪球干小，外表黑褐色，将粪球掰开，内容物为黄色。

（2）主要病理变化 瓣胃体积增大几倍至十几倍，内容干燥坚硬，瓣叶间的内容如硬纸板样，瓣叶表面黏膜黏附于干燥内容物的表面。

13. 牛皱胃阻塞（扩张）

（1）主要症状 吃草、反刍减少或废绝，瘤胃蠕动弱。在右肋软骨下方按压有硬块，有敏感，扩张时该硬块可延伸到膝襞前。直肠检查：掌心向瘤胃自上向下摸，手背触到的硬块即皱胃。所排的粪不论干稀均黑色，粪球掰开内部也是黑色。

（2）主要病理变化 皱胃体积增大几倍至十几倍，皱胃内容除瓣皱孔附近为粥状或较软，其余均干燥，有的紧贴黏膜，皱胃黏膜充血有溃疡，幽门部红肿。

14. 牛皱胃炎

（1）主要症状 吃草、反刍减少或废绝，瘤胃轻度臌胀，蠕动弱。右肋弓后缘至肋软骨下方按压敏感（无硬块），磨牙，严重时腹痛。粪干外附黏液或下痢。

（2）主要病理变化

① 急性 皱胃壁充血、肿胀，覆一层黏液膜，幽门部血色浸润，胆囊有出血点。

② 慢性 皱胃黏膜呈青灰、灰黄或灰褐色，有血斑、溃疡。

15. 牛皱胃溃疡

（1）主要症状 吃草、反刍减少或废绝。右肋弓后缘至肋软骨向里按压有疼痛，粪不论稀干均黑色。病久出现神经症状。

（2）主要病理变化 多数在幽门和胃底部黏膜褶皱上有大小不等、圆形、边缘整齐的溃疡，有的皱胃与腹壁粘连。

16. 牛皱胃变位

主要症状 多发于产奶量大的母牛分娩之后。

（1）左方变位 腹痛，左侧最后 3 个肋骨区比对侧膨大，叩之有钢管音，在第 11 肋间可听到与瘤胃蠕动音不一致的皱胃蠕动音。如用针头穿刺放出的液体 pH1～4，无纤毛虫，呈棕褐色。

（2）右侧变位 腹痛，瘤胃臌胀，粪有时稀，含有血液或黑色。听诊器按于右腹，在最后两肋上叩诊，可听到乒乓音，出现酮尿。

17. 牛肠阻塞

主要症状 吃草、反刍停止，瘤胃内液体多，蠕动弱。有排粪姿势但不排粪，而排白色胶冻样黏液。初有腹痛，前肢扒地，后肢蹴腹，2～3 天后腹痛消失。用拳摸右腹壁出现晃水音。

18. 牛肠扭转

主要症状　吃草、反刍停止，腹痛，有排粪姿势而不排粪，排白色胶冻样黏液，用拳摸右腹有晃水音，在右肋弓后下方可触到拳大扭转的肠管，有压痛。

19. 牛肠卡他

主要症状　吃草、反刍减少，瘤胃蠕动减弱，粪便时干如球，时稀如粥或水样，逐渐消瘦，使役易疲劳。

20. 牛黏膜性肠炎

（1）主要症状　吃草、反刍减少，瘤胃蠕动弱，腹痛，排粪含草少，有灰白色管状或长条的黏液膜排出，黏液膜排出后腹痛减轻或消失。

（2）主要病理变化　病变多在回肠，肠内有稀薄白色液状内容，并有灰黄至褐色的黏液膜呈管型，长 0.5～1 米，部分附于肠黏膜上，肠腔狭窄。

21. 牛肠炎

（1）主要症状　体温较高（40～41℃），眼结膜充血，尿少色黄。粪稀，含有黏液，排粪时里急后重，严重时粪含褐色黏液或血丝、血液，粪腥臭。

（2）主要病理变化　肠内容物混有血液，恶臭。肠黏膜有出血或溢血斑，甚至坏死或溃疡。

22. 牛妊娠毒血症

（1）主要症状

① 奶牛怀孕最后 6 周发病，不吃草、不反刍，心跳、呼吸正常，头颈肌肉震颤，头高举，昏迷，卧地不起，粪稀。7～8 天死亡。

② 肉牛产前 2 个月发病，烦躁不安，共济失调，站立困难，不吃，常伏卧，呻吟，腹泻，粪黄白色有恶臭，最后昏迷，安静死亡。

（2）主要病理变化　肝显著肿大，苍白黄色，质脆多脂，肾上皮有脂肪，肾上腺增大，伴有皱胃炎（寄生虫性）、瘤胃炎（真菌性）。

23. 牛腹膜炎

主要症状　腹壁触诊敏感，行动和卧下小心，腹围逐渐增大，触诊波动（有腹水），用拳摸两侧腹壁均有晃水音。在剑状软骨后方 10～15 厘米腹白线右侧 2～3 厘米处，用针头穿刺腹壁有腹水流出。

24. 牛鼻息肉

（1）主要症状　鼻孔有胶冻样肉柱露于鼻孔外。

（2）主要病理变化　息肉的根起始于额窦或上颌窦的黏膜上。

25. 牛副鼻窦炎

主要症状　一侧流黏性或脓性鼻液，呼吸有鼾声，鼻窦叩诊浊音。圆锯术见窦内贮黏液或脓液。

26. 牛咽鼓管贮脓

主要症状　呼吸有鼾声，下颌支角后方有小肿胀波动，切开排出大量脓汁。有时流鼻液。排脓后鼾声消失。

27. 牛气管炎

主要症状　咳嗽，气管听诊有湿啰音或咕噜音，用手捏气管即咳嗽。

28. 牛支气管炎

（1）主要症状

① 急性　体温升高 0.5～1℃，初短咳、干咳、痛咳，3～4 天后变湿咳，频繁时 1 小时咳 3～4 次，每次 7～8 声，听诊先干啰音后湿啰音。

② 慢性　体温无变化，咳嗽可延续数月或数年。早晚进出牛舍、采食、运动时引起剧烈咳嗽。肺气肿时胸部听诊清音后移。

（2）主要病理变化　支气管扩张充血，黏膜发红有条纹，也见瘀血，内有先稀后稠渗出液。

29. 牛支气管肺炎

（1）主要症状　体温 40.5～41℃，肺音粗厉，以后有啰音，初干咳，后湿咳。

（2）主要病理变化　肺的病组织不含空气，初暗红后灰红，新生病变区充血显著，炎症病灶周围有代偿性气肿。

30. 牛胸膜炎

（1）主要症状　体温 39～40℃，能长久站立不愿卧下，不愿走动。听诊胸部有摩擦音，叩诊胸部有疼痛并加剧咳嗽，叩诊还有水平浊音，体躯姿势变动（前高后低或前低后高）水平线随之变动。

（2）主要病理变化　胸腔有大量淡黄或红黄色胸水，间有纤维蛋白片，胸膜增厚，肺萎缩。

（3）实验室诊断　白细胞增多，核左移。

31. 牛胸腔积水

主要症状　体温高 1℃，胸腔积水多时，呼吸浅表而困难，叩诊有水平浊音，在左侧第 7 肋间（右侧第 6 肋间）肩部水平线交叉点靠肋骨前缘，先将皮肤稍向前或向后拉一点再用针头穿刺胸壁，排出胸水，这样可使皮肤覆盖肋间针孔，避免空气进入胸腔。

32. 牛肝炎、肝肿大

(1) 主要症状 体温39～40℃，废食，肝区叩诊疼痛，粪时干时稀，色稍淡，并有异臭，右肋弓向里按压肝有疼痛，眼结膜稍黄染。

(2) 主要病理变化 肝肿大、边缘钝圆，病稍长肝缩小，边缘变薄。

33. 牛脑及脑膜充血

(1) 主要症状

① 主动充血 体温有时稍高，先沉郁，后哞叫、啃槽，行为粗暴狂奔，皮肤过敏，战栗，抵墙，爬槽，眼结膜充血。

② 被动充血 精神沉郁，失神，垂头站立，有时头抵墙或抵槽，感觉迟钝。不愿采食。体温无异常。有时癫痫发作，痉挛和抽搐。

(2) 主要病理变化

① 主动充血 硬脑膜含有大量血液，脑软膜成红色，沿血管周围有出血，皮层淡灰色或灰红色，白质呈淡红或褐红色，切面流血。

② 被动充血 脑回沟间静脉充血，脑膜脑实质鲜红或暗红色，窦内充满血液，沿小血管有出血。脑脊液增多，切面流血液。

34. 牛脑膜脑炎

(1) 主要症状 体温40～41℃，精神沉郁，意识障碍，兴奋时咬牙切齿，眼神凶恶，抵角甩尾，发出吼声。乱闯、爬槽。

(2) 主要病理变化 脑软膜小血管充血瘀血。轻度水肿，有小出血点，蛛网膜下脑室脑脊液增多。脉络丛充血、出血，灰质、白质充血、小点出血。

35. 牛日射病和热射病

(1) 主要症状

① 日射病 体温40℃以上，初沉郁，共济失调，突然倒地，四肢作游泳动作，瞳孔先扩张后缩小，兴奋时狂躁不安，全身麻痹，常发生痉挛性抽搐。

② 热射病 体温42～44℃，剧烈喘息，晕厥倒地，可视黏膜发绀，静脉瘀血，窒息死亡。

(2) 主要病理变化 脑及脑膜高度瘀血，并有出血点，脑组织水肿，脑脊液增多，肺充血水肿，胸膜、心包、肠黏膜都有瘀血、浆液性炎，肝、肾、心脏、骨骼肌变性。

36. 牛脊髓损伤及震荡

主要症状

(1) 椎体束损伤，相应支配效应区出现肌肉痉挛性收缩。

（2）腹角损伤，相应支配效应区肌肉松弛麻痹。

（3）背角损伤，相应支配效应区肌肉感觉丧失。

（4）脊髓根传导障碍，损害部位以下的部分运动机能紊乱，引起失调，但感觉仍在。

（5）脊髓节半侧损伤，对侧知觉麻痹，同侧皮肤感觉过敏。

（6）颈部脊髓全横径损伤，四肢麻痹，瘫痪，膈神经与呼吸中枢联系中断，呼吸停止，立即死亡。如部分损伤，全身肌肉抽搐痉挛，粪尿失禁或便秘、尿闭。

（7）胸部脊髓全横径损伤，受害部分后方麻痹和感觉消失，腱反射亢进。后肢痉挛性收缩，前肢痉挛性强直。

（8）腰部脊髓全横径损伤，如在前部，臀、后肢、尾感觉和运动麻痹。如在中部，膝与腱反射消失，后肢关节不能保持站立。如在后部，尾及后肢感觉和运动麻痹，大小便失禁。

37. 牛癫痫

主要症状　突然口、眼抽搐，四肢震颤，站立不稳，摔倒抽搐，四肢乱蹬，口流白沫或血沫，约几分钟或几十分钟即恢复正常，隔一段时间又会发生，如此反复。每次间隔时间逐渐缩短。

38. 牛脑震荡

主要症状　由外力造成，轻的踉跄倒地，失去知觉，经过时间不长即恢复。重的倒地昏迷，知觉丧失，瞳孔散大，呼吸、心跳增数，不久恢复正常。

39. 牛脑损伤

主要症状　昏迷，失去知觉，抽搐或麻痹，间或癫痫发作。一侧受损伤则转圈。小脑、前庭、迷路受损伤时，运动失调或前后仰滚，头不自主摇摆。脑干受损时，意识障碍，角弓反张，四肢痉挛，眼球震颤，瞳孔散大。颅骨骨折，局部肿胀，热痛，昏迷，全身痉挛。

40. 牛肾炎

（1）主要症状

① 急性　体温 40～41℃，运动腰背僵硬强拘，肾区敏感，尿频或尿少。直肠检查肾肿痛。尿中含大量红细胞时尿呈粉红、深红或棕红色。后期，眼睑、胸腹下、阴囊水肿，尿中非蛋白氮增高呈尿毒症，意识障碍，昏迷，全身肌肉阵发性痉挛，呼吸困难，腹泻。

② 慢性　全身虚弱、乏力，眼睑、胸腹下、四肢末端水肿。

（2）实验室诊断　血中非蛋白氮可增至 1.16 毫克/毫升，尿中尿蓝母可增至0.04毫克/毫升。尿残渣有少量红细胞、白细胞、肾上皮细胞。

41. 牛肾盂肾炎

(1) 主要症状　体温39～40℃，也有41℃。腰背僵硬，肾区按压疼痛，尿频、量少。有脓时尿液浑浊。直肠检查：肾肿大，触痛。肾盂有脓时，输尿管膨大。

(2) 主要病理变化　肾肿大、柔软，表面有灰黄条纹，切面有脓肿，肾盂扩张、有脓液，输尿管有脓疱。

(3) 实验室诊断　尿检有红细胞、白细胞、脓细胞、肾盂上皮。尿液涂片镜检可见病原体。

42. 牛膀胱炎

(1) 主要症状

① 急性　常作排尿姿势，尿量少，有时尿成滴状。直肠检查：按压，膀胱壁肥厚、有疼痛。

② 慢性　症状与急性相似但较轻，无排尿困难，病程较长。直肠检查：膀胱壁肥厚，稍敏感。

(2) 主要病理变化

① 急性　膀胱黏膜充血、肿胀、有小点出血，严重时黏膜出血、溃疡、脓肿，表面附有纤维素。尿中含有凝血块。

② 慢性　膀胱黏膜肥厚呈皱襞状，膀胱壁增厚。

(3) 实验室诊断　尿检有白细胞、红细胞、膀胱上皮细胞。化脓时尿中有脓液；出血时尿中有血液或凝血块；纤维蛋白性时尿中有纤维蛋白膜或坏死组织碎片，并有氨气。

43. 牛膀胱麻痹

主要症状　尿少、不尿或滴尿不成泡。直肠检查：膀胱充满尿液，按摩或压迫膀胱，即有尿排出，持续压迫可排出大泡尿。

44. 牛膀胱结石

主要症状　排尿有障碍，在体躯改变适当姿势时，结石位置被移动则排尿顺畅。直肠检查可摸到膀胱内的结石。

45. 牛尿道炎

主要症状　排尿不成泡，有时涓涓细滴或滴尿，排尿时有疼痛，公牛阴茎勃起，母牛踩脚。黏膜破损时尿的最初部分含血。

46. 牛尿道阻塞

主要症状　排尿如滴，有时可见血，有时阻塞尿道的结石在龟头即可发现，自龟头至S状弯曲检查尿道，可发现尿道有坚硬的阻塞结石（曾见一例系成团的麻皮）。如一天以上不见排尿，表现腹痛后安宁，直肠检查时摸不到理应充满尿液的膀胱，说明膀胱已破裂（下腹膨大，按压有波动，腹壁穿刺有尿液流出）。

47. 牛尿毒症

（1）主要症状

① 真性（又称氮血症性尿毒症）　嗜睡，也有的兴奋痉挛，腹泻，呼出气有尿味，有痒感。好喝水。阵发性喘息。

② 假性（又称抽搐性尿毒症或肾性惊厥）　突发癫痫性痉挛及昏迷，流涎，瞳孔散大，反射增强，阵发性喘息，衰弱无力。卧地不起。

（2）实验室诊断　血中非蛋白氮含量增加。

48. 牛荨麻疹

主要症状　体温升高1～2℃，头、颈、肩、背、胸、臀部皮肤突然出现直径2～5厘米、大小不等的圆或椭圈形扁平肿块，擦痒，皮肤因擦痒而损伤。

49. 牛皮肤瘙痒症

主要症状　有时全身或局部发痒，擦痒或啃咬皮损脱毛。

50. 牛湿疹

主要症状　大多数发生于前额、项、尾部、背腰、后肢系凹，初红斑，后水疱、脓疮、瘙痒、擦痒、脱毛、出血，范围逐渐扩大。

51. 牛血斑病

（1）主要症状

① 黄牛　鼻黏膜先现小血点后成血斑，皮下组织出血性肿胀，黏膜表面有渗出液，如干燥即结痂皮。鼻、唇、颊部、眼睑肿胀如河马头。呼吸困难。

② 水牛　突然不吃、战栗。肘膝关节、肌肉肿胀，四肢上部水肿，行走不灵活，鼻干，结膜潮红。

（2）主要病理变化　皮肤、黏膜、皮下组织、内脏均出血、水肿、黄色胶样浸润。肠壁常有溃疡，甚至穿孔。

（3）实验室诊断　原因还不清楚，可能属于一种变态反应素质。血检红细胞、血红蛋白减少，白细胞增多。

52. 牛蜂窝织炎

主要症状　局部大面积肿胀、热、剧痛，扩大迅速，体温升高（39～40℃）。如发生在四肢上部，显跛行。

53. 牛骨软症

主要症状　有异嗜（啃墙、啃桩、啃槽、啃泥土），吃草缓慢、时多时少，行动强拘，尾端柔软可折叠。

54. 牛风湿症

主要症状　行动强拘，常现交叉跛行，行走中强拘、跛行逐渐减轻或消失，休息后再走又显强拘或跛行。

55. 牛腐蹄病

主要症状　病初蹄间皮肤潮红、肿胀，出现溃疡、恶臭，跛行。

第二节　产科疾病

1. 牛流产

主要症状　孕牛表现腹痛，起卧不安，呼吸增数，常做排尿姿势，尿频而量少，而后阴户流少量黏液。

2. 牛胎水过多

主要症状　孕牛腹部膨大，不愿卧下，卧下不愿起立。直肠检查：子宫充满液体、有波动，不易触到胎儿。

3. 孕牛浮肿

主要症状　浮肿先从腹下、乳房开始，逐渐延至前胸和阴户，按压捏粉样留有压痕，有时波及跗、球关节。

4. 牛阴道脱出

主要症状　病牛卧下时，阴户露出乒乓球大红色阴道内壁，站立时即缩回，随着病程能增至拳大、排球大，站立时也不能缩回。严重时阻碍排尿，如用手将脱出阴道复位，随即排出大泡尿。

5. 牛子宫扭转

主要症状

（1）怀孕早期子宫扭转，时常发生腹痛，停止吃草、反刍，注射止痛药后即恢复吃草、反刍。阴道检查：可见阴道壁呈顺时针或逆时针旋转。直肠检查：子宫有麻花样扭转。

（2）分娩扭转　分娩时努责，不见胎衣露出，阴道检查：阴道黏膜作顺时针或逆时针旋转。直肠检查：子宫麻花样扭转。

6. 牛子宫颈狭窄

主要症状　预产期已到，努责而不见胞衣排出，阴道检查：子宫颈口开张不大而仅开一小口（四度），或仅两前肢伸出子宫颈口（三度），或两腿及胎头颜面露出子宫颈口（二度），或两前肢及胎头拉得出时可通过（一度）。

7. 牛阴门狭窄

主要症状　多发生于年青初产孕牛，胎儿前蹄及胎头已露出阴门，阴唇紧包胎头而不能排出。

8. 牛胎儿腹水过多

主要症状　胎儿前肢及胎头已出子宫颈口，母牛努责排不出胎儿。手入子宫颈口，可摸到胎儿腹部膨大有波动，卡于骨盆口不能拉出。

9. 牛胎势异常

主要症状　两前肢已进入产道，头颈未进入产道而歪向一侧，唇鼻抵于肩部（头颈侧弯）。或两前肢已入产道，手入子宫首先摸到胎儿气管、下颌，胎额贴于背脊（头向后仰）。或胎儿两前肢已入产道，手入子宫可摸到胎儿头颈抵于骨盆口（头向下弯）。

10. 牛前腿姿势异常

主要症状　胎头已进入产道，手入子宫可摸到屈曲的腕关节抵于骨盆口（腕部前置）。或胎头鼻唇已露于阴门，手入子宫摸到肘关节屈曲，肩端抵于骨盆口（肘关节屈曲）。或于阴门见到胎头和一前肢，手入子宫摸到另一侧肩部抵于骨盆口（一侧肩部前置）。或阴门见到胎头而不见前肢，手入子宫摸到胎儿两肩抵于骨盆口（两侧肩部前置）。或见两前肢的蹄尖不在下颌两侧的下方，而在胎儿头顶之上（两腿置于颈上）。

11. 牛后肢姿势异常

主要症状　分娩努责，已流胎水，不见胎儿，手入子宫，摸到胎儿跗关节抵于骨盆口（跗部前置）。或手入子宫，胎儿臀部、尾根抵于骨盆口（坐骨前置或坐胎）。

12. 牛胎位异常

主要症状　胎儿两前肢抵于阴道侧壁，胎儿的下颌向左或向右（正生时的侧位）。或胎儿腹部向上，背脊向下（正生时下位）。或手入子宫先摸到胎儿跗关节，胎儿腹部向上，背脊向下（倒生时下位）。

13. 牛胎向异常

主要症状　手入子宫，胎儿肢体抵骨盆，摸到胎腹、头或臀部向上或向下（腹部前置的竖向）。或摸到胎儿背脊，胎头或臀部向上或向下（背部前置的竖向）。或手入子宫摸到胎儿脊背，头或臀部向左向右（背部前置的横向）。或手入子宫摸到胎儿肢体及腹部，头或臀向左或向右（腹部前置的横向）。

14. 牛子宫破裂

主要症状

（1）不完全破裂　胎儿产出，有较多血水流出，手入子宫可摸到裂口痕迹，因隔有子宫浆膜，可触到肠管但无法握捏肠管。

（2）子宫完全破裂　胎儿未产出，出汗，努责停止，可视黏膜苍白，手入子宫可摸到子宫裂口，手出裂口可摸到胎儿和肠管。

（3）子宫穿孔　在胎儿排出后有肠管脱出，手入子宫可摸到穿孔部位。

15. 牛子宫内翻或脱出

主要症状

（1）子宫内翻　胎儿产出后仍努责，手入阴道可触到圆球状物，如延续时久发生坏死则流恶臭分泌物，排尿困难。

（2）子宫脱出　子宫内翻进一步发展为完全脱出于阴户外，可见子宫黏膜诸多突出的子叶，有时胎衣未脱落，附着于子宫黏膜上。排尿困难。

16. 牛子宫出血

主要症状　分娩后，母牛卧倒时有血水从阴门流出，可视黏膜苍白。

17. 牛胎衣不下

主要症状　分娩后 12 小时胎衣尚未完全排出，露出一部分悬挂于阴门外。

18. 牛生产瘫痪

主要症状　多发于奶牛，也发于黄牛。主要发生于分娩前后，四肢震颤，不愿走动，四肢末端凉，几小时之后即不能站立而卧倒，昏迷，体温偏低（35～36℃）。

19. 奶牛酮病

（1）主要症状　常在产后几天或几周发病，呼出气与乳汁有丙酮气味，拱背，嗜眠。少数狂暴，常现转圈、吼叫、空嚼。

（2）实验室诊断　尿酮粉试验阳性。

20. 母牛产后血红蛋白尿

主要症状　产后 2～4 周发病，体温 39.5℃，排血红蛋白尿，可视黏膜黄染，贫血。

21. 母牛产后子宫内膜炎

主要症状　产后阴门流出腥臭分泌物，卧地时分泌物增加，尾根有黏液或黏液干结物。直肠检查：子宫膨大柔软，按压有痛感，并增加分泌物排泄量。

22. 母牛产后败血症

主要症状　产后体温 40～41℃，阴门排含血液液体或豆渣样组织碎片。

呼吸、心跳均超过每分钟100次。沉郁、呻吟，死前体温下降。

23. 母牛产后脓毒血症

主要症状　产后子宫贮脓，体温40℃以上，时高时低。如化脓灶转移，可继发肺脓肿（咳嗽），乳房脓肿（乳房肿、流脓），肾脓肿（直检肾肿痛，尿有脓细胞）。

24. 母牛爬行综合征（“母牛卧倒不起”综合征）

主要症状　常在分娩过程中或产后48小时发病，饮食及粪尿排泄正常，卧倒不能起立。重症四肢抽搐，饮食废绝，急性48～72小时死亡，补磷、钙、钾能有明显改善，但仍不能起立。

25. 牛乳房炎

主要症状

（1）浆液性炎　乳房红肿热痛，乳上淋巴结肿胀，乳汁稀薄、含絮片。

（2）乳池乳管卡他　先挤的乳有絮片，后挤的乳无异常。

（3）腺泡卡他　乳房红肿热痛，乳汁水样、有絮片。

（4）纤维蛋白性炎　常与脓性子宫炎并发，乳上淋巴结肿胀，挤不出乳汁或挤滴清水。

（5）急性脓性卡他性炎　有较重的全身症状，乳汁水样有絮片，数日转为慢性。

（6）乳区萎缩硬化　乳汁稀薄或黏液样，乳少或无乳。

（7）乳房脓肿　乳汁有脓样絮片，有时皮破流脓。

（8）蜂窝织炎　一般与乳房外伤、浆液性炎、乳房脓肿并发，产后生殖器官炎症易继发本病。乳上淋巴结肿胀，乳量剧减，以后乳汁有絮片。

（9）出血性炎　乳房皮肤有血色斑点，乳上淋巴结肿胀，乳汁水样含有絮片、血液。

（10）结核性炎　乳上淋巴结肿胀，无热无痛，乳汁稀薄水样。

（11）钩端螺旋体性炎　乳汁变黄，并常有凝血块。

（12）口蹄疫性炎　乳房皮肤出现水疱，破裂溃烂，波及乳腺时，泌乳减少75%或停止泌乳。

（13）放线菌性炎　乳房弥漫性肿大或局限性硬结，乳汁黏稠混有脓汁。

26. 牛卵巢机能减退、不全

主要症状　母牛发情期延长，或长久不发情。直肠检查：卵巢质地、形状无明显变化，摸不到卵泡和黄体。

27. 牛卵巢萎缩

主要症状　母牛不发情。直肠检查：卵巢缩小如豌豆大。

28. 牛持久黄体

主要症状　发情周期循环停止，不发情，尤其生产之后出现。直肠检查：卵巢有突出的黄体，经5～7天再检查仍有此突出物（黄体）。

29. 牛卵泡萎缩

主要症状　发情期间的发情征状与正常一样，卵泡发育至二、三期因未排卵即开始萎缩。直肠检查，不见卵巢形成黄体。在此期间不论自然交配或人工授精均不能怀孕。

30. 牛卵泡交替发育

主要症状　表现发情有时旺盛有时微弱，有时可长达30～60天。直肠检查：一侧卵巢原来正在发育的卵泡停止发育开始萎缩，而对侧卵巢又有卵泡出现并发育，但不等成熟又开始萎缩。

31. 牛卵巢囊肿

主要症状　发情周期缩短，发情期延长。严重时成慕雄狂。直肠检查：卵巢有一个或几个囊泡，其直径可达5～7厘米（正常卵泡左侧2.36厘米×3.71厘米，右侧2.8厘米×4.3厘米），囊壁紧张无痛，经2～3天再检查时可发现囊肿转移（正常状态应消失）。

32. 牛排卵延迟

主要症状　发情状况正常，但持续时间延长3～5天或更长。直肠检查：间歇再检，卵泡不形成囊肿。

33. 慕雄狂

主要症状　全身强烈兴奋，刨地吼叫，表现性兴奋，让牛随意爬跨或爬跨其他牛，阴唇增大，流黏性液。

34. 牛卵巢肿瘤

主要症状　发情不明显或不发情。直肠检查：卵巢肿大可超过拳大，隔时再检查可能更大。

35. 牛卵巢炎

主要症状　两侧发炎则不发情，一侧发炎则发情周期正常。直肠检查，发病的卵巢肿大（如鸡蛋大），表面光滑，摸不到卵泡和黄体，捏握有痛感。如已化脓，柔软有波动。敏感疼痛。

36. 牛输卵管炎

主要症状　发情正常，屡配不孕。直肠检查：输卵管变粗（筷子粗），握捏有疼痛。

37. 牛慢性子宫内膜炎

主要症状

（1）卡他性　发情周期正常，屡配不孕，阴道有透明或浑浊分泌物排出。直肠检查：子宫变粗、肥厚，按压敏感，并增加阴门排泄物。如积液多则按压有波动感。

（2）化脓性　阴户排脓，阴户周围、尾根黏附脓液或干结物。

（3）隐性　发情周期正常，屡配不孕，直肠检查子宫敏感，不流分泌物。

38. 牛子宫颈炎

主要症状　发情周期正常，屡配不孕，阴门流白色黏液。阴道检查：子宫颈外口稍哆开，弥漫充血、出血。子宫颈管内充血、出血，贮有分泌物。有时炎症消退后，子宫颈口不在正位而偏向一侧。

39. 牛子宫颈管闭锁

主要症状　发情周期正常，屡配不孕，发情时不排黏液，本交后流出精液，阴道检查：子宫颈口无间隙。

40. 牛慢性阴道炎

主要症状

（1）卡他性　阴道黏膜稍苍白，初时红白不匀，黏膜有皱襞，附有分泌物。

（2）化脓性　阴道贮有分泌物，卧时流出。阴道检查：黏膜肿胀，有糜烂或溃疡，组织增生，阴道狭窄。痛苦。

（3）蜂窝织炎　主要症状为阴道黏膜肿胀、充血，触诊疼痛，有脓性分泌物，排尿排粪呈痛苦状。

（4）前庭疱状疹　主要症状为阴门、前庭有透明米粒或萝卜籽大的小结节，色红，逐渐浑浊，增大汇成一片，部分破裂成小溃疡，渗出污垢脓液，不久上皮变成白色小斑。

41. 牛睾丸炎

主要症状

（1）急性　睾丸肿大，有热痛。

（2）慢性　睾丸变硬、变小，无热无痛。

（3）结核病　体温 40℃左右，先附睾发病，继而睾丸发炎肿大，无热无痛，最后形成冷性脓肿。阴茎前部有结节、糜烂。体表淋巴结肿大。

（4）布鲁氏菌病　体温中等发热，睾丸、附睾同时发病。急性肿胀、疼痛，阴茎潮红、肿胀。

（5）衣原体病　精囊、副性腺、睾丸、附睾呈慢性发炎，有的睾丸萎缩。

42. 牛尿鞘炎

主要症状　尿鞘外部肿胀，尿鞘口缩小，外有干结物。触诊敏感，排尿不呈喷射状，尿鞘内贮脓。

第三节　元素缺乏病

1. 牛铜缺乏症

（1）主要症状　贫血，消瘦，被毛变淡（红色变棕红、灰白），关节畸形，有时出现癫痫症状，头颈高昂不断哞叫，肌肉震颤，转圈，多数很快死亡，少数1天以内突然死亡。

（2）主要病理变化

① 牛肝、脾、肾广泛性血铁黄素沉着。

② 犊牛腕关节滑液囊纤维组织增厚，骨骺板增厚。

（3）实验室诊断　血清每毫升含铜量低于0.5微克（正常为奶牛0.5～1.2毫克，犊牛0.8～1.2毫克）。

2. 牛血红蛋白尿

（1）主要症状　（有低磷酸蛋白症的素质）病初1～2天尿由淡红、红、暗红、紫红变至棕褐色，后又由深变淡至无色为止。

（2）实验室诊断　尿潜血阳性。尿沉渣不发现红细胞。血液检查：红细胞每立方毫米100万～200万个。血液无机磷降至0.004毫克/毫升（正常为0.025～0.09毫克/毫升）。

3. 牛碘缺乏症

主要症状　成年牛甲状腺肥大，性周期紊乱，产期拖延，流产、死胎，新生胎儿水肿，厚皮，毛粗稀少。

4. 牛锌缺乏症

主要症状　皮肤瘙痒脱毛，公牛性功能抑制。母牛性周期紊乱，不育、早产、流产，皮肤创伤愈合缓慢。

5. 牛青草搐搦（低镁血搐搦、泌乳搐搦）

（1）主要症状

① 急性　乳牛、肉牛多发，体温40℃左右。肌肉、两耳明显搐搦，过敏，稍有干扰即吼叫狂奔，倒地四肢搐搦，阵发性惊厥（项、背、四肢、眼球震颤，角弓反张，牙关紧闭，空嚼，口吐白沫，尿频）。

② 亚急性　水牛多发，体温不高（37.8℃），突发狂躁，反抗，尿闭，频排粪，听到音响惊厥。流涎。

③ 慢性　迟钝，减食，健康不佳。

（2）主要病理变化　皮下组织，心内、外膜下，胸膜、腹膜及肠黏膜下可见血液外渗。

第四节　眼科病

1. 牛结膜炎

主要症状

（1）卡他性、急性　眼睑肿胀，结膜潮红，羞明、流泪，先浆液性后脓性。

（2）慢性　结膜暗红黄染，增厚，外翻，会因摩擦而出现溃疡。

（3）化脓性　眼睑、结膜肿胀，脓性分泌物，上下眼睑粘连。可能继发角膜溃疡。

2. 牛角膜炎

主要症状　角膜灰白浑浊，重时角膜四周有红晕，羞明、流泪。

3. 牛角膜溃疡

主要症状　角膜灰白，可见（有直径大小不等）角膜表层有缺损，重时向里凹陷，如不及时治疗，溃疡较深，眼前房内皮脱出高凸于角膜，这层内皮破损角膜即穿孔，眼房液流出。

4. 牛虹膜炎

主要症状　羞明、流泪，按眼睑有疼痛，瞳孔缩小，虹膜肿胀，纹理不清，有时眼前房有浑浊分泌物。

5. 牛眼球炎

主要症状　眼球肿大，突出于眼窝，致眼睑合不拢，如有破溃，可见巩膜有洞腔，洞口边缘不正，并有内容物突出。

6. 牛白内障

主要症状　视力障碍，瞳孔显淡灰或白色。

7. 牛传染性角膜结膜炎

主要症状　有传染性，羞明，流泪，触眼睑疼痛，结膜、瞬膜红肿，角膜凸起有白色小点，严重时有溃疡。有时眼前房有脓汁。

8. 牛吸吮线虫病（眼丝虫病）

主要症状　眼结膜潮红、流泪，翻开眼睑，可见结膜囊内有丝虫游动。

第五节　传染病

1. 牛传染性水疱性口炎

（1）主要症状　体温40～41℃，舌、唇发生米粒大水疱，经2～3天水疱破裂、呈鲜红烂斑，有的乳房、蹄部也发生水疱，有传染性，牛、马、猪最易感，山羊、绵羊、犬不易病。

（2）实验室诊断　动物接种，血清学诊断。

2. 牛放线菌病

（1）主要症状　多发于下颌骨、颧骨，肿胀、坚硬、表面不平。发生于舌，舌大变硬（木舌病），露于口外，流涎。

（2）实验室诊断

① 取骨骼病灶中脓汁内的黄色颗粒制片染色镜检，可见中央为革兰氏阳性（紫色）的密集菌体，外围有长杆状外端膨大呈菊花状或放射线排列的革兰氏阴性菌丝。

② 取头部、颈部等软组织脓汁的灰白颗粒制片染色镜检，呈放射线状，较粗的菌丛和放线菌相似，但中心为革兰氏阴性（红色）的小杆状，而放线菌颗粒的中心为革兰氏阳性的丝状菌体。

3. 牛狂犬病

（1）主要症状　体温40～41℃，不断流涎，不断哞叫（最后嘶哑亦叫），目盲，饮水难咽，有时腹痛，有时兴奋冲撞、爬槽。

（2）主要病理变化　口腔、咽喉黏膜充血、糜烂，胃肠黏膜充血、出血。脑脊髓出血。

（3）实验室诊断　大脑海巴角、小脑、延髓的神经细胞的胞浆内出现嗜酸性包含体（内基氏小体）。还可做荧光抗体试验（AF），酶联免疫吸附试验（ELISA）。

4. 牛口蹄疫

（1）主要症状　体温40～41℃，流行时传播迅速。口腔发生水疱，流涎，水疱破裂出现烂斑，体温下降。同时或稍后趾间、蹄冠皮肤也发生水疱，很快破溃，如有感染，化脓、坏死，甚至蹄壳脱落。

（2）主要病理变化　咽喉、气管、支气管、前胃黏膜有溃疡，皱胃、肠有出血性炎。心肌切面有淡黄色或灰白色斑点，或条纹似虎纹斑。质柔软似煮过的肉。

（3）实验室诊断　用水疱液做补体结合试验（CFT），或用病牛恢复期血清进行乳鼠中和试验鉴定毒型。还可用免疫扩张沉淀试验（IDPT），目前已用间接夹心 ELISA 法逐步取代 CFT 法。

5. 牛瘟

（1）主要症状　体温 40～42℃，传播迅速，发病 100%。眼结膜充血、有脓性分泌物，流黏性、脓性鼻液。口黏膜潮红，有粟粒大灰白色突起，后成烂斑，有灰色或黄色被膜，体温下降，腹泻物含黏液、血液、组织碎片，恶臭。尿黄红或深棕色。

（2）主要病理变化　口、咽、食管、气管黏膜充血，有烂斑、假膜，瘤胃、瓣胃黏膜出血烂斑，皱胃砖红或暗红，黏膜下水肿浸润，有小出血，后期有假膜烂斑。大、小肠有出血坏死。胆囊肿大，黏膜出血。肾盂、膀胱肿胀，有时出血。心肌柔软，心内、外膜出血。

（3）实验室诊断　在腹泻前采取淋巴结可提供迅速鉴定牛瘟的补体结合试验和琼脂扩散试验的抗原，后者方法较简单，但敏感性不如前者。以中和试验的准确性较高。

6. 牛恶性卡他热

（1）主要症状　持续高热（41～42℃），眼发炎、流泪，鼻充血、坏死、糜烂，鼻流黏性脓性分泌物可垂至地面。口黏膜肿胀、坏死、糜烂，流涎臭，呼吸、吞咽困难，阴道黏膜红肿。粪稀、恶臭、含血。

（2）主要病理变化　心肌变性，肝、肾浑浊，脾和淋巴结肿大。消化道（尤其是皱胃）部分溃疡。鼻骨、筛骨坏死。喉、气管、支气管充血，有小出血点。

（3）实验室诊断　血清中和试验、补体结合试验、间接免疫荧光试验，琼脂扩散试验、间接酶联免疫吸附试验等。近年来也有人用 DNA 探针和聚合酶链式反应（PCR）确诊本病。

7. 水牛类恶性卡他热（水牛热）

（1）主要症状　体温 40℃以上，流脓性鼻液，鼻黏膜有出血点，易出血不止。眼结膜潮红，流泪。异嗜。下颌、头、颈，胸前、四肢水肿。肩前、膝前淋巴结肿大（可达鹅卵大）。呼吸困难，呼气臭。心音亢进，臀部可以听到心音。血稀不凝固。粪稀、恶臭。

（2）主要病理变化　全身出血性水肿，主要下颌、颈部、胸前黄色胶样浸润。全身淋巴结肿胀，切开干酪样坏死灶。胸腹腔有黄红色积液。全身浆膜、黏膜出血。肝肿大、土黄色，有粟粒大灰黄色坏死灶。胆囊黏膜出血、溃疡。脾肿大、出血、瘀血。心包和心内、外膜有出血斑。肺瘀血、水肿、气肿。

根据临床症状、病理变化及用抗生素无效可以确诊。

8. 牛蓝舌病

（1）主要症状　体温40～42℃，舌肿胀、发绀，后有溃疡，流涎臭。

（2）主要病理变化　皮下组织广泛充血和胶样浸润。心肌、心内、外膜、呼吸道、消化道、泌尿道黏膜有小出血点。瘤胃、皱胃有溃疡。

（3）实验室诊断　琼脂扩散、补体结合反应、免疫荧光技术、抗原捕获、酶联免疫吸附试验具有群特异性。中和试验具有型特异性。

9. 牛沙门氏菌病

（1）主要症状　体温40～41℃，发病24小时便血下痢中含有纤维素片，肠黏液腥臭。下痢后体温下降。

（2）主要病理变化　肠黏膜潮红，间有出血，黏膜脱落，有坏死区。肠系膜淋巴结水肿、出血，肝脂肪变性或坏死，胆囊增厚，胆汁浑浊。

（3）实验室诊断　已用单克隆抗体技术和酶联免疫吸附试验（ELISA）对本病进行快速诊断。

10. 牛病毒性腹泻（黏膜病）

（1）主要症状　体温40～41℃。流鼻液，鼻、口黏膜糜烂，舌面坏死，流涎恶臭。腹泻初水样，后含有黏液、血液。趾间皮肤糜烂、坏死，蹄叶炎。

（2）主要病理变化　口腔、食管有糜烂。瘤胃黏膜出血、糜烂，皱胃炎性水肿，肠壁肥厚，卡他性炎，空、回肠严重。直肠出血、溃疡。

流产胎儿口腔、食管、皱胃、气管可能有出血斑、溃疡。新生胎儿口、蹄有糜烂。

（3）实验室诊断　可用荧光抗体试验、血清中和试验和补体结合试验。目前，已有人制备出牛病毒性腹泻单克隆抗体，建立了酶联免疫吸附试验方法检测血清抗体。用过氧化物酶技术检测牛病毒性腹泻病毒抗原是继荧光抗体之后的较实用、效果较好的方法。

11. 牛副结核

（1）主要症状　病初间歇性腹泻，粪稀薄有黏液、凝血块，有气泡，恶臭。后为顽固性腹泻，下颌、垂皮水肿，消瘦。

（2）主要病理变化　回肠壁增厚数倍，并形成明显的皱褶，肠系膜淋巴结肿大、变软，有黄白病灶。

(3) 实验室诊断

① 用粪便中的黏液块或直肠黏膜的刮取物制成涂片，经抗酸染色后镜检，如见有抗酸性染色（红色）的细小杆菌成堆或丛状排列，则可确诊为本病。

② 用副结核菌素或禽副结核菌素做皮内变态反应检查，凡有弥漫性肿胀，热而疼痛，皮肤增厚1倍以上可判为阳性。对可疑或阴性者，于同处再注射同剂量（0.2毫升）的变应原，再经24小时后检查。

12. 牛弯杆菌性腹泻（牛冬痢）

(1) 主要症状　秋冬突然发病、传播迅速。排棕色或黑色水样粪。严重时才腹痛，起卧不安，拱背战栗，成年牛病情重，犊牛病则较轻。

(2) 主要病理变化　空肠、回肠卡他性炎、出血。

(3) 实验室诊断　血清学试验方法有试管凝集试验、间接血凝试验、补体结合试验、免疫荧光抗体技术、酶联免疫吸附试验等。核酸探针技术也已用于本病的检测。

13. 牛炭疽

(1) 主要症状

① 最急性　突发昏迷，黏膜蓝紫，呼吸困难，濒死天然孔流血。常不显症状即死。

② 急性　体温42℃，呼吸困难，黏膜发绀，有小出血点。有时腹痛，尿暗红。死后尸僵不全，臌胀，天然孔流血。血液凝固不良。

③ 皮肤炭疽　体温40～41℃，在咽喉、颈、胸、腰、外阴及直肠发生肿胀（炭疽痈），初坚硬而有热痛，然后逐渐变冷而无痛感，最后中央部发生坏死，有时形成溃疡。

(2) 主要病理变化　在一般情况下禁止剖检，以免病菌接触空气产生芽孢增强抵抗力，扩散疫情。如有必要剖检时，必须严格避免污染，做好消毒工作。

皮下和肌肉间结缔组织呈黄色或红色胶样浸润，并有出血斑点。全身淋巴结高度肿胀，切面砖红色杂有小点出血，脾急性肿大2～3倍，有时达5倍。脾髓暗红呈糊状。大肠和小肠、胃黏膜下层呈深红色，杂有小出血点。肾、肝、心肌变性，松软易碎。肺充血、水肿。脑和脑膜充血，硬、软脑膜之间有时含有血块。

扁桃体充血、出血、水肿、坏死，并有痂垢覆盖，坏死部分灰褐色。

(3) 实验室诊断

① 生前采静脉或水肿液涂片，自然干燥，用美蓝、姬姆萨或瑞氏染色镜

检，如发现有典型的具有荚膜的炭疽菌，即可确诊。

②沉淀反应 取死于炭疽的动物尸体组织，与特异的炭疽沉淀血清相遇，可以发生沉淀，在两液间出现浑浊的乳白色环，即为阳性反应。

14. 牛巴氏杆菌病（牛出血性败血病）

（1）主要症状

① 咽喉型 体温 40～41℃，咽喉肿胀热痛，口流涎，呼吸困难。

② 败血型 41～42℃，呼吸加快，咳嗽呻吟，腹痛、下痢恶臭，腹泻后体温下降，迅速死亡。

③ 肺炎型 体温 41℃左右，呼吸困难、咳嗽，叩诊胸部疼痛。

（2）主要病理变化

① 咽喉型 颈皮下（有时扩展到胸前部）水肿，切开流出黄色液体。

② 败血型 肌肉、皮下、内脏浆膜、黏膜有出血点，淋巴结肿胀多汁，切面暗红色，有出血点。心肌、肝、肾变性，脾常不肿大。

③ 肺炎型 肺大理石样，弥漫出血，病程进一步发展出现坏死灶，污垢暗红。心包纤维性炎，肝内有坏死灶，胃肠卡他性出血性炎，淋巴结紫色，充满出血点。胸腔有大量纤维性渗出液，胸膜有小出血点。

（3）实验室诊断

① 取病牛心血、水肿液、各器官组织涂片，用瑞氏染液或美蓝染色镜检，可见有多量两极染色的小杆菌。

② 无菌取心血、水肿液、器官组织划线于鲜血琼脂平板上，37℃培养 24 小时，见有细小、湿润、圆形、微隆起、露珠状菌落，在折光下检查时出现蓝绿色或橘红色荧光。

15. 牛副流感

（1）主要症状 体温 41℃，流脓性鼻液，结膜炎，流泪。呼吸迫促，咳嗽。后腹泻，消瘦。

（2）主要病理变化 鼻腔、副鼻窦充满大量黏性分泌物，支气管黏膜充血，充满纤维素块。两侧肺前下部充满纤维素块，膨胀坚硬，切面灰—红肝变。胸腔积液。心内、外膜和胸腺、胃肠黏膜有出血点。大骨骼肌对称性黄色病灶。

（3）实验室诊断 用双份血清做副流感的中和试验或血凝抑制试验。如抗体滴度增加 4 倍及以上为阳性。

16. 牛传染性胸膜肺炎（牛肺疫）

（1）主要症状 体温 40～42℃，呼吸困难，痛咳、短咳，叩诊肋部疼痛。

听诊有湿啰音、摩擦音。垂皮、胸前、腹下水肿。下痢、便秘交替。

（2）主要病理变化　初肺炎病灶大小不一，切面红或灰红色。中期右侧病变为多，肺切面如大理石状（正常小叶与肺炎小叶交叉），部分鲜红湿润，部分干燥灰红。胸腔有黄色浑浊液，胸膜有出血，表面与心包有纤维素沉着。

（3）实验室诊断

① 取肺组织或胸腔渗出液，在血清琼脂上培养3～5天后，形成菲薄透明的露珠样圆形菌落，呈乳房状凸起，不透明。镜检时为革兰氏阴性，呈极为细小的多形性菌体。

② 补体结合反应、琼脂扩散沉淀、玻片凝集试验。

17. 牛传染性鼻气管炎

（1）主要症状

① 呼吸型　体温40～42℃，鼻黏膜高度充血（火红色），有浅溃疡，鼻翼鼻镜坏死（所以又称红鼻病），流大量脓性鼻液，呼出气臭，眼结膜发炎、流泪，奶牛泌乳停止。

② 生殖器型　母牛轻度发热，阴户肿胀并流血样渗出液，黏膜发红形成脓疱，竖尾不安，排尿呈痛苦状。公牛为传染性脓疱性龟头包皮炎，龟头、包皮有脓疱，呈肉芽状外观。

③ 脑炎型　多发于犊牛，共济失调，沉郁，后兴奋，吐沫，惊厥，卧倒角弓反张，甩腿，磨牙。

（2）主要病理变化　鼻、气管有纤维蛋白渗出物，咽喉、气管、支气管也可发现发炎、浅溃疡、恶臭液。可见化脓性肺炎。皱胃黏膜发炎及溃疡。阴道黏膜脓疱联片。

（3）实验室诊断　取病料用牛肾细胞或猪肾细胞组织培养，迅速产生特征性的细胞病变（细胞变圆、皱缩、颗粒增大并凝聚，最后脱落）。也可进行血清中和试验和荧光抗体检查。也可用核酸探针技术。

18. 牛魏氏梭菌病

（1）主要症状　体温不高（38.5℃），突病，呼吸迫促而困难，挣扎冲撞，不避障碍，不久倒地，四肢划动，腹部肌肉震颤，粪尿失禁，哞叫死亡。

（2）主要病理变化　尸僵不全，肛门外翻，肺水肿，皮下小点出血，胸腔有凝血块，心肌有斑状或片状出血。心包有黄绿色积液，脾明显出血，胆囊弥漫出血。膀胱片状出血，瘤胃、瓣胃黏膜脱落，肠内容物酱油状。

（3）实验室诊断　肝触片镜检见革兰氏阳性杆菌（D型魏氏梭菌）。

19. 牛结核病

(1) 主要症状　常见牛的短咳嗽，呼吸增数或气喘，消瘦，体表淋巴结肿大。奶汁稀薄。

(2) 主要病理变化　肺、肺门、头、颈、肠系膜淋巴结有白色或黄色小结节，切开干酪样坏死。胸、腹膜上有结核结节（粟粒大至豌豆大），乳房结核切开有干酪样物。

(3) 实验室诊断　用结核菌素皮内注射或点眼呈阳性反应。

20. 牛钩端螺旋体病

(1) 主要症状　体温 40～42℃，黏膜黄染，尿有大量蛋白和血红蛋白、胆色素，皮肤干裂、坏死、溃疡。

(2) 主要病理变化　皮肤有干裂坏死灶，口黏膜有溃疡，黏膜和皮下组织黄染，心、肺、脾、肾有出血斑。肝肿大泛黄，有灰色病灶。膀胱有黄尿或血尿。

(3) 实验室诊断　在升温之初采血或尿，或在死后 2～3 小时内用肝、肾切片，姬姆萨染色镜检可见红色或紫色菌体，或用血液、尿、肝肾生理盐水稀释后离心，滴玻璃片暗视野镜检，可见菌运动呈 O、S、J 或 8 形。

21. 牛日本乙型脑炎

(1) 主要症状　体温 39～41℃，呻吟，磨牙，痉挛，转圈，四肢强直，昏睡。生下犊牛哺乳困难，步态异常，头震颤。

(2) 主要病理变化　脑呈非化脓性炎。

(3) 实验室诊断　补体结合试验和血清中和试验。

22. 牛李氏杆菌病

(1) 主要症状　头颈一侧性麻痹，弯向健侧，麻痹侧耳下垂、眼半闭。无目的奔跑，有时转圈，强迫运动，不避障碍，项强硬，角弓反张，倒地使之翻身，又恢复过来。孕牛流产。

(2) 主要病理变化

① 有神经症状　脑和脑膜可能充血、炎症、水肿，脑脊液增加，脑干变软、有小脓灶。肝可能有小炎灶和坏死灶。

② 有败血症状　肝坏死，前胃有瘀血斑。

③ 流产病牛　子宫内膜充血至广泛坏死，胎衣子叶出血、坏死。

(3) 实验室诊断　血片镜检，可见 V 形排列革兰氏阳性菌。

23. 牛海绵状脑病（疯牛病）

(1) 主要症状　焦躁不安，恍惚，狂暴，共济失调，四肢伸张过度，容易摔倒，起立困难和不能站立，对音响、触摸过度敏感，擦痒、挤奶时乱踢。

（2）主要病理变化 大脑淀粉样病变，灰质有许多小囊状空泡（脑海绵样病变），主要分布于延脑、中脑部中央灰质区、丘脑、下丘脑、侧脑室、间脑，而小脑海马区、大脑皮质症状较轻。

（3）实验室诊断 以延脑孤束核和三叉神经脊束核的空泡变化来诊断本病，其准确率高达99.6%。

24. 牛细菌性肾盂肾炎

（1）主要症状 公牛少见。频尿，排尿困难，尿少、浑浊带血液。直肠检查：肾肿大敏感，膀胱肥厚有痛感。

（2）实验室诊断 尿沉渣含有蛋白质、白细胞、纤维素、上皮碎屑、小血块。尿液镜检可见棒状杆菌。

25. 牛细菌性血红蛋白尿

（1）主要症状 体温41.5℃，尿暗红，半透明，起泡，进行性贫血。孕牛12小时，公牛、阉牛、非孕母牛3～4天死亡。

（2）主要病理变化 尸僵快，脱水、贫血，有时皮下水肿，胸腔有红色液体，气管内有血样泡沫。肝有贫血性梗死，色较周围组织淡，呈现蓝红色充血带的轮廓，肠内有凝固和未凝固血液。

（3）实验室诊断 溶血性梭菌，红细胞降至每立方毫米150万个。

26. 牛弯杆菌性流产

（1）主要症状 病初母牛阴道卡他性炎，子宫分泌物增多，发情周期可延长1～2月。怀孕5～6个月流产。经第一次感染后再感染时仍能受孕。

（2）实验室诊断 用流产胎膜绒毛叶涂片镜检，可见像胎儿样的弯杆菌。

27. 牛布鲁氏菌病

（1）主要症状 母牛常见腕、跗关节炎。阴道黏膜发炎，有粟粒大结节，流白色或灰色黏液。怀孕6～8个月流产。流产后常继续流污灰色或棕红色分泌物，有恶臭。胎衣常滞留，胎衣有胶冻样浸润，有出血点，绒毛叶部分苍黄色，覆有纤维蛋白絮片或脂肪样物。如胎衣不滞留仍能再次受孕，也会再次流产。

（2）主要病理变化 胎儿皱胃有淡黄色或白色黏液絮状物。胃肠和膀胱黏膜下可见出血点或线状出血，浆膜腔有微红色液体，腔壁上可覆有纤维蛋白凝块，皮下呈浆液性浸润。淋巴结、肝、脾有不同程度肿胀，有的有炎性坏死灶。脐带常呈浆液性浸润肥厚。公牛阴茎红肿，睾丸、附睾肿胀、热痛。

（3）实验室诊断

① 用流产母牛的子宫、阴道分泌物、血液、乳汁抹片镜检，用硫酸脱色，美蓝染色，布鲁氏菌染成橙红色，背景为蓝色。用改良耐酸法染色，布鲁氏菌染成红色，背景为蓝色。

② 还可用血清凝集反应、乳汁环状反应、阴道黏液凝集反应、补体结合反应等进行检验。

28. 母牛传染性鼻气管炎

（1）主要症状　病初体温 40℃以上，阴道黏膜充血、肿胀，阴门有白色小脓疱，阴户前庭和阴道黏膜有特征性的颗粒状外观，继而形成坏死膜，排尿有痛感。孕牛流产。

（2）实验室诊断　肾细胞培养见细胞变性。

29. 牛坏死杆菌病

（1）主要症状　腹侧皮肤干性坏死，皮肤变硬、黑色，毛稀少。蹄底腐烂、恶臭。

（2）主要病理变化　肺、肠有坏死病变，如肝发生坏死性肝炎，呈土黄色，其中有多数黄白色质坚、周围有红晕的坏死灶。

（3）实验室诊断　用匙挖取已消毒病健交界处材料涂片，以石炭酸复红—美蓝染色镜检，可见呈颗粒状染色的长丝状菌或细长的杆菌。也可挤上述所采病料制成悬液注入家兔耳静脉，常在 1 周内死亡，由肝脏采取病料分离培养和涂片镜检，可见坏死杆菌。

30. 牛气肿疽

（1）主要症状　体温 40～42℃，肩、臀部肿胀，初热痛，后冷，按压有捻发音，跛行，不治 24～63 小时死亡。

（2）主要病理变化　肿胀部皮下组织呈红色或黄色胶样浸润，患部肌肉黑褐色，压之有捻发音，触之易烂，切开流出暗红或褐色酸臭杂有气泡的液体。肾、肝稍肿大且呈暗褐色，有豌豆大到核桃大的坏死灶，切开有大量液体和气泡流出。

（3）实验室诊断　取病牛肿胀部肌肉、水肿液或死牛肝表面涂片染色后镜检，可见单个或两个连在一起的无荚膜、有芽孢的气肿梭菌。

31. 牛恶性水肿

（1）主要症状　体温 40～41℃，伤口周围（多在颈部）炎性水肿，扩大迅速，初硬热痛，后变无热无痛，按压有捻发音，黏膜发绀，3～4 天死亡。

（2）主要病理变化　肿部组织黄色浸润，有腐败酸臭味和气泡。肌肉呈灰白或暗褐色，多含有气泡。脾、淋巴结肿大，偶有气泡。肝、肾浑浊，有灰黄色病灶。胸腔和心包有多量液体。

（3）实验室诊断 用病组织触片染色镜检，可见长链的腐败梭菌。

32. 牛痘

（1）主要症状 体温上升0.5～1℃，母牛乳房、乳头、公牛阴茎出现红色丘疹，1～2天形成豌豆大圆形或椭圆形水疱，疱面上有凹窝，内有透明液体，渐成脓疱，经10～15天结痂痊愈。水牛痘仅发于水牛耳部皮肤，间在眼周围。

（2）主要病理变化 可能见口、鼻、咽、气管、支气管等黏膜有卡他性炎或出血性炎，也可能有痘的病变。

（3）实验室诊断 一般在细胞浆内有包含体（大小为5～30微米），有些痘病在包含体内还有一种更小的颗粒，称为原质小体。也可采用琼脂扩散沉淀试验、血凝试验、血清中和试验、免疫荧光抗体技术、酶联免疫吸附试验及PCR技术等进行诊断。

33. 牛白血病

（1）主要症状 体温正常或稍高，曾见一例41℃，体表淋巴结肿大，垂皮、胸膜下水肿。

（2）主要病理变化 淋巴结肿大，切面突出灰白色。心肌浸润，色灰增厚。脊髓外壳有结节。

（3）实验室诊断 血液检查，白细胞每立方毫米4万～30万个。

34. 牛破伤风

（1）主要症状 牙关紧闭，两耳直立，瞬膜外露，颈部、四肢强直如木马，尾翘起，听到音响或触摸即惊恐，不能吃喝，流涎。

（2）主要病理变化 血液紫色，凝固不良，肺充血、水肿、有出血点。脑脊髓充血、出血。

（3）实验室诊断 取病料捣碎稀释后注于小鼠尾根部，3天后小鼠腿伸直如木棒，出现全身肌肉痉挛等破伤风症状。采用免疫荧光技术检验。

35. 牛流行热

（1）主要症状 多发生于8～10月，传染迅速，体温40℃以上，有的发病有跛行，行走一段时间跛行减轻或消失。或呼吸迫促、每分钟60～80次，喘气如拉风箱。呼吸音粗厉。大量流涎，眼结膜潮红、流泪。3～5年或7～8年流行一次。

（2）主要病理变化 肺显著增大、水肿、气肿，肺尖叶、心叶和肺叶前部发生灰红色或黑红色肝变区。淋巴结充血、肿胀、出血。骨骼肌、心、内外膜、膀胱、舌、肾皮质轻度充血。

（3）实验室诊断　用中和试验、琼脂扩散试验、免疫荧光抗体技术、补体结合反应试验以及酶联免疫吸附试验等都能取得良好检验结果。

36. 牛莱姆病

（1）主要症状

① 急性　体温升高，动作机敏。

② 慢性　乳房有红色疹斑，向四周扩散，中央平整，四周隆起。关节肿胀。有些牛出现血红蛋白尿、贫血、流产或产弱仔。

（2）实验室诊断　目前普遍应用的是免疫荧光抗体试验和酶联免疫吸附试验，而以后者较为敏感。

第六节　寄生虫病

1. 牛同盘吸虫病（前后盘吸虫病）

（1）主要症状　吃草、反刍减少，瘤胃蠕动减弱，顽固腹泻，粪腥臭。消瘦，下颌水肿。黏膜苍白。洗胃有成虫出现。

（2）主要病理变化　在瘤胃可见有大量成虫，在小肠、胆管、胆囊内可见到童虫。

（3）实验室诊断

① 血液检查每立方毫米红细胞 300 万个左右，血红蛋白浓度降至 40%～50%。白细胞增多，嗜酸性粒细胞占 10%～30%。

② 用水洗沉淀法在粪中找到虫卵［虫卵较大，（114～176）微米×（73～100）微米，无色或淡灰色，卵黄细胞较少］。

2. 牛肝片吸虫病（肝蛭病）

（1）主要症状　吃草、反刍减少，经常腹泻，眼结膜苍白，下颌、垂皮、胸下水肿，周期性瘤胃臌胀。

（2）主要病理变化　肝肿大，表面有纤维素沉着，出血，有暗红色虫道，内有凝固的血液和很小的童虫，胆管扩张、增厚。

（3）实验室诊断

① 漂浮法　将粪便 10 克置于硝酸铅溶液 100 毫升中（将 650 克硝酸铅溶于 1 升热水中）混合后，通过 60 目筛滤入烧杯中，静置 0.5 小时，则虫卵上浮，用直径 5～10 毫米铁丝圈与液面平行接触以蘸取表面液膜，抖落在玻片上镜检。

② 沉淀法　先取粪10克，加5倍水混合均匀后，用两层纱布过滤，静置半小时后，将上层清液轻轻抽出倒掉，如此反复3～4次，至上清液透明无色为止，然后吸出少数沉渣置玻片上镜检，可见肝片吸虫的虫卵［金黄色卵，长（0.13～0.14）微米×（0.07～0.09）微米］，椭圆形，卵壳薄，一端有一小卵盖，卵内充满许多卵黄细胞。

3. 牛吸血虫病（日本分体吸虫病）

（1）主要症状　急性体温40℃以上，食少，精神差，呆立不动，感染20天后腹泻，里急后重，粪中带有黏液、血液、块状黏膜，腥臭。日渐消瘦，黏膜苍白。

（2）主要病理变化　肝的表面和切面可见到粟粒大至高粱米大白色或灰黄色的小点（虫卵结节）。初期肝肿大，日久肝萎缩、硬化。严重的肠系膜也有虫卵结节，对日光照视可找到成虫（雄虫乳白色，雌虫暗褐色，常呈合抱状态）。

（3）实验室诊断　用粪便沉淀孵化法检查出毛蚴。虫卵大小（70～100）微米×（50～65）微米，椭圆形，淡黄色，卵壳较薄，无盖，壳侧上方有一小刺。卵内含有一个毛蚴。

4. 牛阔盘吸虫病（胰吸虫病）

（1）主要症状　贫血，颈、胸部水肿，下痢粪有黏液，消瘦。

（2）主要病理变化　胰表面不平，色调不匀，有小出血点，胰管肥厚，管腔黏膜不平，有许多小结节，有点状出血，内有虫体。有的胰萎缩或硬化。

（3）实验室诊断　粪便检查可发现虫卵。虫卵黄棕色或深褐色，椭圆形，两侧面不对称，一端有卵盖，大小（42～50）微米×（26～32）微米，内含一个椭圆形毛蚴。

5. 牛双腔吸虫病

（1）主要症状　黏膜黄疸，逐渐消瘦，下颌水肿，下痢。

（2）主要病理变化　寄生于胆管，胆管壁发炎增厚，肝肿大，被膜增厚，将肝在水中撕碎，用连续洗涤法可查到虫体（虫体灰白色，扁平透明呈柳叶状，体长5～15毫米，宽1.5～2.5毫米）。

（3）实验室诊断　粪便检查时可见到虫卵。

6. 牛囊尾蚴病（牛囊虫病）

（1）主要症状　最初几天体温40～41℃，战栗，虚弱，腹泻，甚至反刍停止。长时躺卧，可能引起死亡。如感染后8～10天能耐过，症状即消失。

（2）主要病理变化　在咬肌、舌肌、腰肌、心肌、腹肌、颈肌、肩胛外肌、肋肌、臀肌等肌间有囊尾蚴，经6个月多已钙化。

（3）实验室诊断　生前诊断很困难。可用血清方法诊断。

7. 牛住肉孢子虫病

（1）主要症状　腰无力，短期后肢瘫痪。通常不出现临床症状。

（2）主要病理变化　牛住肉孢子虫长1厘米或大一些，主要寄生于牛的横纹肌、心肌和食管。

8. 牛网尾线虫病

（1）主要症状　体温39.5～40℃，咳嗽逐渐频繁，气喘和阵发性咳嗽。流黄色鼻液，呼吸困难，消瘦。

（2）主要病理变化　皮下水肿，胸腔积水。肺肿大，有大小不一的肝变，大、小支气管均有虫体阻塞（雄虫长40～45毫米，雌虫长60～80毫米）。

（3）实验室诊断　用幼虫检查法，在粪便、鼻液中可见到第一期幼虫。

9. 牛无浆体病（边缘边虫病）

（1）主要症状　体温40～41℃，粪金黄色。眼睑、咽喉、下颌水肿。流泪、流涎。体表淋巴结肿大，眼结膜瓷白色、黄疸。尿清亮有泡沫。

（2）主要病理变化　皮下组织黄色胶样浸润，下颌、颈浅淋巴结肿大，切面多汁、出血，心肌软、色淡，心内、外膜斑点出血。脾肿大2～3倍，有出血点。肝肿大、黄褐色，胆囊肿大，胆汁浓稠、呈暗绿色。肾褐色。皱胃、大肠和小肠有出血。

（3）实验室诊断

① 体温升高，未用药前采血镜检可对虫体形态进行鉴定。

② 目前多采用补体结合反应和毛细管凝集反应。还可采用卡片凝集反应，出现颗粒状凝块者为阳性。

③ 血液检查　每立方毫米红细胞90万～190万个，血红蛋白减少至20以下，白细胞13 000～16 000个。淋巴细胞显著增加（65%～77%）。

10. 牛双芽巴贝斯焦虫病

（1）主要症状　体温40～41℃，粪橘黄色，消瘦、贫血，血红蛋白尿（也有时没有）。

（2）主要病理变化　皮下组织充血、黄染、水肿。脾肿大2～3倍，有出血点；脾髓暗红色。肝肿大，黄红色有少数出血点。皱胃、小肠黏膜水肿，有出血点。膀胱充血、溢血，贮红尿。

（3）实验室诊断　高温时采外周血，可检出红细胞内有双芽巴贝斯焦虫（虫体长度超过红细胞半径，成对的梨形虫体尖端相连成锐角）。

11. 牛巴贝斯焦虫病

（1）主要症状　体温40～41℃，消瘦，黄疸，黏膜苍白，经常流涎、流泪，磨牙，舐土，血液水样不易凝固。在血红蛋白尿3～4天后体温下降，尿色变清。病情逐渐好转。

（2）主要病理变化　大体上与双芽巴贝斯焦虫病相似，脾的肿大更严重，肿大过度而破裂。脾髓色暗，脾细胞突出，肝发黄、肿大，胃、小肠有卡他性炎。

（3）实验室诊断　血检方法同于双芽巴贝斯焦虫病。其特点为：大部分虫体位于红细胞边缘部分（约占80%），梨形虫体的长度小于红细胞半径，其大小为（1.5～2.4）微米×（0.8～1.1）微米，成双的虫体以其尖端相对形成钝角。具有一团染色质，病的初期以环形和边虫形的为多，以后出现梨形虫体。

12. 牛环形泰勒焦虫病

（1）主要症状　体温39～41.8℃，初期肩前、鼠蹊淋巴结肿大，有痛感。眼结膜稍红。中期40～42℃，下痢与便秘交替，粪有黏液和血液。黏膜黄红色，角膜灰白，流泪。血稀薄（每立方毫米红细胞200万～300万个，血红蛋白降至20%～30%）。后期，反应迟钝，卧地不起，在眼睑、尾根和薄嫩的皮肤出现粟粒大至扁豆大小的深红色结节状的溢血斑点（此为转归不良趋向死亡的征兆）。

（2）主要病理变化　皮肤、尾根下、可视黏膜有出血斑。胸腹两侧皮下有很多出血斑和黄色胶样浸润。肩前和所有其他淋巴结肿大紫红。腹腔有大量黄色腹水，大网膜黄色有出血点。脾肿大2～3倍，脾髓软化紫红色。肝肿大质脆，色灰红或杏黄，被膜有出血点。胆囊肿大2～3倍，胆汁褐绿，混有凝块样的黏稠物。肾被膜易剥离，有针尖至粟粒大出血点，肾盂水肿、有胶样浸润，肾上腺肿大出血。瓣胃内容干，黏膜易脱落。皱胃黏膜肿胀，有出血斑、溃疡斑，并有高粱大至蚕豆大溃疡（边缘隆起红色，中间凹呈灰色）。肠系膜和系膜淋巴结有出血。胸腔有多量淡黄红色液体。心包积水。心内、外膜有出血斑点，心冠周围及脂肪胶样浸润，有出血斑点。肺水肿、气肿，被膜小点出血，支气管、气管、咽喉黏膜有出血斑。少数脑有坏死和出血性梗死。

（3）实验室诊断　体表淋巴结肿痛，全身性出血、全身淋巴结肿大出血，同时皱胃有溃疡斑等特征性病变。红细胞内的虫体又称血液型虫体。环形虫体呈戒指状。姬姆萨染色后，见原生质呈淡蓝色，染色质呈红色。大小为0.8～1.7微米，椭圆形虫体略长略大，长宽比例为1.5：1，两端钝圆，染色质居一端。逗点形虫体一端钝圆，一端尖缩，染色质在钝圆一端，大小为（1.5～

2.1）微米×0.7微米。杆状虫体一端较粗一端较细，弯曲或不弯曲，染色质团在粗端形似钉子或大头针状，长1.0～2.0微米，也有两端钝圆似杆菌状的。圆点状或边虫状虫体没有明显的原生质，由染色质组成，大小为0.7～0.8微米。十字形虫体不常见，由4个圆点状虫体组成，原生质不明显，大小为1.6微米，一个红细胞内的虫体可以有1～12个不等，常见为1～3个。红细胞染虫率为10%～20%，病重者可达90%以上。

网状内皮系统细胞内的虫体又名石榴体（柯赫氏兰体），是唾液中的子孢子接种动物体内后未进入红细胞之前的发育阶段。石榴体寄生于淋巴细胞和组织细胞内，直径为8微米，大的可达15～27微米。在用姬姆萨染色的淋巴结、肝、脾等组织的病料涂片上，可见到被寄生的淋巴细胞、单核细胞的核被挤压到一边，细胞质中的石榴体是由许多着色微红或紫红色的颗粒组成的卵圆形集团。

13. 牛多头蚴病（脑包虫病）

（1）主要症状　站立不稳，左右摇晃，在将要摔倒时才移动脚步站稳。有时头总向一侧偏，转圈，如包囊接近额骨，叩之浊音。

（2）主要病理变化　大脑、中脑可见到虫体，脑有炎性病变。

14. 牛胎毛滴虫病

主要症状　阴道肿胀、有白色絮状分泌物，黏膜上有小疹样的胎毛滴虫结节，触摸粗糙如砂布。怀孕不久即流产。

公牛包皮肿胀，分泌大量脓性分泌物，阴茎上有红色小结节。不愿交配。

15. 牛虱病

主要症状　常擦痒，在耳根、颈、肩、尾根、会阴等处，掀开被毛贴近皮肤处可见到芝麻大黑色虱（有的色淡）在爬动。

16. 牛副丝虫病

主要症状　在颈、肩、背、肋部可见有半圆形小结节，皮破流血成一条线。

17. 牛疥螨病

主要症状

（1）黄牛角基、尾根，渐扩至垂皮、肩侧，严重时延及全身，奇痒。因擦痒、咬啃致皮肤损伤，结成痂皮，皮肤增厚失去弹性，天暖减轻，冬季加重。

（2）水牛的症状与黄牛相似，但寄生部位起疱样变化，表层角质成片脱落。

18. 牛蜱病

主要症状　蜱叮的局部疼痛不安，蜱体形如臭虫而较大，吸饱血如蓖麻子，擦痒、啃咬，大量寄生时贫血、消瘦，常传播焦虫病。

19. 牛盘尾丝虫病

主要症状　夏季发生皮下结节，后期化脓，破溃成瘘管。出现于屈腱时有跛行。皮肤病变中可见到微蚴。

20. 牛伊氏锥虫病

（1）主要症状

① 急性　体温40～41℃，黄疸、贫血，心悸亢进，可突然在数小时内死亡，死后可在1～2小时内在血液中或脏器捡出锥虫。

② 慢性　消瘦、皮肤皲裂，流黄色液体，耳、尾端干枯，有时脱落，一般一肢或四肢腕、跗关节肿胀，轻热稍痛，经久腐烂。体表淋巴结肿胀。血检每立方毫米红细胞300万个，白细胞2万个以上。

（2）主要病理变化　血液稀薄、凝固不全，胸腹腔有大量浆性液。脾显著肿大1.5～2.5倍，瘀血而脆，骨骼肌浑浊、肿胀，呈煮肉样。淋巴结肿胀、出血。肾浑浊肿胀有出血点，瓣胃、皱胃有出血斑，小肠有出血性炎。心肥大，心肌炎切面呈煮肉样。心内、外膜有密集点状出血。脑脊液增多，软脑膜下充血或有出血斑。

（3）实验室诊断

① 采静脉血液混于2倍盐水内，放玻片上观察有无活动的虫体。或用血液、脊髓液涂片，油镜检查有无虫体。

② 用琼脂扩散反应、对流免疫电泳、补体结合反应检测。

21. 牛贝诺孢子虫病

（1）主要症状

① 发热期　体温40℃以上，畏光，喜在暗处，腹下、四肢甚至全身发生水肿。反刍缓慢或停止。巩膜充血，角膜上布满白色隆起的虫体结节，流泪。鼻黏膜发红也有许多包囊。流浆液性黏稠的带血鼻液。咳嗽。

② 脱毛期　皮肤增厚，脱毛、皲裂，流脓性血样液体，长期卧倒皮肤会发生坏死，结硬痂，可能出现死亡。

③ 干性痂皮溢出期　水肿部位皮肤脱毛结成厚痂如橡皮和疥癣。淋巴结仍然肿大。

牛群发病率1%～20%，病死率10%。

（2）实验室诊断

① 切一小块病变皮肤或刮取皮肤深层组织，检查有无包囊和滋养体。

② 死后可在气管黏膜、真皮和皮下等处，见有直径约为0.5毫米大小的白色隆起的虫体结节，其中有大量滋养体。也可用血液接种于家兔，发热期做血液涂片镜检，常可发现虫体。

第七节　中毒病

1. 牛氨中毒

（1）主要症状

① 喝氨水　口腔红肿，流涎，吞咽困难。

② 误食氨化肥　瘤胃臌胀，腹痛，呻吟，呼吸困难，濒死时狂躁大叫。

（2）主要病理变化

① 急性　胃肠黏膜水肿、坏死，内有氨气味，肺充血、水肿，支气管黏膜充血、出血、充满液体。心包、心外膜有出血点。

② 慢性　皱胃黏膜肿胀、充血，小肠有卡他性炎，肾浑浊肿胀，有坏死灶。

（3）实验室诊断　取胃内容物置蒸馏瓶中，加少量氢氧化钠后，氨即被蒸出，石蕊试纸检验呈碱性反应。用玻棒蘸盐酸，靠近氨气，即产生白色氯化铵烟雾。蒸馏出的氨冷却成液体后，取1滴于滤纸上，加奈氏液1滴产生黄棕色沉淀。

2. 牛棉籽和棉籽饼中毒

（1）主要症状

① 成年牛　急性表现瘤胃积食，腹痛，粪初干小，后腹泻，步态蹒跚。慢性表现干眼，目盲。

② 犊牛　食欲下降，腹泻，黄疸，重症佝偻病。

（2）主要病理变化

① 急性　组织广泛出血、水肿，胸腹腔有淡红色渗出液，胃肠出血性炎，胆囊出血性炎。

② 犊牛　脾肿大，肺气肿、充血、出血，黏膜出血性炎。心内、外膜有出血点，心肌炎，肾点状出血，膀胱炎严重。

③ 水牛　肾盂、膀胱有结石，慢性胃肠炎。

（3）实验室诊断　取硫酸3毫升，加适量棉籽或棉籽饼振荡1～2分钟，如呈胭脂红色表示有棉酚存在。

3. 牛蕨中毒

（1）主要症状

① 成年牛　体温 40～41℃，行走不稳，腹痛，粪中常有血块，或在努责时排带气泡的黄红色黏液。可视黏膜苍白（有的黄染），有点状出血。排血尿，初淡红色，严重时鲜红或紫红色，常有凝血块。消瘦、贫血。

② 水牛　眼结膜有出血斑，流粉红色泪，鼻液有血丝。腹下、四肢、股内侧、肛周皮肤有出血斑，粪暗红色、腥臭。体温 39.8～40℃。

（2）主要病理变化　牛皱胃黏膜出血、溃疡，心内、外膜出血严重，尤其心外膜。全身浆膜、黏膜、皮下、肌间点状出血。肝有灶状坏死，胆囊壁有出血斑点和坏死灶，胆汁黑色。膀胱充满血尿，并有大小不同的肿瘤。

（3）实验室诊断　尚无可靠的诊断依据，凭是否采食蕨类植物、症状和剖检病理变化、血液变化作参考。血液色淡而稀薄，凝血时间 17～30 分钟（正常的 25℃下 6.5 分钟），血沉时间平均 1.65 毫米/小时（正常 0.5～0.58 毫米/小时），血小板 7 000～12 000 个/毫米^3（正常 26 万～71 万个/毫米^3），血红蛋白 2.85～10 克/100 毫升（正常为 11 克/100 毫升），红细胞每立方毫米 202 万～377 万个（正常为每立方毫米 630 万个），且有大小不均的现象。白细胞每立方毫米 2 990～8 970 个（正常为 8 200 个）。

4. 牛黄曲霉毒素中毒

（1）主要症状　乳牛多呈慢性经过，厌食，磨牙，消瘦，瘤胃弛缓、臌胀，间歇性腹泻，奶减少，孕牛流产。

（2）主要病理变化　心包、心、肝、肾、骨骼肌均有出血，皮下常形成血瘤。胸腹腔、膀胱有积血，腹水增多。肝有灶性病变和灰白色坏死，胆囊扩张，胆管增生。

（3）实验室诊断

① 取玉米 5 磅（1 磅约等于 0.454 千克），在紫外灯光下观察，如有亮绿色荧光，即为有黄曲霉毒素的玉米，如看不到，还可将玉米碾碎再观察，若仍看不见则为阴性。

② 在平皿中置水芹种子 20 粒，加实验材料和水在室温向阳处培养 7 天，如无黄霉毒素，则水芹种子在 3 天时发芽，如黄曲霉毒素为 25 微克/毫升时，则种子发芽率为 65%，幼苗叶的绿色变淡，如黄曲霉毒素为 50～100 微克/毫升时，则种子发芽率不到 10%，叶色变白。

5. 牛青杠树叶中毒

（1）主要症状　牛采食青杠树叶后，腹痛不安，后坐后退，磨牙，粪干小、外有黏液或连成串珠状。严重时粪金黄色或黑红糊状腥臭。口有溃疡，尿少或无尿。会阴、股内、尿鞘、脐部、下颌、胸前水肿。孕牛病后死胎或流产。

（2）主要病理变化　皮下积有淡黄色胶样液，消化道黏膜有出血斑，口腔有黄豆大溃疡灶。瓣胃黏膜有溃疡，内容物干燥，小肠黏膜水肿、充血、出血、溃疡。大肠黏膜充血、出血，内容物暗红、糊状有恶臭；后段内容物黑成干粪块，表面覆有黏液、血液或为一段黄褐色假膜包裹。胆囊如鸡蛋或小儿头大，囊壁充血、水肿，多有出血斑点。肾苍白或茶褐色、有出血点，切面有黄色条纹。心包积水，个别多达500毫升，心内、外膜均出血点，心肌如煮肉样，胸腔大量积水。

（3）实验室诊断

① 尿液中鞣酸检查。用1％三氯化铁酒精溶液2滴加被检尿2滴，立即呈现灰黑色或蓝黑色，表示尿中含有鞣酸。这种现象是青杠树叶中毒早期未出现症状前的反应，可作为早期诊断的参考。

② 用尿糖试纸或硫酸铜法检测尿中含糖量0.25克/分升（±），0.5克/分升（＋），1.0克/分升（＋＋）2.0克/分升（＋＋＋），2克/分升以上（＋＋＋＋）。

③ 陕西农牧厅史志诚等用气液色谱法检查尿液和胃液中的低分子酚类化合物以确诊本病，简便、快速、灵敏度高。

6. 牛钼中毒

（1）主要症状　食入一些工矿企业（冶金、电子、石油加工、纺织、陶瓷、肥料，颜料、电镀、玻璃等）附近的草或饮水，易引起钼中毒。腹泻（水牛水泻，黄牛糊状泻）物充满气泡。贫血、消瘦、关节痛。结膜苍白。毛色由红变土黄色，由黑变赭色或灰色，皮肤发红有水肿。

（2）主要病理变化　全身脂肪胶冻样。血稀，心肌柔软色淡，心壁变薄。肺灰白色，心叶、尖叶肉变。肾色淡，肾盂有结石，肋骨有骨瘤。

（3）实验室诊断

① 将血清、乳、尿用来福生—巴播氏法处理，以其滤液作检液或用硫酸—硝酸法处理，以其稀释液作检液。将1滴近中性或微酸性的检液置于滴板上，加1粒固体黄原酸钾混合，并用2滴2摩尔/升盐酸处理，如有钼存在，量达0.04微克，即出现由粉红色至紫色的颜色。

② 将提取的微酸性检液滴于滤纸上，加苯肼与冰醋酸（1∶2）混合液1滴，如有钼，则生成红色偶合物。

7. 牛黑斑病甘薯中毒

（1）主要症状 吃了有黑斑病的甘薯及其副产品或培育的甘薯秧苗，体温不高，突发气喘，张口呼吸，胸围扩大，头颈伸直。后期颈部胸背部有气肿，按压有捻发音，久站不卧，如卧下不几分钟即起立，即已濒临死亡。

（2）主要病理变化 早期肺气肿、水肿，肺间质增宽气肿、灰白透明，严重时见到水肿、大小不等球状气肿，胸膜壁有时有小气泡。胃肠黏膜和心内、外膜有出血点。胆囊增大2～5倍。

8. 牛再生草热（牛特异性间质性肺炎）

（1）主要症状 采食化肥、花粉或由瘠薄草原移至茂盛草原突发病，体温38.5～39.5℃，天暖时可达41～42℃。突然气喘，头颈伸直，张口呼吸，呻吟。重时站立不卧，口眼发绀，口吐水沫。

（2）主要病理变化 肺极度膨胀，切面充满泡沫水肿液，叶间有大小气腔，肺实质硬，暗红色，胸膜苍白肥厚。

9. 牛木贼中毒

（1）主要症状 采食的野草有木贼科植物。体温37～38℃，流涎，流泪，可视黏膜黄染，流鼻液，咳嗽，气喘，四肢无力。

（2）主要病理变化 心肿大，心肌变性，心包膜和心内、外膜出血。肝肿大、黄红色，肾土黄色。气管、支气管充血、出血。关节囊肥厚出血，周围胶样浸润。

10. 牛白苏中毒

（1）主要症状 采食白苏发病。闷呛，头颈伸直，张口呼吸，吸气用力，流涎和白沫。体温正常，四肢厥冷，频频排尿。重时，眼球突出，口腔、腹下黏膜发绀，全身震颤，鼻流大量泡沫，口吐大量清水而死。

（2）主要病理变化 皮肤、咽喉瘀血，肺膨胀，附有少量纤维蛋白，气管、支气管充满泡沫，肝瘀血、青紫色。胆囊浆膜附有纤维蛋白，黏膜有出血点，胆汁金黄色，心房瘀血。胃肠水肿出血。脑局限性出血。

11. 牛菜籽饼中毒

（1）主要症状 采食未去毒的菜籽饼而中毒，体温正常或升至40℃，眼结膜苍白、黄染，腹痛、腹泻，目盲，昂头，狂躁不安，有的出现湿疹样过敏。

（2）主要病理变化 胃肠黏膜充血、点状出血，肝灰黄色、松脆。肺瘀血、水肿、气肿。气管、支气管充满泡沫液体。心肌松软，心内、外膜有出血点，血液凝固不良，肾有点状出血。

① 犊牛病变　皮下有显著瘀血，腹腔有黄绿色腹水。大网膜有红色肉芽组织，心包液增多、有纤维蛋白块。心内膜有血斑。瘤胃、网胃黏膜充血、出血。皱胃斑点状弥漫性出血，空肠后段和回肠充血、出血。肺有气肿，左肾有梗死，右肾有虎斑色彩。脾有针尖大出血。肠系膜淋巴结水肿，纵隔淋巴结瘀血。

② 奶牛病变　血液呈油漆状凝固不良。胃肠黏膜充血、出血、脱落，肠壁肿胀。肝肿大变性。肺水肿气肿，气管、支气管充满泡沫液体。心内、外膜有出血斑点。肾被膜有出血点。

（3）实验室诊断　用未经去毒（蒸汽脱毒法、煮沸脱毒法、温水浸泡法、火烧法、冷水浸泡法去毒）的菜籽饼喂牛，引起中毒是必然的。

12. 牛氟乙酰胺中毒

（1）主要症状

① 突发型　突然倒地，惊厥，剧烈抽搐，角弓反张，迅速死亡。有的能暂时恢复，终于死亡。

② 迟发型　采食后 5～7 天发病，空嚼、呻吟、流涎，蹒跚，阵发性痉挛，持续 9～18 小时突倒地抽搐，角弓反张，四肢痉挛，瞳孔散大，口吐白沫死亡。也有的恢复吃草、反刍后又复发。

（2）主要病理变化　常无特征性变化。心肌松软，心内膜出血，肝、肾充血肿胀，严重肠炎。

（3）实验室诊断　取剩余食物、饮水、胃内容物、肝、血液等作检材，用甲醇乙醇浸提法处理。取检液 2 滴于小试管中，加 3.5 摩尔/升氢氧化钠溶液和 13.9％盐酸羟胺溶液各 2 滴，水浴上加热 5 分钟，冷却后加 3.5 摩尔/升盐酸 2 滴，再加三氯化铁溶液（三氯化铁 2.7 克溶于 0.02 摩尔/升盐酸溶液 100 毫升中），如有氟乙酰胺存在呈红色。

13. 牛铅中毒

（1）主要症状　急性：采食 12～24 小时发病，初吼叫，蹒跚，转圈。头、颈肌肉抽搐，感觉过敏，口吐白沫，眼球转动、水平摆动，瞳孔散大，狂躁，冲篱笆，爬槽，两耳摆动，角弓反张，2～3 小时死亡。

（2）主要病理变化　消化道可见铅小片、油漆渣。急性时肝色淡，中央小叶变性。肾充血，常有出血，胃有炎症。慢性时肾变性，肾小管上皮有坏死，脑有水肿，皮层斑状出血、坏死。肌肉苍白如煮熟样，皮下、胸腺、气管有出血。

（3）实验室诊断　血铅 0.81 毫克/千克［正常为（0.103±0.004）毫克/

千克]。

14. 牛食盐中毒

（1）主要症状 体温一般正常，夏季可达42℃，沉郁，步态不稳，肌肉震颤，口流少量白沫，口渴，饮水多而尿少或不尿。转圈、头后仰，卧地四肢划动。病重时后肢麻痹，腹泻。

（2）主要病理变化 肠黏膜充血、出血。瘤胃、皱胃壁水肿有溃疡（黄牛）或瘤胃、网胃、瓣胃黏膜脱落（水牛）。皮下、骨骼肌水肿，心包积液。膀胱黏膜发红。脑充血、出血。

（3）实验室诊断 检验牛100毫升全血氯化钠含量660～680毫克，水牛596～672毫克，牦牛438毫克。100毫升血清氯化钠含量牛790～810毫克，水牛672毫克，牦牛573毫克。食盐中毒时超过上述正常值。

15. 牛有机磷中毒

（1）主要症状 兴奋不安，四肢肌肉颤抖，站立不稳，流涎，鼻液多，呼吸困难，呼出气有特殊气味。眼结膜潮红流泪（有的苍白黄染），瞳孔缩小。呻吟磨牙。腹泻带血。

（2）主要病理变化

① 成年牛 血液呈浓褐色，凝固不良，喉、气管、肺充血、水肿，支气管有多量泡沫分泌物，胸水淡红色。肠内容物有蒜味。

② 奶牛 口鼻内有大量粉红色泡沫，瘤胃、网胃、瓣胃黏膜脱落，皱胃、十二指肠、空肠弥漫性充血、出血，肠内容物暗红色，气管、支气管内充满泡沫，肺瘀血、水肿，肝稍肿大，心内、外膜和心耳点状出血。

（3）实验室诊断

① 取可疑农药5～10滴于试管中，加水4毫升震荡使之乳化后，加10%氢氧化钠1毫升，如变成金黄色为1605；如无色变化，再加1%硝酸银2～3滴，出现灰褐色时为敌敌畏；出现棕色时为乐果，出现白色时为敌百虫。

② 将溴麝香草酚蓝0.14克、溴化乙酰胆碱0.23克，加无水酒精20毫升溶解，以0.4摩尔/升氢氧化钠液调整pH至7.4～7.6（灰褐色），用洁厚密定性滤纸浸入上述液体中，取出晾干（应为橘黄色，只能自然干，不能烘干），剪成1厘米×1.2厘米纸板贮于棕色瓶中。

取试纸片2块，分置于玻片两端，1片滴可疑动物血1滴，另一纸片滴正常动物血1滴，加盖玻片扎紧，37℃下经15分钟（野外在腋下），观察颜色变化，判断胆碱酯酶的活力程度。红色正常，紫红色轻度中毒，深紫色中度中毒，蓝色严重中毒。

16. 牛有机氯农药中毒

(1) 主要症状

① 成年牛　食入 5～6 小时发病，体表用药 2 小时后发病。呼吸困难，时起时卧，眨眼，眼球震颤，全身战栗，口黏膜糜烂，下痢。重时先沉郁后兴奋，粪干少有血丝。严重时高度兴奋，毁物伤人，目光凶猛，约 10 分钟倒地口吐白沫，呕吐，全身发抖，角弓反张，很快死亡。

② 水牛　突然昏迷，行走无力，有时碰墙也不自觉，呼吸浅而急，几小时或几十小时死亡。

(2) 主要病理变化

① 口服中毒　瘤胃黏膜肥厚，网胃有弥漫性小出血点，甚至烂斑，皱胃充血、出血，小肠显著出血，大肠也见出血。

② 慢性中毒　肝肿大，中心坏死，胆囊扩张如小儿头大（重症）。胃肠黏膜充血、出血。幽门有炎症灶。脾肿大 2～3.5 倍，暗红色质脆。肾肿大、充血，心肌、骨骼肌有坏死灶。

(3) 实验室诊断　用经过处理后所得的残渣做确诊试验。

① 二二三确诊试验　用硝化法可现青紫色，重铬酸钾硫酸反应显洋红色；对苯二酚反应显粉红色；将残渣置玻片上加 1 滴乙醇干后镜检，可见针形束状结晶。

② 六六六确诊试验　残渣做煌绿反应显浅绿或绿色；苯胺钒硫酸反应显紫色；镜检可见短针状或叶片状结晶。

③ 毒杀芬确诊试验　颜色反应，残渣加吡啶及甲醇制氢氧化钾液作用，显红色反应。

④ 氯丹确诊试验　颜色反应显酒红色。

⑤ 七氯确诊试验　颜色反应显桃红色。

⑥ 狄氏剂、艾氏剂、异狄氏剂确诊试验　颜色反应分别是深红色、桃红色、红色。

⑦ 五氯酚确诊试验　用薄层色谱法检验。

17. 牛尿素中毒

(1) 主要症状　采食后 30～60 分钟发病，呆立，过敏，呻吟，肌肉震颤、抽搐，腹痛，大量流涎，呼吸困难，后期倒地四肢划动。

(2) 主要病理变化　肺水肿、充血，胸腔积液，心包积水，心内、外膜下出血，肝色黄、脂肪变性、质脆，胃内容物有氨气味。

(3) 实验室诊断

① 取胃内容物或剩余饲料加水使其成糊液状，加亚硝酸钠和硫酸，摇匀置5分钟待泡沫消失后，加格里斯试剂。如有尿素试管中显黄色，无尿素显紫红色。

② 取含有尿素的鱼粉（有刺鼻腥臭味）放于三角烧杯内，加等量水缓缓加热，将石蕊试纸放在杯口，试纸变蓝。

18. 牛霉麦芽根中毒

（1）主要症状　体温38～39℃，减食后逐渐恢复，不能站立，呼吸浅表增数，鼻流白色泡沫，对音响敏感，全身战栗，后肢抬举或伸展，继而强直，交替负重。严重时伏卧，后肢张开，不久横侧卧，四肢游泳动作，最后强直。

（2）主要病理变化　脑软化、充血，脑脊液增多浑浊，心冠沟出血，脾缩小，肺淤血、水肿，严重时气肿。气管、支气管充满泡沫状液体。

（3）实验室诊断　根据症状、饲料调查、尸体剖检即可获得初步诊断。确诊应进行喂饲试验和霉菌分析培养。

19. 牛蓖麻籽中毒

（1）主要症状　体温无变化，严重时升高，初沉郁，肠音亢进，排带有血液、假膜的恶臭稀粪，呼吸增数、脉弱。孕牛流产。

（2）主要病理变化　胃肠黏膜有片状或点状出血或假膜性炎。肠系膜淋巴结肿胀，肝、肾、脾肿大。肺血肿，气管、支气管充满水肿液。

（3）实验室诊断　将胃内容物10～20克，加1倍量蒸馏水浸泡，震荡1小时过滤，取滤液5毫升加等量磷钼酸液在水浴上煮沸，呈绿色时为阳性反应。放冷后再加氯化铵液可由绿变蓝，再加热又变为无色，即可确诊为蓖麻籽中毒。

20. 牛硝酸盐和亚硝酸盐中毒

（1）主要症状

① 成年牛　食后1～5小时发病，体温正常或偏低，呼吸困难，可视黏膜发绀，流涎，腹痛、腹泻，四肢无力，肌肉震颤，倒地，全身痉挛。

② 奶牛　凝视呆立，萎靡头低，突然倒地四肢僵硬，呼吸困难，呻吟，可视黏膜苍白，体温下降。耳、尾放血如酱油。

（2）主要病理变化　血液黑红或呈咖啡色，凝固不良，暴露于空气中不变成鲜红色。胃肠黏膜充血。心肌、气管有小出血点，肝淤血、肿大，全身血管扩张。

（3）实验室诊断

① 改良格里斯法　将1液（0.5克对氨基苯磺酸溶于1%草酸溶液100毫升内），2液（0.1克甲萘胺溶于20毫升水中过滤，滤液与150毫升30%醋酸混合），用时等量混合滴于被检物中（呕吐物、胃肠内容物、剩余饲料），若立即出现玫瑰红色，即为阳性反应。

② 棉签偶氮法快速诊断　将预先配制的A液（0.5克无水对氨基苯磺酸加入10%冰乙酸100毫升中）、B液（0.1克甲萘胺加入10%冰乙酸100毫升中），同时加混合的偶氮试剂。将牙签或火柴杆一端缠紧一小块棉花，插入上下眼睑内转一圈，取下后滴试液于棉花上，5分钟后，如为亚硝酸中毒，即发生颜色反应，按玫瑰红色、红色、棕红色，随时间变化而变深。

21. 牛马铃薯中毒

（1）主要症状

① 重度　初兴奋狂躁，向前狂冲直撞。后转沉郁，后躯无力，共济失调，后肢甚至麻痹。可视黏膜发绀，全身痉挛。口周、肛周、尾根、四肢系部、乳房发生湿疹性皮炎。

② 轻度　口黏膜肿胀，流涎，腹泻带血，有时便秘，肌肉弛缓，衰弱。

（2）主要病理变化　胃肠黏膜潮红、出血，肝肿大2倍，质脆，含多量暗黑色血液。心腔充满不凝固血液，心表面有点状出血，心内膜有溢血斑，心包积液。

（3）实验室诊断　将胃内容物或马铃薯饲料残渣，用热酒精抽出，酒精冷却后取出沉渣。将沉渣置于少量浓硫酸中，该沉渣如为龙葵皂苷则被溶解，并出现类赤色或橙黄色。如长期放置或加温即变为褐赤色。如再滴加酪酸液则呈现赤色绿条。

22. 牛闹羊花中毒

（1）主要症状　采食后3～5小时发病，流涎、呕吐，严重时四肢麻痹，喷射性呕吐，腹泻物中有黏液、血液，倒地昏迷。

（2）主要病理变化　瘤胃黏膜脱落，胃肠黏膜弥漫性出血，气管、支气管充血。

（3）实验室诊断　将胃内容物、呕吐物、饲草或饲料捣碎置三角瓶中，用乙醇反复三次浸提，然后挥去乙醇，取残渣供检。将残渣置滤纸或白瓷板上，加硝酸1滴，闹羊花的毒素存在时，显蓝至蓝黄色（莽草籽也有此反应，但莽草籽加醇性氢氧化钾少许，微热，莽草籽呈血红色，而闹羊花的毒素则无反应）。

23. 牛毒芹中毒

（1）主要症状 食后2～3小时发病。兴奋不安，流涎，腹痛腹泻，从头部到全身阵发强直性痉挛，痉挛发作时倒地，头颈后仰，四肢强直，牙关紧闭，鼻唇抽搐，体温升高，后躺卧不动，肢端厥冷。体温下降，眼球震颤，瞳孔散大，口鼻流血死亡。

（2）主要病理变化 胃肠黏膜充血、出血、肿胀，脑及脑膜充血。心包、心内膜、膀胱黏膜多有出血现象，血稀发黑。肝有瘀血斑或白色病灶。气管、支气管充血，（或少量出血），内有带红色泡沫状液体。肺切面暗红色。

（3）实验室诊断 取胃内容物、脑、实质器官捣碎，按斯—奥氏法在强碱性溶液中用乙醚或氯仿提取处理，以其残渣供检。

① 取残渣溶于少量水中，置载玻片上，加盐酸2滴，蒸干后即残盐酸毒芹碱结晶，镜检呈无色或淡黄色针状、柱状结晶，并有折光性虹彩。

② 残渣加含有0.5%高锰酸钾的浓硫酸溶液，呈紫色。

24. 牛狗屎豆中毒

（1）主要症状 多为慢性，初沉郁离群站立，体温正常或偏低、黏膜发绀略带黄染，腹膨大有腹水。尿少黄，易发生泡沫，尿沉渣有红白细胞、透明管型。有时向前冲、不顾障碍或转圈，无目的徘徊，有时倒地抽搐。

（2）主要病理变化 全身黄疸，皮下水肿，腹水。心肌瘀血或瘀血性出血，肝脾肿大。咽喉、胆囊有出血点，胃底部有出血斑。肠黏膜、肠系膜、脑、肺有瘀血、出血。心冠、心内膜、输尿管、膀胱有出血。全身淋巴结有出血点。

（3）实验室诊断 通过喂饲情况即可诊断，必要时用鸡做饲喂试验。

第八节 犊牛病

1. 犊牛瘤胃臌胀

主要症状 哺乳期间瘤胃臌胀，蠕动减少或停止，导管入瘤胃有污灰或污黑且臭的内容物排出。

2. 犊牛皱胃臌胀

主要症状 哺乳期间右软肋下后方膨大，叩之鼓音，如因毛球阻塞幽门部则皱胃积液多，触之有波动。

3. 犊牛消化不良

主要症状

（1）15 日龄以内排黄色水样粪，含有奶瓣。

（2）15 日龄以上排粥样或水样稀粪，色黄，眼结膜充血。体温正常或偏低。

（3）中毒性、消瘦，稀粪恶臭，严重时带血，眼结膜充血。肌肉震颤。四肢下端、鼻、耳冷，昏迷至死。

4. 犊牛肠炎

主要症状　体温 40℃左右，腹泻物中有黏液、血液，恶臭，沉郁，消瘦。

5. 犊牛肠套叠

腹痛起卧不安，萎靡，按右腹有痛点。不排粪。

6. 犊牛大肠杆菌病

10 日龄以内的犊牛最易感，日龄较大者少见。

（1）主要症状

① 败血型：发热，委顿，间有腹泻。出现症状后几小时至 1 天死亡。

② 肠毒血症　初兴奋不安，后沉郁昏迷至死。死前多腹泻。

③ 肠型　体温 40℃，几小时后下痢，粪初粥样黄色，后水样灰白色，混有凝乳块、凝血块、酸败气，末期失禁，腹痛。常伴有关节炎、肺炎。

（2）主要病理变化　皱胃有大量凝乳块，黏膜充血、水肿，皱褶有出血。肠有血液，气体恶臭，小肠黏膜上皮脱落，肠系膜淋巴结肿大。肾、肝苍白，有时有出血点，心内膜有出血点，病程长的关节和肺病变。

7. 犊牛沙门氏菌病

（1）主要症状　多数在生后 10～14 天发病，体温 40～41℃，24 小时后排灰黄液状粪，混有黏液、血液。一般出现症状后 5～7 天死亡，如病程延长，腕、跗关节肿大，有的还有支气管炎和肺炎。

（2）主要病理变化　心壁、腹膜、皱胃、小肠膀胱黏膜有出血点。脾充血肿胀，肠系膜淋巴结水肿、有时出血。病程较长时，肝色淡，胆汁稠而浑浊，肺有炎区，脾、肝、肾有坏死灶、肿大，关节有胶冻样液体。

8. 犊牛轮状病毒病

（1）主要症状　1～10 日龄犊牛多发生。体温正常或稍高，如降至常温以下死亡。排黄白或灰暗水样稀粪，有时带血。腹泻延长。脱水明显，萎靡厌食，病程 1 天，病死率 1%～4%。

（2）主要病理变化　胃有乳汁和凝乳块，肠黏膜弥漫性出血，黏膜易脱落，有灰黄或灰黑液状内容物。

9. 犊牛新蛔虫病

（1）主要症状　体温正常，食欲不振，眼结膜苍白，排灰白色稀粪，有时混血，有特殊腥臭味，消瘦，后肢无力，站立不稳，如虫多有腹痛，能引起肠阻塞。犊牛出生后感染，幼虫至肺引起咳嗽和呼吸困难。

（2）实验室诊断　1～5月龄犊牛可检出虫卵，16～30日龄及6月龄以上粪中难检出虫卵。

10. 犊牛莫尼茨绦虫病

（1）主要症状　体温不高，食欲逐渐减退，消瘦，贫血。常腹泻，粪间常可见有白色长方形的节片。肠中虫体多时可形成阻塞而出现疝痛。后期体力差，常卧，磨牙，口角留有泡沫。

（2）主要病理变化　胸腔、腹腔、心包有不甚透明或浑浊液体。肌肉色淡，肠黏膜、心内膜、心包膜有明显出血点，小肠因虫体寄生有卡他性炎，并可见虫体。

11. 犊牛球虫病

（1）主要症状　1月龄至2岁犊牛多发。急性时初体温不高，粪稀带血，1周后更沉郁，消瘦，喜卧，体温可达40～41℃，瘤胃蠕动减弱，肠蠕动增强，带血稀粪混有纤维素性薄膜，有恶臭。末期粪呈黑色，几乎全为血液。体温下降，极度贫血，衰弱死亡。

（2）主要病理变化　肠淋巴滤泡肿大，有白色或灰色小病灶，有些部位有直径4～15毫米的溃疡，表面有凝乳块。直肠黏膜肥厚，有出血点，内容物褐色、恶臭，有纤维薄膜和黏膜碎片。肠系膜淋巴结肿胀发炎。

（3）实验室诊断　从流行病学、临床症状和病理变化作综合分析，并镜检粪便和直肠刮取物发现卵囊是确诊的重要根据。

12. 犊牛衣原体病

（1）主要症状　体温40～41℃。沉郁，腹泻，鼻流浆黏性分泌物，结膜炎，流泪，以后出现支气管炎和咳嗽。

（2）主要病理变化　胃肠发炎，大肠、小肠与腹膜有纤维素粘连，肠系膜淋巴结肿胀。肺有红色病灶，膨胀不全，有时见胸膜炎。心肌营养不良，心内、外膜出血，肾被膜下常出血。脾肿大。髋、膝、跗关节发炎。

（3）实验室诊断　补体结合反应。一般用加热处理过的衣原体悬液作抗原，再用急性和恢复期双份血清，如抗体滴度增加到4倍以上，被认为是阳性。

13. 犊牛脓毒败血症

（1）主要症状　犊牛出生数小时至2～3天发病。

① 最急性　腹泻，很快衰竭，1～2天死亡。

② 急性　40～41℃，沉郁，眼结膜充血、黄染，腹泻先黏液样后水样，黄灰色有恶臭。

③ 转移性　40～41℃，关节肿大有热痛，有的有波动，针刺排出的液体镜检有链球菌。

④ 严重时　恶寒战栗，四肢厥冷，黏膜青紫，意识障碍，腹痛不安，卧地。第一心音弱，第二心音消失，呼吸深而慢。尿少甚至无尿。

（2）实验室诊断　关节液可见链球菌。

14. 犊牛肺炎

主要症状　多发于1～15日龄。体温40～41℃，呼吸增数，肺音粗，听诊有啰音，有浆性鼻液后黏稠，病重时不采食。

15. 犊牛先天性膀胱粘连和破裂

（1）主要症状　生后第一天排第一次尿后，虽常有排尿姿势而不排尿。有时排尿成滴，同时脐也有尿湿。如一天以后不见有排尿姿势或滴尿，则继见腹部膨大，针头腹壁穿刺流水，说明膀胱已破裂。

（2）主要病理变化　原始的管状膀胱从脐向后有一部分与腹壁粘连，断脐后不能被中韧带和圆韧带向上提升至骨盆，致积尿膨满不能上扬，由尿道排出而破裂。

16. 犊牛脐出血、脐炎

主要症状

（1）断脐后脐部不断滴血。

（2）脐带脱落后，脐部肿胀热痛，重时能挤出脓液。

（3）坏疽性脐炎时脐部肿胀湿润，排污红色有恶臭分泌物。

17. 犊牛风湿病

主要症状　牛舍寒冷或雨淋能诱发本病，好卧不愿站立，走动时四肢强拘并显跛行，握捏四肢关节无痛，而捏某部肌肉有疼痛。将母牛牵扯至较远处，犊牛追随行走或奔跑时，肢体在运动中跛行缓解或消失，但休息后再行动又显强拘和跛行。

18. 犊牛毛眼

主要症状　初生犊牛不被发现，1～2月龄因常见流泪而发现，角膜上有一块皮肤组织，上有与体表被毛一样的毛。

19. 犊牛青光眼

主要症状 目盲，行走不避障碍，瞳孔散大，在强阳光下可见视网膜漂动于眼底。

20. 犊牛维生素 A 缺乏症

主要症状 皮肤上有麸皮样痂块，角膜干燥，突出的症状是夜盲，在傍晚、夜间、黎明前在行进中不避障碍，但在白天能避开障碍或水坑。常发生惊厥，感觉过敏。

21. 犊牛维生素 E 缺乏症

（1）主要症状 因肌肉营养不良，呈现运动障碍，步态强拘蹒跚。呼吸困难，腹式呼吸。

（2）实验室诊断 尿中肌酸达 15 毫克/毫升（正常 24 小时为 2～3 毫克/毫升）。血清中谷草转氨酶达 300～900 单位（正常则低于 100 单位）。

22. 犊牛核黄素缺乏症

主要症状 口唇、口角、鼻孔周围黏膜充血，流涎，厌食，生长不良，腹泻。

23. 犊牛维生素 B_1 缺乏症

主要症状 表现衰弱，共济失调，惊厥，有时腹泻、厌食、脱水。

24. 犊牛镁缺乏症

主要症状 犊牛出生 1 周各项均正常。突然倒地（有时在偏头吃奶时突然倒地），四肢抽搐，几分或十几分钟自动站立且神态恢复正常，有时 1 天发作 3～4 次。注射硫酸镁即症状消失。

25. 犊牛白肌病

（1）主要症状 沉郁，喜卧，消化不良，共济失调，站立不稳，步态强拘，肌肉震颤，心跳每分钟可达 140 次，呼吸可达 80～90 次，多数角膜浑浊软化，排尿次数多、酸性。病程中常继发肺炎。最后绝食，卧地不起，角弓反张。

（2）主要病理变化 骨骼肌变性色淡如煮肉样，呈灰黄色、黄白色的点状或条状、片状不等，横断面有灰白色、淡黄色斑纹，质脆变软、钙化，心肌扩张变薄，乳头肌、心内膜有出血点，并有灰白色或黄白色与肌纤维平行的条纹、斑。肝肿大硬脆，表面粗糙，切面有槟榔样花纹，有的肝很快由深红色变成苍白后呈土黄色。肾充血、肿胀，实质有出血点和灰色斑纹灶。

（3）实验室诊断 毛中硒水平低于 0.05 毫克/千克（健康母牛 0.08 毫克/千克）。奶牛毛含硒量低于 0.25 毫克/千克（健康奶牛 0.5～0.7 毫克/

千克）。

26. 犊牛碘缺乏症

主要症状　衰弱无力，骨骼发育不全，四肢弯曲变形，站立困难，严重时腕关节触地，皮肤增厚、干燥、粗糙，甲状腺明显增大并致呼吸困难。最终窒息死亡。

27. 犊牛锰缺乏症

主要症状　骨骼畸形，前肢粗短且弯曲，运动失调。发生麻痹者居多，哞叫，肌肉震颤，乃至痉挛性收缩。

28. 犊牛铜缺乏症

主要症状　生长缓慢，消瘦、贫血。步态僵硬，四肢运动障碍。掌骨、跖骨远端增大，触诊有痛感，持续腹泻，排粪绿色乃至黑色水样（国外称泥炭泻）。

29. 犊牛佝偻症

主要症状　犊牛出生 5～10 天即可从前面看见前肢肘关节以下不呈垂直线，两前肢呈 X 形或 O 形，运步艰难，不愿走动，更不会奔跑，有异嗜癖，喜吃泥土、啃墙，常因吃泥而腹泻。

30. 犊牛锌缺乏症

主要症状　皮肤粗糙，蹄周及趾间皮肤皲裂，并形成短粗骨，后肢弯曲，关节僵硬。

31. 犊牛蕨中毒

（1）主要症状　经常高温，表现迟钝、倦怠，鼻周围有过量黏液，咽喉部水肿致呼吸困难，出现喘鸣声。

（2）主要病理变化　尸体可见有瘀血，很少有明显的内出血。

32. 犊牛硝酸盐和亚硝酸盐中毒

主要症状　病初，黏膜迅速变为灰色或蓝色，大量流涎、流泪，经过短时挣扎后僵卧，死前呼吸急促，严重气喘和强烈呼气。严重的几分钟到 1 小时死亡。轻的可以耐过而自然恢复。

33. 犊牛水中毒

主要症状　30 分钟内一次或连续暴饮 5～10 千克水，能引起水中毒。轻的，排浅红或暗红、紫红色尿，次多量少。腹痛、起卧不安。排稀粪甚至水样。流涎，口吐白沫，腹围膨大，瘤胃膨胀、蠕动消失。眼结膜苍白或发绀。体温正常或偏低。

严重的嗜眠，肌肉震颤，昏迷。有的角弓反张，惊厥。个别咳嗽，呼吸困难，一侧鼻孔出血。一般几小时恢复或死亡，个别可延至2～4天。

34. 犊牛坏死杆菌病

（1）主要症状　常为坏死性口炎，又称“白喉”。口腔黏膜潮红，齿龈、舌、上腭、颊、咽等处可见有粗糙、污秽的灰褐色或灰白色的假膜，强力撕去假膜，则露出易出血、不规则的溃疡面，坏死部位在咽喉时，则现吞咽、呼吸困难，如病灶延及肺部常导致死亡。

（2）主要病理变化　肺有大小不等的灰黄色结节。发生坏死性肝炎时，肝土黄色，其中散布多数黄白色质坚、周围有红晕、大小不同的坏死病灶。

（3）实验室诊断　在坏死与健康组织交界处，用锐匙刮取材料做涂片，以石炭酸复红—美蓝染色镜检，可见着色不均匀、呈珠状长丝形菌或细长的杆菌。

35. 犊牛李氏杆菌病

主要症状　沉郁，呆立，低头耷耳，轻热，流鼻液，流涎，流泪，不听使唤，咀嚼、吞咽困难。

第五章

牛病的治疗理念

牛病众多而复杂，有些症状突出，比较容易识别，有些病如不仔细诊断很容易混淆。对各病的治疗措施，在《实用牛马病临床类症鉴别》一书中有较详细的阐述，其中很多应用于临床有实效，这里不再分别论述，仅提出一些理念以供参考。

牛病的治疗用药，与马、猪相比较，有一点应予以注意。即牛有四个胃，如果发生前胃弛缓，则位于瘤胃前庭的食管沟，在平时吞咽饮水或稀流质时，食管沟唇会收缩合拢成管状，使之能直接顺食管沟进入网瓣孔（网瓣口）流经瓣胃沟、瓣皱孔（瓣皱口）至皱胃。如果吃草、反刍已停止时，则因前胃弛缓而会出现食管沟唇闭合不全，甚至完全不闭合。在此情况下，则灌服的药液很可能因食管沟唇闭合不全而流入网胃或瘤胃。如果是盐类泻剂进入瘤胃，则提高瘤胃的渗透压，使机体的水分大量向瘤胃渗出，不仅引起机体脱水，还加重瘤胃病情，这是口服药物前必须重视的一个问题。当牛吃草、反刍较正常时，将药液灌服，效果比较好。据试验，先灌服少量碳酸氢钠水，可使食管沟唇收缩闭合，再灌服药液即可直接进入网瓣孔而达皱胃。因此，在利用口服药物时，应注意考虑这个因素，以免不能达到预期疗效。

第一节　消化道疾病用药

前胃弛缓是一个极普通的病，但仔细研究时也有它复杂的一面。除了原发性的前胃弛缓外，几乎所有的牛病到一定程度时均会继发前胃弛缓。而且形成原发性前胃弛缓的因素也很多，设想用一个处方即能包治一切前胃弛缓是不现实的，也是违反客观规律的。从 4 000 多例前胃弛缓的诊治过程中，发现一些牛吃了超量富含碳水化合物的饲料（甘薯片、玉米、小麦、大麦等）、棱角尖硬的饲草饲料（铡短干梗的甘薯蔓、有稻壳的酒糟、黄豆荚皮等）、霉变的饲草饲料、不淘草、曾被洪水浸泡的饲草（含有灰尘泥沙较多沉积胃底），或饮不洁水甚至喝阴沟水等，都是前胃弛缓致病的原因。在正常情况下，瘤胃内经过瘤胃微生物（细菌和纤毛虫）充分发酵消化的草料通过逆呕送入口腔反刍，咽入皱胃再被消化吸收利用，并每天采摄新鲜草料入瘤胃，这种瘤胃草料的发酵消化过程，能保持瘤胃有益微生物群的生态平衡，有着适合微生物群的内环境。一旦瘤胃内环境遭到破坏，即会发生前胃弛缓，严重时即会出现不吃草、不反刍，瘤胃内容物的消化也终止，如持续几天，因瘤胃的温度较高（40℃），瘤胃内容物必然腐败发酵，并产生一些有毒分解产物，其中气体有可能被机体吸收而促使病情进一步加重。另外，未对瘤胃内容物做 pH 测定不能盲目用酸性药（如醋）或碱性药（如碳酸氢钠）。否则，如果瘤胃内容物的 pH 已低于正常，若再投入醋会使 pH 继续下降，从而加重病况，如果瘤胃内容物酸性大，投入碳酸氢钠可因酸碱中和而提高 pH，但由中和所产生的气体易形成泡沫臌胀（瘤胃放气不能成功），从原则上讲这种办法是不可取的。如果认为瘤胃蠕动太弱而用兴奋副交感神经的药物来促进瘤胃蠕动，因瘤胃内环境未得到改善，蠕动难以持续。如病较久，瘤胃黏膜受到侵害发炎变性，剖检所见，用手可撕去长条瘤胃黏膜，如在此期间促进瘤胃强烈收缩，很可能导致瘤胃黏膜剥脱，这种损害是无可挽回的。

实践证明，用温盐水（1%浓度）洗胃，灌进的水首先冲淡了瘤胃液体的浓度，排出后再灌水排出，则可彻底改变瘤胃的内环境，再用五倍子、龙胆、大黄煎汁加大量食母生灌入，能很快恢复瘤胃功能，有的洗胃后几小时即开始反刍。有的病牛腹部膨大，左腹柔软，触摸不到瘤胃内草料，当胃导管进入瘤胃后，尚未灌水瘤胃液体即自动从导管流出，最多的一次导出 8 红盆（1 红盆至少 10 千克），第三天即开始反刍。这样大量的水积存于瘤胃，任何药物也无力排出，更谈不上如何改变瘤胃内环境了。

在继发前胃弛缓的原发病中如瓣胃阻塞、皱胃阻塞、肠阻塞、肠扭转等，在病程中所饮的水很大一部分进入瘤胃，直接影响瘤胃内环境，所以在瓣胃阻塞、皱胃阻塞、肠阻塞、肠扭转手术治疗前必须先行洗胃才能取得较好疗效。

继发于其他疾病的前胃弛缓，如没有恶化瘤胃内环境的原因，一般在原发病痊愈后，前胃弛缓即随之消除。只有较长时间不吃草、不反刍，才需对前胃弛缓进行必要的治疗（包括洗胃）。

瘤胃积食有急性、慢性之分，主要是瘤胃充满内容物太多，以致原本应下陷的饥饿窝被臌突，用手按压瘤胃的硬度如同木板，不能留有压痕。有的还能吃草（每次吃草量很少）、反刍，因此畜主不以为是病。该病的治疗方法主要有两种，一是将瘤胃积聚过多的草排出来（行瘤胃切开术时应取出瘤胃内容物的1/2，而后将压实的草料用手扒松，此时容积可达2/3，这样有利于瘤胃收缩蠕动，内容的翻滚混合活动也有了空间)，此法只能在不得已时而为之。二是因瘤胃内容物太过充满压实，瘤胃蠕动受到限制，只有接近网胃部分相对比较宽松，以致有可能逆呕反刍。经验证明，用大量食母生或酒厂酵曲的浸泡液灌服，可帮助瘤胃内容物发酵消化。严格绝食（不喂草5～7天），自由饮水，这样随着不断反刍，瘤胃内容物不断减少，瘤胃的功能才能逐渐恢复正常状态，待饥饿窝凹陷再开始喂，即能痊愈。关键是必须绝对禁食5～7天，否则，瘤胃积草绝难减少，持久保持积食状态自然不利于健康恢复。

网胃一般多因牛吞食了缝针、铁丝形成创伤而发病（创伤性网胃炎），如果尚存留在网胃，在用金属探测仪有反应时，再用特制的磁附器用导管送入网胃，将缝针入网胃壁则很难被吸附出（曾剖检见一病牛的网胃壁内藏有一缝针)。

应邀在某区兽医培训班讲课期间对一头不吃草、不反刍但腹泻，经数日未见好转而淘汰的牛犊，做瘤胃切开术示范。切开后，入手通过瘤网口触及一绵长物，一端半塞网瓣孔，轻拉取出瘤胃乃是一个口罩，犊牛恢复反刍。说明该口罩被吞食后因比草重落于网胃，几度收缩部分半堵塞于网瓣孔，以致不吃、不反刍。另剖检塑料封面经胃液的浸泡硬如铁皮，卡于网瓣孔，足见牛吞食的异物进入网胃后，即使不引起网胃炎，其危害性也很大。如遇口罩、手套、袜子、塑料绳被牛吞食，为避免这些异物通过网瓣孔进入皱胃，在肠道形成阻塞，行瘤胃切开术取出是为上策。

瓣胃阻塞必然引起瘤胃、网胃弛缓，饮水或内服盐类泻剂，很难进入瓣胃。即使在服药时食管沟唇闭合完全，能通过网瓣孔进入瓣胃，由于瓣胃叶间充满食物，当水或泻剂流经瓣胃沟时，很难截流渗入叶间食物中而顺流进入皱胃。试验难以达到排除瓣胃阻塞的内容物的目的。

瓣胃注入1 000～2 000毫升生理盐水，外加100毫升石蜡油，100片食母生粉（用以发酵疏松瓣胃内容物)，这种处置比用无水硫酸钠溶液注入效果好。

20世纪70年代山东农学院兽医院曾推广瘤胃切开，将导管送入网瓣孔注入温水，体外用拳揉，瘤胃内用拳顶瓣胃，边灌水边揉，以使水能在瓣胃充分稀释内容物而便于排出，试用有一定效果，但不便操作。

关于超量采食黄豆的处置，一般生黄豆不宜作饲料，因黄豆在瘤胃随着蠕动与草的摩擦磨成豆渣和豆浆，生豆浆中含有抑制酶，被机体吸收后，所有的酶遭到抑制破坏而引起中毒，豆在瘤胃高温中腐败发酵、产生大量的氨会引起氨中毒。如果一次采食2.5千克，在前胃弛缓的基础上引起中毒，豆粒常阻塞洗胃导管，尤其偷吃了更多的豆子，虽然灌服油类可抑制瘤胃发生臌胀，但无助于改变瘤胃内环境。何况多吃油也会引起前胃弛缓。20 世纪 70 年代某生产队一头牛当天偷吃了一桶黄豆（约 15 千克），认为洗胃难以达到治疗目的，队长同意做瘤胃切开术，将瘤胃全部饲草取出，为避免饲草中的豆渣、豆瓣及瘤胃内白色豆浆的危害，先将瘤胃液体导出洗净，并将取出的草中的豆渣、豆瓣用 1%温盐水洗净、再拌以食母生粉后送还瘤胃 5 大盆。手术后 3 天即反刍。这一例证充分说明，完全彻底将瘤胃内的黄豆、豆瓣、豆渣、豆浆取出，使其无残留，才能保证瘤胃内环境不受黄豆及其生成物的干扰，所以能很快地康复，病牛也未因此受到损害，证明这是缩短疗程的有效方法。

皱胃溃疡严重时不吃草、不反刍，口服药物不一定能进入皱胃。20 世纪 70 年代用氯霉素每天隔 12 小时肌内注射一次，连用 5 天，很有效果。现在氯霉素已禁用，可用其替代药氟苯尼考 1 天肌内注射 1 次，比口服药品可靠。

对已废食、不反刍的患肠炎病牛，也应采用肌内注射用药，疗效可达到预期。

皱胃阻塞、肠阻塞、肠扭转，这些病的病程中，病牛仍有饮欲，有时甚至强烈，而这些病多继发前胃弛缓，除阻塞部位的前方能有积水外，随后的饮水多积贮于瘤胃。而这几个病都必须行手术疗法，在手术之前必须先洗瘤胃，一面是改善瘤胃内环境，在手术后能很快恢复瘤胃功能，可提早缩短疗程，同时皱胃手术时必须左侧卧，避免瘤胃内容物呕入口腔、误入气管造成严重的不良后果。

如发现牛经常腹泻，首先应注意检查粪便是否有寄生虫卵，排除寄生虫再进行治疗就比较容易取得疗效，避免在治疗腹泻无效时再查卵驱虫，既浪费药物又延长了疗程。

第二节　呼吸道疾病用药

呼吸道不论发生普通病或传染病，只要一发现有临床症状（流鼻液、呼吸增数、气喘、咳嗽等），应该立即进行临床检查，并排除一些非呼吸道疾病，如仅表现气喘的牛黑斑病甘薯中毒、牛白苏中毒、牛霉麦芽根中毒、牛瘤胃积食、牛环形泰勒焦虫病、牛脑膜脑炎等，表现咳嗽的如牛网尾线虫病、母牛产后脓毒败血症、牛木贼中毒、牛血清病等。而后进一步确诊是哪个病。一般呼吸器官有疾病时，不论是普通病或细菌性传染病都离不开用抗生素，最好同时用对革兰氏阳性、革兰氏阴性有抑制作用的抗生素，因为肺部的细菌种类繁多，既有革兰氏阳性菌，也有革兰氏阴性菌，两种不同性质的抗生素同时应用效果较好。在选用抗生素时最好先做药敏试验，以取得可靠疗效。也可一边用常规药物，一边进行药敏试验，以求早日有效制病。有炎症时必有炎性渗出物、渗出液的积聚，必然影响细小支气管和肺泡的功能，直接影响气体的代谢，同时应用强心利尿药物，以排泄积贮于肺的渗出液，加速肺的康复。

抗生素不能滥用，在用某一抗生素治病时应了解其适用范围，如不对症用药，量最大也无济于事。只要药对症，按规定用量即可奏效，若无效，必须通过实验室诊断进一步检验确诊，一方面做药敏试验，以选择一种更合适的药物。

对一些高热病，如果药对症，体温自然会逐渐下降，倘若最初即用退热降温药，其所用的抗生素是否有效很难判定，如果所用抗生素本来就不起作用，因为用药后体温下降，却以为这个抗生素有效而继续使用，这样就会延误治疗。

关于用药的时间问题，必须予以重视，很多病例诊断很正确，选用的药物也很合适，却由于用药时间不规则而不见效。抗生素以及其他一些药经注射被血液逐渐吸收，几小时后药物在血液中的浓度达最高峰，血液自心脏出发，每全身循环一次即被代谢，由尿等排出体外，有的经 6～8 小时，有的经 12 小时后血液留存只有一半（即半衰期），这时如再注射抗生素，就可使药物在血液中保持有效浓度，对病就能产生有效的控制，一般连续几天就可把病治好。但实际上有时每天打两针，时间不固定，有的上午 9 时用药，下午 5 时又用药，两针相隔 8 小时，或下午 5 时和第 2 天上午 9 时相隔 16 小时分别用药，如果半衰期是 12 小时，则有 4 个小时血液的药物浓度太小，对病就失去控制作用，曾见一马场兽医上班后煮针消毒、检查配药，上午 10 时才用药，下午下班以前用药（静注），白天相隔 7 小时，当天下午至第 2 天上午用药，相隔 17 个小时，连用 3 天，未见效。复检时纠正用药时间，上午上班前用药，下午下班后用药，连用 3 天，马病痊愈，足见用药相隔 12 小时能有较好疗效。更有甚者 1 天只用药 1 次，就治病来讲此做法毫无意义。为了使用药有效，如果病牛不只一头而是几头或更多，则应将病牛编号，每次用药循号进行，可使每头病牛用药间隔时间均等。这是很重要的，如不编号难以循序用药，难免有的重复用药，有的漏用药，有的用药间隔时长，有的间隔时短。

如果是鼻腔、喉、气管发炎，蒸汽疗法有直接效果，但必须亲自监督操作，以免氧气吸入不足而发生晕厥。病牛鼻腔发炎时将药液用细针头喷射鼻腔有良好效果。

为祛痰止咳，如用氯化铵，其用量应比马少1/3，因其对牛增加分泌的作用比马强。

第三节 泌尿系统疾病用药

凡涉及泌尿系统的病理现象，如频尿，尿量多或少，排尿有异常姿势，滴尿，或尿液浑浊、血色、茶色，不尿（尿闭），则必须进一步对肾、膀胱、尿道进行检查，以确定病的部位以便用药。对肾，先在右侧第3、4、5腰椎横突下方向里按压，如有敏感疼痛，表示肾有炎症（在瘤胃内容物不充满时也可于左侧同样部位向里按压）。同时，应进行直肠检查证实肾是否肿大敏感，按压膀胱看是否敏感，膀胱内有无结石。如果超过1天未排尿，也摸不到充满尿液的膀胱，则说明膀胱已破裂，尿液已流入腹腔。如公牛排尿之初有血，随后逐渐减少，最后不再滴尿，应将牛放倒保定，将阴茎从尿鞘中提出，从龟头沿尿道一直摸到S状弯曲后方，找到尿结石（曾见一例在S状弯曲处由一缕麻皮形成的团块阻塞尿道）。

如肾有炎症，应用消炎制菌的药物，不要用磺胺类药，以免在肾遇到酸性炎性渗出液析出结晶，而阻塞尿的排出。对膀胱炎则无碍。

如因尿道阻塞而引起的膀胱破裂，则应先行解决阻塞使尿道通畅，而后在肛门左侧至尾椎与坐骨结节之间切开皮肤，从骨盆腔取出膀胱，将裂口缝合（在缝合过程中龟头即滴尿）。

血尿不仅出现于寄生虫病，也出现于一些传染病和中毒病，普通病也有，因此在用药前必须认真检验确诊后用药，否则不仅用药缺乏针对性，难以见效，而且耽误治疗时间而造成损失。

第四节 生殖系统疾病用药

一、公牛

一般没有自然交配过的公牛，生殖系统得传染病的可能性比较小，但不能排除其他感染途径，因此在发现公牛阴茎、尿鞘、睾丸有病时，不要仅注意局部治疗，而因进一步检查其他症状及传染的可能性，必要时取病料进行实验室诊断，确诊后再采取措施，尤其对价值较高的公牛更应该慎重。

二、母牛

已性成熟的母牛不发情，或经产母牛产后经久不发情，不要简单用催情药，应检查卵巢是否有病。有的母牛发情周期正常却屡配不孕，应检查子宫、子宫颈，甚至输卵管是否有问题。如果发情周期紊乱或发情期过度延长以及孕牛流产，必须仔细查出原因，才能进行有效的治疗。

性成熟母牛不发情和产后久不发情。首先，应检查饲草饲料中的营养成分有哪些不足，特别是与生育有密切关系的硒和维生素 E。其次，应检查卵巢（卵巢萎缩变硬、卵泡萎缩、卵巢囊肿、卵巢肿瘤、卵巢炎），还应检查是否存在持久黄体和子宫蓄脓。而后在确诊的基础上有针对性地选用激素予以治疗。对卵巢炎用磺胺类药治疗 10～15 天有疗效。

发情正常屡配不孕，亦应通过检查找出病因后用药，对输卵管炎、子宫炎用磺胺类药有良好的效果。如果子宫有蓄脓或恶臭分泌物组织碎片时，必须进行冲洗。

子宫颈口如在阴道检查时不在正中方向而有偏向，本交很难将精子射入子宫，应进行人工授精。

胎衣滞留如经十几小时不下，应予以剥离，尤其在气候暖和时很容易因胎衣腐败而得败血症。

孕牛流产，必须查明流产原因，以便分别采取防治措施，尤其要注意传染病、寄生虫病和元素缺乏症，以免严重影响繁殖。

对于难产，应根据各个胎儿的胎位、胎势、胎向因势利导，纠正不正确的姿态，以使胎儿能顺利产出，如助产困难太大，拖延时间较久，不利于胎儿成活，或可能致孕牛体力衰弱，则应早做决定行剖宫产手术。助产应有既要保犊牛也要保母牛的理念，不得已时可采取保母牛措施。

子宫扭转如发生在妊娠前期，应尽早行剖腹术纠正扭转，以保证胎儿继续成长，如在分娩时才发现子宫扭转，手术时应缓缓放出胎水，以免发生因放水太快而发生休克。

第五节　中毒病用药

牛在采食有毒植物或有毒物质之后，一般发病较晚，主要是因进入瘤胃后经反刍被肠吸收后才引发中毒出现症状。如牛黑斑病甘薯中毒、牛氟乙酰胺中毒，在已停食、不反刍，经治疗症状缓解，又开始吃草、反刍后会再次出现症状，说明再次反刍时又将残留在瘤胃的毒素输至肠道被机体吸收。所以排除瘤胃积聚的毒素有着重要意义，特别是采食有毒植物的茎叶已出现症状之初，与采食超量黄豆一样，在病牛机体状况许可的情况下，用瘤胃切开术将瘤胃内容物全部取出，并予以清洗，可以彻底清除毒素，有利于中毒病的治疗。

一般出现中毒后，必须尽快找出中毒的原因，方能有针对性地施用解毒药。如果一时无法发现病因，如口流涎可先注射阿托品，而后采取对症疗法，并继续查找病因。如果曾在高粱再生苗或玉米苗的区域放牧，或在桃、李、杏、樱桃、枇杷树林里放牧，采食落叶，可能发生氢氰酸中毒，用亚硝酸异戊酯吸入，再注硝酸钠。如系一些金属类中毒，常用依地酸钙钠，而后再用对症疗法。

如果是群发中毒，应先抢救病情较轻的母牛，而后治疗公牛（非种用）和病重牛，因病较轻的牛治愈的可能性较大，而母牛有繁殖能力，抢救好可继续繁殖。对治愈无望的严重病牛，可早做淘汰决定，以免浪费医疗费用及避免病程中的体重损失。

第六节　神经性疾病用药

对非传染性的脑病，因磺胺类药可透过血脑屏障，如脑炎为细菌所引起，用以治疗有较好的疗效，对有狂躁症状的病牛，镇静是必不可少的。对牛热射病和日射病，除用冷水（用20%氯化铵溶液，可使水温降至5℃）冷敷额部使脑血管收缩外，还可边放血边输入生理盐水，效果良好。脑脊液多，用环椎穿刺技术要求高，用甘露醇或山梨醇静脉注射可有效果。对于麻痹用维生素 B_1 和 B_{12} 及局部涂刺激剂有良好效果。总的来说，不论是中枢神经或外周神经受到侵害，都难取得满意的效果。

第七节　寄生虫病用药

如果曾用沟塘水草作饲草，或放牧饮用不是流动的沟塘水，应该注意是否受到寄生虫的侵袭，尤其出现多数有腹泻现象时更应做一次粪检，如发现有虫卵，最好通过实验室鉴定确认，以便进行驱虫，不论口服或注射，均应计算或称重各牛的体重，以便精确应用驱虫药，同时搞好卫生及粪便发酵，以消灭虫卵。

第八节 传染病用药

如发现传染病，首先应将病牛与健牛隔离，护理病牛的人员不与护理健牛人员接触，病牛原来所在地严格消毒，另一方面应急治疗送病料给实验室检验确诊，另一方面向县、市级畜牧部门报告。在治疗时应先做药敏试验，再选用有效药品，一定要按时用药，同时注意用药增强体质，以增强抗病能力。对有些病毒性传染病，虽然目前没有抗生素足以杀灭病毒，但在患病过程中常会对某一脏器侵害较重，在牛有病而抵抗力减弱时，对常在菌会失去控制而使之得到发展，因此同时使用一些抗生素抑制这些常在菌，将会有利于病牛恢复健康。

如发现牛气肿疽或炭疽病，青霉素是特效药，若治疗不及时出现死亡（气肿疽时高温，跛行，四肢上部多肉部位肿胀，按压有捻发音，1 小时死亡；炭疽最急性几小时内死亡，尸僵不全，迅速臌胀，天然孔流乌紫色血，难凝固），应严禁剖检，因气肿疽梭菌、炭疽杆菌接触空气即形成芽孢，对消毒药有抵抗力，极易扩散传染。特别是炭疽，剖检不慎人被感染，容易造成死亡。

附 录

附表1 牛表现口吐白沫、流涎症状的疾病临床类症鉴别简表

病名	病原体	流行病学	主要临床症状	主要病理变化	实验室诊断	防治
牛口炎			口腔黏膜潮红、充血、肿胀，黏膜表层剥脱，或发生大小不等的溃疡，也有麦芒刺入齿隙和舌下，或磨灭不整的齿尖刺破舌边缘颊黏膜，口臭、流涎			
牛舌损伤			舌面、舌体被异物损伤，影响采食、反刍，口臭、流涎			
牛腮腺炎			一侧发炎、肿胀、热痛，吃草缓慢或废食，两侧发炎，呼吸困难，发出吼声，影响吞咽，流涎。如皮肤破溃形成瘘管，每当吃草、反刍时瘘管口大量流涎			
牛咽炎			体温升高1～1.5℃，头颈伸直，不愿低头，吞咽困难，口流涎。大口喝水，水从鼻孔流水。咽部红肿，外部触诊敏感			
牛食管阻塞			口鼻流涎，喝水时水从鼻孔流出，如阻塞物在咽部，伸手入口可触及；如在颈部食管，可在颈静脉沟摸到，甚至可看到；如在胸腔部，胃导管不能送进瘤胃，瘤胃臌胀			
牛放线菌病（木舌病）	放线菌		牛舌变硬，不能活动，舌尖露于口外，不能吞咽，流涎			治疗：内服碘化钾，青霉素封闭舌体

（续）

病名	病原体	流行病学	主要临床症状	主要病理变化	实验室诊断	防治
牛癫痫			发作时，突然眼、口抽搐，四肢震颤，站立不稳，重时摔倒抽搐，四肢乱蹬，口流白沫或血色沫，几分钟或十几分钟恢复正常状态，常反复发生。以后的间歇期逐次缩短			
牛再生草热（牛特异性间质性肺炎）		是一种变应性疾病，南方5～6月和8～9月，北方7～8月在水草茂盛区放牧易发病	病初不显全身症状，仅咳嗽。多数突发气喘，呼吸困难，头颈伸直，张口伸舌，口吐白沫，恐惧呻吟，体温正常或稍高（38.5～39.5℃），天热时可达41～42℃，心跳80～120次/分，心律不齐 重时站立不能卧下，吭喘，肋部叩诊鼓音，多数皮下气肿，呼吸用力，眼球突出，瞳孔散大，黏膜发绀，几小时或1～2天死亡	肺极度膨胀，肺间质扩张，有浅灰色透明的条纹，切面充满泡沫状液体，间质气肿。叶间形成大小不同的气腔，大部分肺组织高度水肿，肺实质坚硬呈暗红色，胸膜苍白、肥厚、不透明		移至水草茂盛区放牧，注意防止发生本病。国外用莫能菌素预防本病。对症疗法，可瘤胃切开取出采食的牧草
牛巴氏杆菌病（牛出血性败血病）	巴氏杆菌	多散发，无明显季节性	咽喉型：体温40～41℃，咽喉部肿胀，有热痛，呼吸困难，口流涎，眼结膜、皮肤普遍发绀，舌暗红色伸于口外，头颈伸直，病程12～36小时	咽喉型：咽喉和颈皮下及肢部皮下有浆液浸润，切开流出深黄色透明液体，间有出血，咽周围胶样浸润，咽、颈前淋巴结高度肿胀，上呼吸道黏膜潮红	采血镜检可见巴氏杆菌	注意清洁卫生。治疗用青霉素、磺胺类药
牛传染性水疱性口炎	水疱性口炎病毒	牛、马、猪最易感	体温40～41℃，喜大量饮水。舌、唇黏膜发生米粒大水疱，常融合为大水疱，内含透明黄色液体，经1～2天水疱破裂，露出鲜红烂斑，并有咂舌音，采食困难，有的病牛乳头、蹄部也发生水疱，病程1～2周，极少死亡			注意卫生，消毒，治疗用碘甘油

（续）

病名	病原体	流行病学	主要临床症状	主要病理变化	实验室诊断	防治
牛狂犬病	狂犬病病毒	被患狂犬病病犬咬伤	体温40℃左右，可达41℃，饮水困难，行动盲目，流涎不断，持续哞叫至哑，有腹痛，排出黑稀粪后稍安静	口黏膜充血、糜烂，胃黏膜充血、出血，脑和脑黏膜肿胀、充血和出血	大脑、小脑、延髓的神经胞浆内出现内基氏小体	禁止犬进入牛舍
牛口蹄疫	口蹄疫病毒	黄牛、奶牛最易感，牦牛、水牛、羊、猪次之，秋冬发生，春季减轻	体温40～41℃，口角涎涎。1～2天后口腔黏膜、舌发生水疱，经一天水疱破裂成边缘整齐的红色糜烂，体温下降。同时趾间、蹄冠发生水疱甚至蹄壳脱落。有的乳房生水疱，死亡率1%～2%，恶性口蹄疫死亡率20%～50%	咽喉、气管、前胃黏膜有烂斑和溃疡，皱胃和大、小肠有出血性炎症，心包有弥漫性出血点，心肌有淡黄色或灰白色斑点和条纹，好似虎纹斑，质疏松如煮过的肉		
牛瘟	牛瘟病毒	牦牛、黄牛最易感，山羊、绵羊也可感	41～42℃，口潮红，有灰白结节，初硬后软状，如撒麸皮，后融成一层均匀灰色或黄色被膜，去掉被膜露出红色易出血、边缘不规则烂斑，眼结膜潮红、覆有假膜，角膜不浑浊，眼睑肿胀、流泪，后脓性。体温下降时腹泻，粪恶臭带血。尿频、量少、呈淡黄红色或深棕色	食管、瘤胃、瓣胃有出血，皱胃紫红，黏膜下水肿、有出血点，后期有烂斑，肠充血，回盲瓣有出血，直肠高度肿胀、暗红。胆囊肿大，充满胆汁、有时有血，黏膜有小出血点。肾盂、膀胱肿胀，有时有点状出血，尿棕色。心内外膜出血，心肌软。鼻喉、气管有烂斑，覆有假膜，肺充血		

（续）

病名	病原体	流行病学	主要临床症状	主要病理变化	实验室诊断	防治
牛蓝舌病	牛蓝舌病病毒	1岁左右绵羊最易感，吃奶羔有一定抵抗力，牛、山羊易感性较低	体温40～42℃，舌、颊黏膜肿胀，舌呈蓝色发绀，流涎，口臭，厌食。蹄叶发炎，跛行	皮下组织广泛充血和胶样浸润，心肌、心外膜、呼吸道、消化道、泌尿道黏膜都有小点出血，瘤胃、皱胃有溃烂		
牛病毒性腹泻（黏膜病）	黏膜病病毒	黄牛、水牛、牦牛、羊可感染。6～18月龄犊牛易发，多发于冬春，发病率2%～50%，死亡率90%	体温40～42℃，流浆性鼻液，口黏膜糜烂，舌面上皮坏死，流涎增多且恶臭。严重腹泻，初水样后带黏液和血，常有发生蹄叶炎和趾间皮肤糜烂坏死，跛行。慢性少见体温升高，也有不腹泻的。鼻镜、口腔黏膜糜烂，蹄叶炎和趾间皮肤糜烂、坏死	特征性损害是食管黏膜糜烂，呈大小不等形状或直线排列。瘤胃黏膜偶有出血和糜烂。皱胃炎性水肿和糜烂，肠壁肥厚，卡他性炎空、回肠较严重，直肠有卡他性、出血性、坏死性不同炎症 流产胎儿：口腔、食管、皱胃可能有出血斑和溃疡 新生胎儿蹄部及趾间皮肤糜烂，以至溃疡坏死		
牛李氏杆菌病（犊）	李氏杆菌	绵羊、猪、兔较多，牛、山羊次之，冬季、早春多发	40.5～42℃，不久即下降 犊牛：沉郁，呆立，低头耷耳，轻热，流鼻液，流泪，流涎，不听使唤，咀嚼，吞咽困难			
牛弓形虫病	弓形虫	多种畜禽能感染，多发于夏秋季	1日龄至6月龄犊牛：呼吸困难，咳嗽，打喷嚏，鼻流分泌物，口流沫，发热，头震颤，沉郁，偶有腹泻带血液、黏液，虚弱，常于2～6天内死亡 成年牛：除上述症状外，病初极兴奋			

（续）

病名	病原体	流行病学	主要临床症状	主要病理变化	实验室诊断	防治
牛无浆体病（边缘边虫病）	边缘边虫	纯种、杂交、高产乳牛易感，黄牛、水牛少发	体温 40～41.5℃，间歇或稽留热。粪正常或下痢，金黄色。眼睑、咽喉、颈部水肿，流泪、流涎，体表淋巴结肿大，全身震颤，高度贫血，眼结膜瓷白色，黄疸，尿清，常引起泡沫	乳房：下颌、颈浅淋巴结显著肿大，切面多汁，有斑点状出血。脾肿大 2～3 倍，有点状出血，切面暗红色颗粒。肝显著肿大，呈红褐或黄褐色。胆囊肿大，胆汁浓稠暗绿色。肾肿大，褐色，膀胱有积尿。心肿大，质软而色淡。心内、外膜冠状沟有斑点出血。皱胃有出血性炎，大、小肠发炎，有斑点状出血，皮下组织黄色胶样浸润，阴道黏膜有丝状斑点状出血		
牛巴贝斯焦虫病	巴贝斯焦虫	多发于 1～7 月龄犊牛，8 月龄以上少发，夏秋季多发	体温 40～42℃，可视黏膜苍白、黄染，经常流泪、流涎，有顽固便秘或下痢，磨牙，舐土。尿色由深黄、棕红色转为黑红色。轻型出现血红蛋白尿，3～4 天后体温下降，尿色变清。红细胞减至每毫升 250 万个	脾肿大，有时出现破裂，脾髓色暗，十二指肠有卡他性炎，肝发黄肿大，各器官有不明显的溢血点	血液检查虫体的长度小于红细胞半径，虫体尖端相对成钝角	治疗：锥黄素、台盼蓝、贝尼尔、阿卡普林
牛木贼中毒		采食木贼科的问荆、木贼、节节草过多而中毒	体温 37～38℃，心跳增数，节律不齐，气喘、咳嗽，流浆性鼻液，流泪、流涎，可视黏膜黄染，腹泻，尿色淡红，乳牛奶产量下降，孕牛体弱流产	心肿大，心肌变性，心包膜、心内膜出血。肝肿大变脆，黄红色。肾皮质髓质界限模糊，质脆，土黄红色，胃肠有炎性变化，气管、支气管充血、出血。肺有炎症变化。关节囊肥厚出血，周围胶样浸润，脑脊髓充血		

（续）

病名	病原体	流行病学	主要临床症状	主要病理变化	实验室诊断	防治
水牛白苏中毒		采食大量白苏有毒植物易中毒	闷呛、呼吸困难，吸气用力，口吐沫流涎，头颈伸直，肺听诊有啰音。耳、角根、内股、四肢发凉。静脉怒张，眼球突出，瞳孔散大。鼻流大量泡沫，全身肌肉震颤	皮下组织瘀血，肺膨胀附少量纤维素，间质膨胀透明，咽喉瘀血紫红，气管、支气管内充满泡沫和清水，肺组织水肿，左心房瘀血，青紫色，胆囊浆膜附有纤维素蛋白，黏膜有出血点，胃肠与其他器官水肿、出血，脑血管扩张		
牛闹羊花中毒		多发于牛、羊，4～5月易发生	食后3～5小时发病，先流泡沫状涎，呕吐，步态不稳，严重者四肢麻痹、有喷射性呕吐，腹痛腹泻，粪中带黏液、血液，脉弱、节律不齐，呼吸迫促，倒地不起，昏迷，体温下降，呼吸麻痹而死	瘤胃黏膜脱落，胃肠有弥漫性出血，气管、支气管黏膜充血		
牛马铃薯中毒			重剧中毒：兴奋狂躁，向前冲撞，继而沉郁，步态摇晃，甚至麻痹，可视黏膜发绀，呼吸无力、次少。瞳孔散大，全身痉挛，3～4天死亡，轻度中毒，口腔黏膜肿胀，流涎，呕吐，便秘，有时腹泻带有血液，牛还在口唇周围、肛门、尾根、四肢系部、乳房发生湿疹或水疱性皮炎，前肢深部有坏死灶	胃肠黏膜充血、潮红、出血，上皮细胞脱落，实质器官常见出血，心腔充满血液，凝固不全，暗色血液，肝、脾肿大，有时肾有炎性变化		
牛菜籽饼中毒			体温正常，也可升至40.5℃，黏膜苍白，中度黄疸，常发生腹泻，血红蛋白尿。神经型昂头，狂躁不安，瞳孔对光敏感性差。呼吸型张口呼吸，皮下气肿。消化型，厌食流涎，口鼻周围有泡沫，腹痛腹泻或便秘，过敏型面、背、体侧现红斑类湿疹	胃肠黏膜充血，有点状出血，肾点状出血，肝实质变性，肺水肿和气肿。心内膜有出血点，血液凝固不良		

（续）

病名	病原体	流行病学	主要临床症状	主要病理变化	实验室诊断	防治
牛硝酸盐和亚硝酸盐中毒			牛常在食后1～5小时发病，呼吸困难，黏膜发绀，流涎，疝痛，腹泻，四肢厥冷，肌肉震颤，步态摇晃，倒地全身痉挛，心跳120～140次/分，最后窒息死亡 乳牛：萎靡呆立，头下垂，突然倒地战栗，四肢僵硬，呼吸困难，呻吟，可视黏膜苍白，耳尾放血如酱油，体温下降	血液黑红或咖啡色，持久暴露于空气，不会变红，胃肠黏膜多充血，心肌、气管可能有出血点，肝瘀血、肿大，全身血管扩张		
牛有机磷农药中毒			兴奋不安，前肢、肩、肘、后肢、腹部肌肉震颤，站立不稳，流涎，鼻液多，呼吸困难，呼气有特殊气味，眼球震颤，瞳孔缩小，流泪，结膜潮红、发绀，有的苍白、黄染，呻吟，磨牙，腹泻，甚至水泻带血，四肢厥冷，最后窒息死亡	10小时内死亡的胃肠黏膜充血，内容物有蒜臭气味 10小时以后死亡，胃肠黏膜暗红色、有出血斑，黏膜肿胀且脱落，肝肿大，肾浑浊肿胀，切面淡红褐色，肺充血，气管有白色泡沫，心内膜可见不整血斑 病稍久：浆膜下有小出血点，皱胃、小肠出现坏死性出血性炎，肠系膜淋巴结肿胀出血，胆囊肿大、出血，心内、外膜有小出血点，肺淋巴结肿胀、出血，肝切片有小坏死灶，小肠淋巴滤泡有小坏死灶		

（续）

病名	病原体	流行病学	主要临床症状	主要病理变化	实验室诊断	防治
牛有机氯农药中毒			轻度：食入5～6小时发病（皮肤出现症状为食后2小时），呼吸困难，流涎，时起时卧，眨眼眼球震颤，全身战栗，下痢 重度：初沉郁后兴奋，头抵墙不退，口糜烂，干臭，眼充血、脓眵，粪干有血，突然高度兴奋，毁物伤人，口吐白沫，呕吐，全身发抖，角弓反张，衰竭死亡 水牛：突然昏迷，行动无力，有时碰墙也不感觉。呼吸浅而急，几小时内死亡	瘤胃黏膜肥厚，网胃有弥漫性小出血点，甚至多发烂斑和溃疡，皱胃充血，出血。小肠黏膜显著出血和卡他性炎症，大肠黏膜也见出血，有鼻镜溃疡和角膜炎，颈背部或肢间皮肤变厚或硬化		
牛氟乙酰胺中毒			牛突发型：突然倒地，剧烈抽搐，惊厥，角弓反张，迅速死亡，有的暂时恢复，仍死亡 迟发型：食后5～7天发病，绝食，空嚼流涎，口角有粉红色泡沫，磨牙，呻吟，步态蹒跚，阵发性痉挛，持续9～18小时突然倒地狂叫，角弓反张，四肢痉挛，瞳孔散大，口吐白沫而死亡。也有经治恢复反刍又复发的	一般无特征性变化。一般尸僵快，黏膜发绀，血色暗，心肌松软，心包及心内膜出血。肝、肾充血、肿胀，严重肠炎		
牛食盐中毒			一般体温正常，但夏季可升至42℃，步态不稳，肌肉震颤，口角流少量白沫。唇抽搐，烦饮多渴，尿少或无尿，卧地四肢抽搐，严重时后肢麻痹，心跳、呼吸增数，病程稍长，腹痛腹泻	黄牛瘤胃、皱胃壁水肿，有溃疡。水牛瘤胃、网胃、瓣胃黏膜脱落，肠黏膜充血，心包有积液，肺可能充血、水肿，膀胱黏膜发红，脑充血、出血，皮下、骨骼肌水肿		

（续）

病名	病原体	流行病学	主要临床症状	主要病理变化	实验室诊断	防治
牛铅中毒			牛：初哞叫，步态蹒跚，转圈，头颈肌肉抽搐，感觉过敏，磨牙，口吐白沫，眼球转圈，不断水平摆动，眨眼、瞳孔散大。有的狂躁，冲篱笆，爬槽，两耳摆动，角弓反张，惊厥，1～2小时死亡	胃可见铅片、油漆残渣，胃炎，肝色淡，肾充血变性，肾小管坏死，脑水肿，皮层充血、出血，肌肉苍白，皮下、胸腺、气管出血，膀胱炎，角膜眼球出血		
牛铜中毒			大量流涎，剧烈腹痛，腹泻，粪中有黏液，呈深绿色，惊厥、麻痹，可在24～48小时死亡 慢性有血红蛋白尿、黄疸，血铜升高，虚弱无力，气喘，呼吸困难	急性：胃肠炎，慢性全身黄染，肾高度肿大，呈暗褐色，常有出血点。肝微肿、脆黄色，胆囊扩张，胆汁浓稠，脾肿大，呈棕色或黑色		
牛血清病			鼻镜瘙痒，全身伴发剧痒性风疹和水肿，头、外阴部、乳房水肿明显，精神不安，注射部位过敏，流涎，战栗，全身肌肉虚弱，瘤胃臌胀，呼吸困难，间或发热，有时声门水肿，频频咳嗽			
牛感光过敏			轻症：乳房、乳头、四肢、胸腹部、下颌，口周围出现疹块，并发奇痒。白天阳光照射下加重，晚上则减轻 重症：皮肤明显肿胀、肿痛，形成脓疱，破溃流黄色液体，化脓、坏死，还有口炎、鼻炎、结膜炎、阴道炎等，体温升高，食欲废绝，流涎，便秘，运动失调，以至后躯麻痹、双目失明			

（续）

病名	病原体	流行病学	主要临床症状	主要病理变化	实验室诊断	防治
牛青草搐搦（泌乳搐搦）		采食大雨过后或施钾肥过量的牧草。乳牛、肉牛、水牛易发病	急性：放牧时突然停止吃草，甩头，肌肉和两耳明显抽搐，有轻度干扰即吼叫狂奔，倒地四肢抽搐，很快转为阵挛性惊厥，持续几分钟。惊厥时，项、背、四肢震颤，角弓反张，眼球震颤，牙关紧闭，空嚼，口吐白沫，两耳竖起，间歇时静卧，如有音响或触动又发作。体温40～40.5℃ 亚急性：水牛多发，3～4天食欲不振，面部表情狂躁，驱赶时反抗，后躯轻度痉挛，摆尾，站立不稳，叉开腿走路，并伴有缩头和牙关紧闭。运动、音响、针刺均引起惊厥，少数兴奋不安，发狂，向前冲，奔跑，如卧地不起，颈呈S状弯曲，或伸舌喘气，呼吸加深，流涎，体温37.8℃	皮下组织、心内外膜、胸膜、腹膜、肠黏膜下可见血液外渗		
牛毒芹中毒			食后2～3小时发病，突然兴奋，流涎，腹痛、腹泻，从头部到全身阵发性或强直性痉挛，发作时突然倒地，头颈后仰，四肢伸直，牙关紧闭，鼻唇抽搐，心动强盛，呼吸迫促，体温升高，瞳孔散大，后期躺卧不动，反射消失，四肢厥冷，体温下降，眼球震颤，口鼻流血或血样泡沫，重者1～2小时死亡	胃肠黏膜重度充血、出血、肿胀，脑及脑膜充血，心包、心内膜、肾黏膜、膀胱黏膜、皮下组织多有出血现象，血液稀薄而发暗		

附表 2　牛表现瘤胃臌胀症状的疾病临床类症鉴别简表

病名	病原体	流行病学	主要临床症状	主要病理变化
牛瘤胃臌胀			急性：瘤胃充满气体，左腹膨大，超过背脊，叩之鼓音，扭动不安，站立、不愿卧，卧下立即起立，用针头穿刺瘤胃有气体排出。呼吸困难，出气粗，张口伸舌发出吭声 慢性：瘤胃臌胀，穿刺常发出啪啪声，常因水泡堵塞针孔放不出气，呼吸困难	瘤胃充满气体或泡沫，瘤胃黏膜有的出血或瘀血，肺充血，肝、脾贫血
牛瘤胃积食			急性：瘤胃充满食物，左肷凸显臌胀，按压坚实，叩诊实音，呼吸增数，显喘、磨牙，吃草、反刍大为减少至废绝 慢性：吃草、反刍减少。瘤胃按压内容坚硬，不愿走动，久站不愿卧，久卧不想起，鼻镜皲裂，呼吸增数	
牛食管阻塞			头颈伸直，口鼻流涎，喝水时鼻孔流水，咽部阻塞，可在咽部触到阻塞物，颈部食管阻塞，可在颈静脉沟看到或摸到阻塞物，胸部食管阻塞，导管不能进入瘤胃。瘤胃渐进性臌胀（因不能嗳气）	
牛过食豆类病			偷吃豆饼、黄豆过多，食欲减退、反刍减少至废绝，瘤胃泡沫性臌胀，以针头瘤胃放气时有气体排出，但常被气泡阻塞，针孔排不出气而发出啪啪声，排灰白色稀粪含有豆瓣	
牛氨中毒			食欲废绝、反刍停止，瘤胃臌胀，腹痛呻吟，肌肉震颤，呼吸困难，心跳增数，节律不齐，步态蹒跚，濒死时狂躁不安，大声吼叫	胃肠黏膜水肿、坏死，内有氨气，肺充血、出血、水肿，支气管黏膜充血、出血、充满渗出物。心包、心外膜点状出血。慢性特征是皱胃黏膜肿胀、充血。小肠有卡他性炎，肾小管浑浊肿胀、有坏死灶

（续）

病名	病原体	流行病学	主要临床症状	主要病理变化
牛黄曲霉毒素中毒			乳牛多慢性经过，厌食，磨牙，消瘦，精神萎靡，瘤胃臌胀，有的出现间歇性腹泻甚至里急后重，产奶量减少，孕牛流产。脱肛。个别转圈	肝苍白变硬，结缔组织增生，将实质分开并嵌入小叶，将小叶分成小岛状形成假小叶，表面有灰白色区，胆囊扩张，多数有腹水
牛再生草热（牛特异性间质性肺炎）			初病不显全身症状，仅咳嗽，呼吸困难，头颈伸直，口吐白沫，惊恐呻吟，瘤胃轻度臌胀，体温 38.5～39.5℃，天热时可达 41～42℃，心跳 80～120 次/分，节律不齐	肺极度膨胀，肺间质扩张，有浅灰透明条纹，切面充满泡沫状水肿液，间质气肿，大部分肺组织高度水肿，实质呈暗红色，胸膜苍白、肥厚、不透明
牛尿素中毒			采食后 30～60 分钟出现症状，初沉郁，接着感觉过敏，反刍停止，瘤胃臌胀，肌肉震颤，步态不稳，反复发生强直痉挛，流涎卧地，四肢划动，窒息而死	肺水肿、充血、有瘀血斑，瘤胃内容有氨气，胸腔积水，心包积水，心内外膜下出血，肝脂肪变性，色黄质脆，有的气管有胃内容物
牛毒芹中毒			食后 2～3 小时内出现症状，兴奋不安，流涎，吃草、反刍停止，瘤胃臌气，腹痛腹泻，头颈到全身阵发性强直痉挛，卧地后头颈后仰，四肢伸直，牙关紧闭，鼻唇抽搐，心跳、呼吸增数，瞳孔散大，后期躺卧不动，肢端厥冷，口鼻流血或血泡，重者1～2 小时死亡	胃肠黏膜重度肿胀、充血、出血。心包、心内膜、肾、膀胱及皮下组织多有出血现象，血液稀而发暗
牛氢氰酸中毒		采食高粱、玉米幼苗或再生苗或桃、杏、李、梅、树叶、果仁	食后 15～30 分钟发病，腹痛不安，呼吸困难，瘤胃臌胀。先角弓反张狂叫，后沉郁，四肢发抖，瞳孔散大，最后昏迷，衰竭死亡	血管充血，血液鲜红、凝固不良，胃内容物有杏仁味，胃肠黏膜充血、出血，肺水肿、充血。气管、支气管黏膜有出血，并有大量泡沫液体，尸体长时间鲜红色

附表3　牛表现有黏膜黄染（黄疸）症状的疾病临床类症鉴别简表

病名	病原体	流行病学	主要临床症状	主要病理变化
牛钩端螺旋体病	钩端螺旋体	猪、牛、犬、马、羊、骆驼、猫易感。低湿草地、死水塘、水田昆虫传播，每年7～10月流行	急性：常突发40～42℃，黏膜黄疸，尿有大量白蛋白、血红蛋白和胆色素，皮肤干裂、坏死和溃疡，常于发病后3～7天内死亡，死亡率高 亚急性，常见于奶牛，食欲减少，黏膜黄疸，奶量下降，乳色变黄并常有凝血块，体温不同程度升高，很少死亡，经2周逐渐好转，经2月恢复产奶量。流产是重要症状之一	口腔黏膜有溃疡，黏膜及皮下组织黄染，肺、心、肾、脾有出血斑点，肝肿大泛黄，肾稍肿有灰色病灶，膀胱积有深黄色或红色尿，肠系膜淋巴结肿大
牛肝片吸虫病（肝蛭病）	肝片形吸虫	黄牛、水牛、绵羊、山羊易感，牛吃进包囊，溶解后的童虫而感染	吃草、反刍减少，瘤胃蠕动减弱，反复发生臌胀，经常腹泻，体温不高，眼结膜苍白，略带黄染，病久，下颌、垂皮、胸下发生水肿，消瘦，行动迟缓，无力、衰竭死亡	肝肿大，包膜有纤维素沉着、出血，可见暗红色虫道，内有凝血和小童虫，急性肝有炎症和内出血，慢性则肿大后萎缩、硬化，小叶间组织增生，胆管扩张增生，内膜粗糙（有磷酸钙和磷酸镁沉着），胆管内有虫体和污浊浓稠液体。也有的无虫体
牛双腔吸虫病	矛形双腔吸虫	牛、羊、猪、骆驼、马感染，主要侵害反刍兽。西北地区多发	黏膜黄染，消瘦，下痢，下颌水肿	肝肿大，被膜肥厚，胆管壁增厚，将肝在水中撕碎，用连续洗涤法可见有柳叶状虫体
牛无浆体病（边缘边虫病）	边缘边虫	纯种、杂交、高产乳牛感染率高，本地黄牛、水牛常不发病，1岁以下犊牛未见发病，多发于夏秋季	犊牛：厌食，轻度热，症状不明显，但血检时可发现无浆体 成年牛：初40～41℃，间歇热或稽留热，沉郁、减食，粪正常或便秘或下痢，粪金黄色，无血尿。眼睑、咽喉、颈部水肿，流泪，流涎，眼结膜瓷白色、黄疸，体表淋巴结肿大，全身震颤，高度贫血，皮肤，乳房可视黏膜十分苍白，并有针尖大出血点，尿清亮，常引起泡沫	阴道黏膜有丝状或斑点状出血，皮下组织黄色胶样浸润，下颌、肩前、乳房淋巴结显著肿大，切面多汁，有斑点状出血，心肿大，心肌软而色淡，心内、外膜冠状沟有斑点出血，脾肿大2～3倍，被膜下有稀散点状出血，切面有暗红色颗粒，肝显著肿大，呈红褐色或黄褐色，胆囊肿大，胆汁浓稠暗绿，肾肿大、被膜易剥离，呈褐色，膀胱积尿、色正常，出血性皱胃炎，大、小肠发炎、间有斑点状出血

（续）

病名	病原体	流行病学	主要临床症状	主要病理变化
牛蕨中毒			急性：体温 40～41℃，呼吸增数、困难，粪干呈褐红色或血色糊状粪，含少量红黄色黏液和凝血块，腹痛，结膜苍白或黄染，常有血尿。慢性间歇性血尿，营养不良，贫血 犊牛：口鼻周围有过量黏液，咽喉水肿，呼吸困难，出现喘鸣声。外部没有出血现象	
牛木贼中毒		采食木贼科的问荆、木贼、节节草过多而中毒	体温 37～38℃，心跳增数，节律不齐，气喘、咳嗽，流浆性鼻液，流泪，流涎，可视黏膜黄染，腹泻尿色淡红，乳牛奶产量下降，孕牛体弱流产	心肿大，心肌变性，心包膜、心内膜出血，肝肿大变脆、黄红色。肾皮质髓质界限模糊，质脆，土黄红色。胃肠有炎性变化。气管、支气管充血、出血。肺有炎症变化。关节囊肥厚出血，周围胶样浸润，脑脊髓充血
牛猪屎豆中毒		主要用作绿肥的猪屎豆植物不能作饲料，牛吃后易中毒	牛中毒多为慢性，初消化不良，消瘦，沉郁，离群垂头站立，体温正常或偏高，黏膜发绀，略带黄染，食欲减退或废绝，反刍减少或停止，腹膨大有腹水，尿少而黄易生泡沫，尿沉渣有红、白细胞或透明管型。病程中有时向前猛冲而不顾障碍，或做圆圈运动，无目的徘徊，有时突然倒地抽搐	全身黄疸，皮下水肿，腹腔有水，心肌瘀血或瘀血性出血，心冠、心内膜有出血，肝、脾肿大质脆，有的纤维化缩小为正常的一半，咽喉胆囊有出血点，胃底有出血斑，肠黏膜、肠系膜，肺有瘀血、出血，肾盂、输尿管、膀胱出血，脑及脑膜瘀血、出血，全身淋巴结有出血点
牛铜中毒		舔食铜制剂药以及铜矿、铜冶厂污染的草、水，长期食用慢性中毒，一旦暴发即为急性过程	急性：大量流涎，剧烈腹痛、腹泻，粪中有黏液，呈深绿色，惊厥、麻痹，可在 24 小时死亡 慢性：初期（2～3 个月）瘤胃消化力减弱。第二期（10～25 天）厌食，沉郁，腹泻，血铜微升。第三期（24～48 小时，长者可达 5 天），无力，发抖，厌食，气喘，呼吸困难，休克，血红蛋白尿，黄疸（也偶有不出现血红蛋白尿但黄疸者）血铜升高	急性表现胃肠炎，慢性时全身黄染，肾高度肿大、暗棕色，常有出血点，肝微肿，质脆黄色。胆囊扩张，胆汁浓稠，脾肿大，呈棕色或黑色

（续）

病名	病原体	流行病学	主要临床症状	主要病理变化
牛棉籽和棉籽饼中毒		未用高温煮或用2.5%硫酸亚铁浸泡4～6小时去毒即喂牛，易引起中毒	急性：初瘤胃积食，腹痛、便秘，粪球小，后期腹泻，脱水和酸中毒，沉郁，行动困难，步态蹒跚，抽搐，慢性干眼和夜盲 犊牛：食欲下降，腹泻，黄疸，目盲，重症有佝偻病	急性：组织广泛充血、水肿，胸、腹腔有淡红色渗出液，胃肠有出血性炎。肝肿大，胆囊肿大有出血性炎，犊牛脾肿大，切面结构模糊，脾髓流出。肺水肿、充血、气肿 犊牛黏膜出血性炎，喉弥漫性出血，心内、外膜有出血点，心肌炎。肾实质有点状出血，膀胱炎最严重 水牛肾盂、膀胱有结石 慢性有胃肠炎
牛口炎			口腔黏膜潮红、充血、肿胀，黏膜表层剥脱或麦芒刺伤感染而发生溃疡，口臭，流涎	
牛传染性水疱性口炎	水疱性口炎病毒	牛、马、猪最易感，羊、犬、兔不易病，多发于夏秋季	体温40～41℃，食欲减退、反刍减少，饮大量水，舌、唇发生米粒大水疱，常融为大水疱，经1～2天破溃，露出鲜红烂斑。有的病牛乳头、蹄部也发生水疱，病程1～2周，很少死亡	
牛口蹄疫	口蹄疫病毒	黄牛、奶牛最易感，牦牛、水牛、羊、猪次之，秋冬发生，春季减轻	体温40～41℃，口角流涎，1～2天后口腔黏膜、舌发生水疱，经1天水疱破裂，成边缘整齐的红色糜烂，体温下降，同时趾间、蹄冠发生水疱，甚至蹄壳脱落。有的乳房发生水疱，死亡率1%～2%，恶性口蹄疫死亡率20%～50%	咽喉、气管、前胃黏膜有烂斑和溃疡，皱胃、大、小肠有出血性炎症。心包有弥漫性出血点，心肌有浅黄色或灰白色斑点和条纹、好似虎纹斑，质疏松如煮过的肉

（续）

病名	病原体	流行病学	主要临床症状	主要病理变化
牛病毒性腹泻（黏膜病）	黏膜病病毒	黄牛、水牛、牦牛、羊可感染，6～18月龄犊牛易发，多发于冬春季，发病率2%～50%，死亡率90%	体温40～42℃，流浆性鼻液，口腔黏膜糜烂，舌面上皮坏死，流涎增多且恶臭，严重腹泻，初水样，后带黏液和血，常有发生蹄叶炎和趾间皮肤糜烂、坏死，跛行。慢性少见体温升高，也有不腹泻的。鼻镜、口腔黏膜糜烂，蹄叶炎和趾间皮肤糜烂、坏死	特征性损害是食管黏膜糜烂，呈大小不等形状或直线排列，瘤胃黏膜偶有出血和糜烂。皱胃炎性水肿和糜烂，肠壁肥厚、有卡他性炎，回、空肠较严重，直肠有卡他性、坏死性不同炎症 流产胎儿口腔、食管、皱胃可能有出血斑和溃疡 新生胎儿蹄部及趾间皮肤糜烂，以至溃疡、坏死
牛瘟	牛瘟病毒	牦牛、黄牛最易感，山羊、绵羊也可感	体温41～42℃，口黏膜潮红，有灰白结节，初硬后软，状如撒麸皮，后融成一层均匀灰色或黄色被膜，去掉被膜露出红色易出血的边缘不规则烂斑，眼结膜潮红并覆有假膜，角膜不浑浊，眼睑肿胀，流泪后脓性。体温下降时腹泻，粪恶臭、带血。尿次多量少，呈淡红色或深棕色	食管、瘤胃、瓣胃有出血，皱胃紫红黏膜下水肿，有出血点，后期有烂斑，肠充血，回盲瓣有出血，盲肠高度肿胀，暗红。胆囊肿大，充满胆汁，有时有血。黏膜有小出血点，肾盂、膀胱肿胀，有时有点状出血，尿棕色，心内、外膜出血，心肌软，鼻、喉、气管有烂斑，并有假膜，脾充血
牛恶性卡他热	一种泛嗜性病毒	黄牛、水牛、绵羊、山羊易感，黄牛多发于4岁以下，多见于春季	体温41～42℃，口、鼻黏膜充血、坏死、糜烂，鼻流黄色脓样液体，能如丝垂及地面，呼吸困难，口流臭涎，眼虹膜炎，羞明、流泪（8小时后浑浊），肿胀延至咽喉可窒息，延至额窦则隆起，并能引起肺炎。体表淋巴肿大，粪先干后腹泻恶臭，排尿混有血液。常伴有癫痫性发作。关节肿胀 母牛阴道黏膜红肿，阴唇水肿	心肌变性，肝、肾浑浊。脾和淋巴结肿大，消化道黏膜（尤其皱胃）不同程度发炎，部分溃疡、鼻骨、筛骨坏死性变化，喉、气管、支气管充血，有小出血点。脑膜充血，有浆液浸润

附表 4　牛表现神经症状的疾病临床类症鉴别简表

病名	病原体	流行病学	主要临床症状	主要病理变化
牛脑及脑膜充血			主动性脑充血：先沉郁，不注意周边事物。兴奋发作时，狂躁不安，摇头，磨牙，哞叫，咬物，冲撞，蹴踢，无目的前进后退，头抵墙或食槽，冲撞障碍物。头盖灼热，黏膜充血，瞳孔散大或缩小 被动性充血：沉郁，垂头站立，有时抵墙或槽，不愿采食，呼吸困难，有时癫痫发作，抽搐或痉挛	主动性充血：硬脑膜含有大量血液，软脑膜红色，沿血管周围有出血点，上层灰质呈灰色或红灰色，白质呈淡红或褐色，切面流血滴，脑实质具有充血性斑点 被动性充血：脑回及间沟间小血管及迂曲的静脉剧烈充血，脑膜及脑实质为鲜红或暗红色，窦内充满血液，甚至有凝血块，沿小血管径路有出血点。脑脊髓液量增多，切面流出血液如伴发瘀血、水肿时脑的重量和体积增加，脑沟展平
牛脑膜脑炎			初沉郁，意识障碍，直至昏睡，其间突兴奋，咬牙切齿，眼神凶恶，抵角甩尾，时而哞叫，鼻发鼾声，体温40～41℃，有时出现痉挛，角弓反张，卧地做游泳动作	软脑膜小血管充血、瘀血，轻度水肿，有的有出血点，蛛网膜下及脑室内脊液增多，浑浊含有蛋白质絮状物。脉络丛、灰质与白质充血，并有散在出血点
牛日射病和热射病			日射病：病初沉郁，眩晕，四肢无力，步态不稳定，共济失调，突然倒地，四肢游泳动作，不久，呼吸迫促，静脉努张，体温40℃以上。瞳孔先大后小，兴奋时狂躁不安，有时全身麻痹，反射减退。常发生剧烈的痉挛和抽搐，迅速死亡 热射病：体温42～44℃，全身出汗，剧烈喘息，晕厥倒地，可视黏膜发绀，静脉瘀血，脉弱，最后皮肤干燥，无汗，体温下降，死亡	脑及脑膜的血管高度瘀血，并有出血点，脑脊液增多，脑组织水肿，肺充血、水肿，胸膜、心包膜以及肠黏膜都有瘀血斑、浆液性炎。肝、肾、心及骨骼肌变性

（续）

病名	病原体	流行病学	主要临床症状	主要病理变化
牛癫痫			发作时突然表现眼、嘴抽搐、四肢震颤，站立不稳，重时摔倒抽搐，四肢乱蹬，口吐白沫或血色沫，约持续几分钟或几十分钟即恢复正常状态，本病常反复发作，先一年或几个月发生一次，以后逐渐十几天一次，甚至一天发作几次，最后衰竭死亡	
牛脑震荡及损伤			脑震荡：轻的站立不稳，踉跄倒地，失去知觉，经过时间不长即恢复正常。重的倒地昏迷，知觉减退或消失，瞳孔散大，呼吸减弱，不久恢复正常，会反复发作 脑损伤：因损伤部位不同有不同表现，多出现昏迷，知觉、运动、反射减退或消失，还会出现抽搐、角弓反张或痉挛、麻痹，一侧损伤会出现转圈	
牛日本乙型脑炎	日本乙型脑炎病毒	7～9月流行，马、牛、羊、猪易感	发热，食欲消失，呻吟，磨牙、痉挛、转圈，四肢强直和昏睡，急性者经1～2天，慢性经10天左右可能死亡	
牛李氏杆菌病	李氏杆菌	绵羊、猪、兔较多发，牛、山羊次之，多发生于冬季和早春	头颈一侧性麻痹，弯向健侧，麻痹侧耳下垂，眼半闭，视力障碍。无目的奔跑，有时做圆圈运动，遇障碍不知避开而抵靠不动。颈部肌肉强硬，角弓反张，后倒于地，如强使翻身，又被重新恢复过来。甚至死亡	

（续）

病名	病原体	流行病学	主要临床症状	主要病理变化
牛海绵状脑病（疯牛病）	朊的特殊病原体	多发于3～11岁的母牛，以3～5岁居多，可传染给人	体温、食欲正常，产奶量降低，体重减轻，分三类 精神异常：神经质，焦虑不安，恐惧，狂暴，神志恍惚，烦躁不安 运动障碍：病初共济失调，四肢伸展过度，后肢运动失调，震颤易摔倒，麻痹，起立困难和不能站立 感觉异常，对触摸和音响过度敏感，挤奶时乱踢乱蹬，擦痒 绝大多数同时有上述三种症状，病程14天至6个月，最终卧地不起而死亡	肉眼看不出明显变化。组织学检查以灰质的空泡为特征，神经元胞体膨胀，内有较大的空泡（海绵样变），大脑呈淀粉样变，空泡样变主要分布于延髓，中脑部中央灰质区、丘脑、下丘脑侧脑室、间脑，而小脑、海马区、大脑皮质、基核的空泡样变性较轻微
牛青草搐搦（泌乳搐搦）		采食大雨过后或施钾肥过量的牧草，乳牛、肉牛、水牛易发病	急性：放牧时突然停止吃草，甩头，肌肉和两耳明显抽搐，有轻微干扰即吼叫狂奔，倒地四肢抽搐，很快转为阵发性惊厥，持续几分钟，惊厥时项、背、四肢震颤，角弓反张，眼球震颤，牙关紧闭，口吐白沫，两耳竖起。间歇时静卧，如有音响或触动又发作。体温40～40.5℃ 亚急性：水牛多发，3～4天食欲不振，面部表情狂躁，驱赶时反抗，后肢轻度痉挛，摆尾，站立不稳，叉开肢走路，并伴有缩头和牙关紧闭，运动、音响、针刺都能引起惊厥，少数兴奋不安，狂奔前冲、奔跑。如卧地不起，颈呈S状弯曲，或伸舌喘气，呼吸加深，流涎，体温37.8℃	皮下组织，心内、外膜、胸膜、腹膜、肠黏膜下有血液外渗
牛铜缺乏			营养不良：贫血、消瘦，毛色变淡（由红色、黑色变为棕红、灰白色），骨骼变形，关节畸形，运动障碍，还可出现癫痫，貌似健康的牛头颈高抬不断哞叫，肌肉震颤并卧地不起，很快死亡，少数可持续1天以上。有呈间歇性发作，并以前肢为轴心做圆圈运动，多在发作中死亡	肝、脾、肾广泛性血铁黄素沉着，犊牛腕关节周围滑液囊的纤维组织层增厚，骨骺板增厚，骨骼钙化缓慢

（续）

病名	病原体	流行病学	主要临床症状	主要病理变化
牛尿毒症			真性：沉郁、衰弱无力，意识障碍，嗜睡，也有的兴奋痉挛。食欲减退或废绝，好喝水，腹泻，呼出气有尿气味，有贫血及痒感 假性：突发癫痫性痉挛或昏睡，精神萎靡，流涎，瞳孔散大，反射增强，呼吸困难，阵发性喘息，衰弱无力，卧地不起	
牛多头蚴病（脑包虫病）	多头绦虫	由寄生于犬的多头绦虫卵被牛吞食后引起发病。以脑寄生为主	精神萎靡，食欲减退、反刍减少，站立不稳，依靠物体，头常偏向一侧，经常出现转圈运动，病牛拴于木桩时，直至缰绳绕完还想转圈	脑内有多头蚴的包囊，内有头节
牛有机氯农药中毒			轻症食后5～6小时发病，呼吸困难，流涎，时起时卧，眼球震颤，全身战栗，下痢。重时，先沉郁后兴奋，头抵墙不退，口糜烂，眼有脓眵，严重时高度兴奋，毁物伤人，口吐白沫，全身发抖，角弓反张，衰竭死亡 水牛：突然昏迷，行动无力，有时碰墙也不觉，呼吸浅而急，几小时或几十小时死亡	瘤胃黏膜肥厚，网胃有弥漫性小出血点，甚至多发烂斑和溃疡。皱胃充血、出血。小肠黏膜显著出血和卡他炎症，大肠黏膜也见出血，有鼻镜溃疡和角膜炎。颈背部或肢间皮肤变厚或硬化。肝显著肿大、变硬，小叶中心坏死，胆囊扩张，脾肿大，超过正常3～3.5倍，暗红色、质脆，肾肿大明显出血。骨骼肌与心肌有坏死灶。显著肺气肿
牛氟乙酰胺中毒			突发型：突然倒地，剧烈抽搐，惊厥，角弓反张，迅速死亡。有的暂时恢复仍死亡 迟发型：食后5～7天发病，绝食空嚼，口角有粉红色泡沫，呻吟，步态蹒跚，阵发性痉挛持续9～18小时，突然倒地狂叫，角弓反张，四肢痉挛，瞳孔散大，口吐白沫而死亡。也有经治疗恢复反刍又复发的	一般无特征性变化，一般尸僵快，黏膜发绀，血色暗，心肌松软，心包及心内膜出血，肝、肾充血、肿胀。严重肠炎

（续）

病名	病原体	流行病学	主要临床症状	主要病理变化
牛有机磷农药中毒			兴奋不安，前肢、肩、肘、后肢、腹部肌肉颤抖，站立不稳，流涎，鼻液多，呼吸困难，呼气有特殊气味，眼球震颤，瞳孔缩小，流泪，结膜潮红、发绀，有的苍白、黄染，呻吟，磨牙，腹泻，甚至水泻带血，四肢厥冷，最后窒息死亡	10 小时内死亡的：胃肠黏膜充血，内容有蒜味 10 小时以上死亡的：胃肠黏膜暗红色，有出血斑，黏膜肿胀且有脱落。肝肿大，肾浑浊肿胀，切面淡红褐色，肺充血，气管有白色泡沫，心内膜有血斑 病稍久：浆膜下有小出血点，皱胃、小肠出现坏死性出血性炎，肠系膜淋巴结肿胀出血，胆囊肿大、出血。心内、外膜有小出血点，肺淋巴结肿胀出血，肝切片有小坏死灶，小肠淋巴滤泡有小坏死灶
牛食盐中毒			一般体温正常，但夏季可升至 42℃，步态不稳，肌肉震颤，口角流少量白沫，唇抽搐，烦渴饮多，无尿，卧地四肢抽搐。严重时后肢麻痹，心跳、呼吸增数，病程稍长腹痛、腹泻	黄牛瘤胃、皱胃壁水肿有溃疡。水牛瘤胃、网胃、皱胃黏膜脱落，肠黏膜充血，心包有积水，肺可能充血、水肿，膀胱黏膜发红。脑充血、出血。骨骼肌水肿
牛铅中毒			初哞叫，步态蹒跚，转圈，头颈肌肉抽搐，感觉过敏，磨牙，口吐白沫，眼球转圈，不断水平摆动，眨眼，瞳孔散大。有的狂躁、冲篱笆，爬槽，两耳摆动，角弓反张，惊厥，1～2 小时死亡	胃可见铅片、油漆残渣，胃炎，肝色淡，肾充血变性，肾小管坏死，脑水肿，皮层充血、出血，肌肉苍白。皮下、胸腺、气管出血，膀胱炎，角膜、眼球出血

（续）

病名	病原体	流行病学	主要临床症状	主要病理变化
牛尿素中毒			采食后30～60分钟出现症状，初沉郁，接着感觉过敏，反刍停止，瘤胃臌胀，肌肉震颤，步态不稳，反复发生强直痉挛，流涎，卧地四肢划动，窒息死亡	肺水肿充血、有瘀血斑，瘤胃内容物有氨气味，胸腔积水，心包积水，心内、外膜下出血。肝脂肪变性、色黄、质脆，有的气管有胃内容物
牛马铃薯中毒			重剧中毒，兴奋狂躁，向前冲撞，继而沉郁，步态摇晃，甚至麻痹，可视黏膜发绀。呼吸无力，次少，瞳孔散大，全身痉挛，3～4天死亡，轻度中毒，口腔黏膜肿胀，流涎，呕吐，便秘，有时腹泻带有血液，还在口唇周围、肛门、尾根、四肢系部、乳房发生湿疹或水疱性皮炎，前肢深部坏死灶	胃肠黏膜充血、潮红、出血，上皮细胞脱落，实质器官常见出血，心腔充满凝固不全暗色血液。肝、脾肿大，有时肾有炎性变化
牛硝酸盐和亚硝酸盐中毒			牛常在食后1～5小时发病，呼吸困难，黏膜发绀，流涎，疝痛，腹泻，四肢厥冷，全身震颤，步态摇晃，倒地全身痉挛，心跳120～140次/分，窒息死亡	血液黑红或咖啡色，持久暴露于空气不会变红，胃肠黏膜多充血，心肌、气管可能有出血点，肝瘀血、肿大，全身血管扩张
牛闹羊花中毒		易发于牛、羊，4～5月易发生	食后3～5小时发病，先流泡沫状涎，步态不稳，严重者四肢麻痹，有喷射性呕吐。腹痛腹泻，粪中带黏液、血液，脉弱节律不齐，呼吸迫促，倒地不起，昏迷、体温下降，呼吸麻痹而死	瘤胃黏膜脱落，胃肠有弥漫性出血，气管、支气管黏膜充血
霉麦芽根中毒			体温38.5～39℃，初食欲减少，后逐渐恢复，后期虽能站立仍能采食，呼吸浅表、增数，濒死时呼吸困难，鼻流白色泡沫，摸其皮肤及音响均能引起惊恐和全身战栗，眼球突出，后肢抬举及伸展，跗关节强直显著，站立不稳，严重时卧地不起，初伏卧，四肢向外开张，不久横卧，四肢划动，最后四肢强直，甚至死亡	脑膜充血，脑质软化，脊髓液增多、稍浑浊，坐骨神经干束膜有弥漫出血，周围疏松组织胶样浸润并出血，心冠纵沟有出血点，肾肿大，皮质增厚浑浊，脾缩柔软，切面凹陷，肺瘀血、水肿，气管、支气管内充满白色泡沫液体。严重时肺气肿，骨骼肌多呈凝固坏死和出血

（续）

病名	病原体	流行病学	主要临床症状	主要病理变化
牛毒芹中毒			食后2～3小时发病，兴奋不安，流涎，腹痛腹泻，从头部到全身阵发性或强直性痉挛，发作时突然倒地，头颈后仰，四肢伸直，牙关紧闭，鼻唇抽搐，心动强盛，呼吸迫促，体温升高，瞳孔散大，后期躺卧不动，反射消失，四肢厥冷，体温下降，眼球震颤，口鼻流血样泡沫。重者1～2小时死亡	胃肠黏膜重度充血、出血、肿胀，脑及脑膜充血，心包、心内膜、肾、膀胱黏膜、皮下组织多有出血现象。血液稀薄而色暗
牛无机氟化物中毒		食用金属冶炼、磷肥、氟化盐等工厂周围污染草和水	急性：反刍停止，厌食、流涎、腹痛、腹泻，呼吸困难，肌肉震颤，强直性痉挛，感觉过敏，易惊。常数小时死亡 慢性：有异嗜，常喜啃骨头，跛行，使役后病情加剧，臼齿有波状齿	急性：出血性胃肠炎，前胃黏膜易剥离，心肌松软，血液稀薄，腹腔有红色液体 慢性：头骨、肋骨、桡骨、腕骨、掌骨均较大，腕关节常生骨赘，并带大量结缔组织包裹，有的下颌变形
牛猪屎豆中毒		主要用作绿肥的猪屎豆植物不能作饲料，牛吃后易中毒	牛中毒多为慢性：初消化不良，消瘦，沉郁，离群垂头站立，体温正常或偏高，黏膜发绀，略带黄染，食欲减退或废绝、反刍减少或停止，腹膨大有腹水，尿少色黄，易生泡沫，尿渣有红、白细胞或透明管型。病程中有时向前猛冲不顾障碍，或做圆圈运动，无目的徘徊，有时突然倒地抽搐	全身黄疸，皮下水肿，心肌瘀血或瘀血性出血，心冠、心内膜有出血。肝脾肿大质脆，有的纤维化缩小为正常的一半，咽喉胆囊有出血点。胃底部有出血斑，肠黏膜、肠系膜、肺有瘀血、出血，肾盂、输尿管、膀胱出血，脑及脑膜瘀血、出血。全身淋巴结有出血点

附表 5　牛表现喷嚏、咳嗽症状的疾病临床类症鉴别简表

病名	病原体	流行病学	主要临床症状	主要病理变化	实验室诊断	防治
牛气管炎			主要为咳嗽，尤其早晨出畜舍吸入冷空气立即咳嗽，用手按捏气管可诱发咳嗽，有时气管分泌物多，在肺部听诊可听到啰音或水泡音，在气管听诊更明显			
牛支气管炎			急性：病初短咳，干咳，1～4 天后因分泌物增多变为湿咳，痛咳减轻有咳出灰白色痰，有时由鼻流出，每次咳声增多 慢性：早晚出入畜舍，咳嗽能连续数月，当肺泡气肿时，肺音界扩大后移	支气管血管充满血液，黏膜发红，也见有瘀血，黏膜下水肿，渗出物先稀后稠		
牛支气管肺炎			体温 39.5～41℃，弛张热，心跳、呼吸均达 60～80 次/分，初病肺音粗厉，部分肺泡音消失，干咳，后湿咳，初鼻液较多，当发炎的数量增多，呼吸困难，有部分听不到肺音、浊音区的周围清音	病变的支气管区域初暗红后灰红，新生病变区充血显著，呈红色或灰红色，病较久的呈灰黄或灰白色。肺间质扩张，被膜浆液浸润呈胶冻样，炎症周围代偿性气肿		
牛胸膜炎			体温 39～40℃，弛张热，化脓时更高，肘外展，多站、不愿卧下，不愿走动，叩诊胸部疼痛，咳嗽加剧，胸廓下部水平浊音，前肢站高或站低，水平线也变动，浊音上部鼓音，听诊有摩擦音（渗出液太多音即消失），胸腔穿刺有液体流出	胸膜充血、变厚、粗糙，上附一层纤维蛋白膜，胸腔有大量含有纤维蛋白浑浊液，胸膜脏层与壁层粘连		

（续）

病名	病原体	流行病学	主要临床症状	主要病理变化	实验室诊断	防治
牛传染性胸膜肺炎（牛肺疫）	丝状支原体	牦牛、奶牛、黄牛、水牛易感，冬春、秋季多发	急性：体温 40～42℃，稽留热，鼻孔扩大，呼吸困难，有吭声，按叩肋骨疼痛，痛性短咳，咳次增多，鼻流浆性、脓性鼻液。有大量胸水时呈水平浊音。听诊有啰音、摩擦音，垂皮、胸前、腹下水肿，鼻流白色泡沫，最后窒息死亡，病程 5～8 天	初期，胸膜脏层下小叶性肺炎，病灶大小不一，切面红色、灰红色 中期：病灶以右侧为多，炎性肺小叶一部分鲜红湿润，一部分干燥紫红、灰红、黄色或灰色，有贫血性坏死区和正常小叶相间呈大理石样。胸水透明、黄色或浑浊，胸膜表面与心包有纤维素沉着。肝脂肪变性，肾有大梗死灶 后期：不完全自愈状态，病灶包裹不完全，灶内保留病变肺组织，坏死组织内有液体，局部结缔组织增生，形成瘢痕。有病变与胸膜粘连，自愈病灶完全瘢痕化		
牛副流感	副流感 3 型病毒	多发于舍饲牛，放牧牛少发，多见于秋冬季	体温 41℃，流脓性鼻液，脓性结膜炎，大量流泪，呼吸快速，咳嗽，有时张口呼吸，听诊有支气管肺炎、胸膜肺炎症状。有的有黏膜性腹泻，消瘦，有的 2～3 天死亡，发病率 20%，病死率1%～2%	鼻腔鼻窦积大量脓性液体，支气管充血、肿胀，内有纤维素块，两侧肺前下部充满纤维块而膨胀硬实。切面呈灰色肝变，小叶间水肿，胸腔积浆液性纤维素性液，支气管和纵隔淋巴结水肿、出血，心内外膜、胸腺、胃肠黏膜有出血斑点		

（续）

病名	病原体	流行病学	主要临床症状	主要病理变化	实验室诊断	防治
牛巴氏杆菌病（牛出血性败血病）	多杀性巴氏杆菌	无明显季节性，黄牛、水牛可互相感染	败血型：体温41～42℃，心跳、呼吸加快，有时咳嗽，呻吟，腹痛下痢，粪中有黏液、血液，恶臭，眼结膜潮红，腹泻后体温下降，迅速死亡，病程12～24小时 肺炎型：体温41℃左右，呼吸迫促、困难，初干咳后湿咳，流泡沫鼻液，叩诊肋部有疼痛，便秘或下痢、恶臭，病程2～3天 咽喉型：体温40～41℃，咽喉肿胀、热痛，呼吸困难，口流涎，结膜发绀，12～36小时死亡	败血型：内脏器官、浆膜、黏膜、舌、皮下组织都有出血点，脾有小点出血或无变化，肝、肾、变性淋巴结显著水肿，胸腹腔大量积液 肺炎型：肝有不同肝变，切面大理石状，呈弥漫性出血，出现坏死灶，胸膜有小点出血及一层纤维薄膜。胸腔有大量渗出液，纤维素性心包炎、腹膜炎、胃肠卡他性炎和出血性炎，肝内有坏死灶，淋巴结紫色，充满出血点		
牛结核病	结核分枝杆菌	奶牛最易感，黄牛、牦牛、水牛较少发生	牛：常见短干咳嗽，尤其在起立、运动、吸入冷空气易咳，随后咳嗽加重，气喘，日渐消瘦，体表淋巴结肿大，无热无痛，泌乳减少、稀薄 犊牛：顽固下泻，迅速消瘦 母牛生殖器官结核，发情频繁，慕雄狂，不孕，流产 公牛睾丸、附睾肿大，阴茎前部发生结节糜烂	肺、肺门、头颈、肠系膜淋巴结有白色或黄色结节，切开干酪样坏死，有的钙化，胸腹腔浆膜上发生密集的结核结节，粟粒至豌豆大，胃肠黏膜上可能有结节或溃疡		

（续）

病名	病原体	流行病学	主要临床症状	主要病理变化	实验室诊断	防治
牛弓形虫病	弓形虫	牛、猪、羊均能感染	6月龄以下犊牛：呼吸困难，咳嗽，打喷嚏，流鼻液，口流沫，发热，头震颤，偶腹泻，带血液黏液，常于2～6天内死亡	全身淋巴结充血、出血，肺出血，间质水肿，有白色或灰黄色坏死灶，脾有出血点，胃底出血有溃疡，肾有出血坏死灶，大、小肠均有出血点，心包、胸腹腔有积水，并可找出虫体		
牛网尾线虫病	胎生网尾线虫	牛、牦牛、骆驼易发	初干咳后湿咳，次数逐渐增加，有的气喘阵咳，流黄色鼻液，贫血，呼吸困难。最后卧地不起，口吐白沫，多经3～7天窒息死亡	皮下水肿，胸腔积水，肺肿大等肝变，大小支气管均为虫体阻塞，多时可达300～500条		
牛木贼中毒			体温37～38℃，心跳增数，节律不齐，喘、咳嗽，流浆性鼻液，流泪，流涎，可视黏膜黄染，腹泻，尿色淡红，乳牛奶产量下降。孕牛体弱，流产	心肿大，心肌变性，心包膜、心内膜出血，肝肿大、变脆、黄红色。肾皮质、髓质界限模糊，质脆、土黄红色。胃肠有炎性变化，气管、支气管充血出血，有炎症变化，关节囊肥厚出血，周围胶冻样浸润，脑脊髓充血		

（续）

病名	病原体	流行病学	主要临床症状	主要病理变化	实验室诊断	防治
犊牛衣原体病	鹦鹉热衣原体	6月龄前多发胃肠炎，1～8月龄多发关节炎，牛、羊、禽易感	40～41℃，腹泻，鼻流黏液，流泪，以后出现咳嗽和支气管炎	结膜炎、鼻炎、胃肠炎、肠系膜淋巴结肿胀充血。肺有淡红色病灶，有时见胸膜炎，心内、外膜出血，肾包膜下常出血，有时有纤维性腹膜炎，肝与横膈膜、大小肠粘连，脾肿大，髋、膝、跗关节发炎		

附表6　犊牛表现咳嗽症状的疾病临床类症鉴别简表

病名	病原体	流行病学	主要临床症状	主要病理变化
犊牛肺炎		初生犊牛未擦干胎水，易感冒而发病	体温40～41℃（一般39～40℃），心跳、呼吸增数，肺音粗，精神不振，吃奶减少，稍后出现咳嗽，听诊肺有啰音，有浆性鼻液，后转黏稠	
犊牛衣原体病	鹦鹉热衣原体	禽、羊、牛较易感，6月龄前多发胃肠炎	体温40～41℃，沉郁，腹泻。鼻流浆液性黏性分泌物，流泪，以后出现咳嗽和支气管炎。各犊牛表现症状轻重不一	
犊牛李氏杆菌病	李氏杆菌	绵羊、猪、兔较易感，牛、山羊次之，冬、早春季多发	沉郁，呆立，低头耷耳，轻热，流鼻液，流涎，流泪，不听使唤，咀嚼、吞咽困难	

附表 7　牛表现腹痛症状的疾病临床类症鉴别简表

病名	病原体	流行病学	主要临床症状	主要病理变化	实验室诊断	防治
牛皱胃炎			急性：食欲减退或废绝，反刍减少或停止，磨牙，右肋向里按压皱胃敏感，避让，粪有时干如球，覆有黏液，有时粪稀，严重时腹痛下痢 慢性：消化不良，异嗜，口黏膜苍白、黄染，粪干成球，后期贫血衰弱	皱胃黏膜充血、肿胀，覆有黏液、黏膜，皱褶、幽门部血色浸润或红色斑点，胆囊有出血点。慢性，皱胃黏膜灰青色或灰黄、灰褐色，甚至大理石色，并有血斑和溃疡，黏膜具有萎缩或肥厚性炎症变化		
牛皱胃溃疡			前胃弛缓，在右肋弓后方和软肋下方反复按压，出现痛感，粪时干时稀、均为黑色，粪球掰开中心亦为黑色，眼结膜稍苍白，懒站立，卧时小心，磨牙，粪恶臭	皱胃幽门区胃底黏膜及皱襞上可见大小不等的糜烂或边缘整齐的圆形溃疡。有的皱胃与腹壁粘连		
牛皱胃变位		多发于高产乳牛分娩之后	左方变位：腹痛，粪减少、绿色糊状，乳汁、呼吸有丙酮气味，左侧最后3肋区膨大，左右饥饿窝凹陷，在11肋听诊皱胃与瘤胃蠕动音不一致，叩诊有钢管音 右方变位：突发腹痛，粪黑色混有血液，皱胃充满气体，听诊在右肷，以手指在腰旁至最后两肋上，可听到乒乓声，轻度扭转或伴有扩张出现酮尿，尿少色深黄，严重时伴有脱水、休克和碱中毒。重者48～96小时死亡			

（续）

病名	病原体	流行病学	主要临床症状	主要病理变化	实验室诊断	防治
牛瓣胃阻塞（扩张）			急性：有腹痛，起卧不安，前肢扒蹬，用左手在右腹侧最后肋骨上方腰椎横突下用力向里向前按压，可触及圆形大硬块。如瘤胃内容少，用手在右侧肋弓向里向前按压，可触及篮球大的瓣胃，粪干小球状，外黑内黄 慢性：容易形成瓣胃扩张，最大时可达30～50千克，在右腹肋后即可触到大圆球状胃	瓣胃内容物干硬，各瓣叶间的内容犹如硬纸板，取出时，瓣叶黏膜被剥离附于表面		
牛皱胃阻塞（扩张）			食欲逐渐废绝，排稀粪、黑色，粪球里外均为黑色，右肋下方可摸到硬块，按压有痛。扩张时皱胃体积可大几倍或十几倍，其后缘可抵膝襞前缘，直肠检查，掌心向瘤胃，手背所触硬块即皱胃	皱胃体积扩大，扩张时可大几倍至10倍，贲门内部内容较稀，其余均干硬，皱胃有溃疡，有的部分与腹壁有粘连		
牛肠阻塞			病初明显疝痛，后肢蹴踢，起卧不安，几天后即缓解，不吃、不反刍，瘤胃草少、水多，不排粪，拉白色胶冻样黏液，用拳在右腹部用力搡，如晃水音在软肋下方（阻塞在十二指肠或有毛球阻塞于幽门，晃水音在拳的四周），阻塞在回肠、盲肠、肠袢中央，牛左侧卧时，在膝襞上后方可摸到拳大的硬块为盲肠阻塞（不全阻塞时排的胶冻样粪为黄褐色）			

（续）

病名	病原体	流行病学	主要临床症状	主要病理变化	实验室诊断	防治
牛肠扭转			食欲废绝，反刍停止，初尚排粪，后排白色胶冻样黏液，用拳搡有晃水音（在前下方），还可触及拳大硬块、有痛感（扭转），初期有疝痛，瘤胃草少水多			
牛创伤性网胃炎			食欲减退或废绝，反刍减少或停止，喝冷水时可见被毛自颈到鬐甲逆立，站立时不愿卧倒，卧时前肢已跪下，后肢忽左忽右，反复移动而后才小心卧下，用足尖踢剑状软骨部位有痛感。金属探测仪有阳性反应	网胃内有铁钉、铁线或缝针，有的针进入网胃壁肌层。有的网胃与邻近器官粘连，曾见一侧网胃有直径 3 厘米的破口，使网胃、膈、瘤胃、瓣胃粘连成一个盲囊		
牛创伤性心包炎			体温 39～40℃，有时可达 41℃，有疝痛，欲卧时先前肢跪下，后躯忽左忽右，反复移动而后才小心卧下。叩诊心区敏感，听诊心有拍水音，心音弱、肘外展	心包、心内膜、心肌充血、出血，心包内聚积渗出液，甚至恶臭脓液，可以看到有针等异物		
牛腹膜炎			腹痛，久卧不想站起，久站又不愿卧下，腹壁敏感，病程延长腹膜渗出液增多，腹围增大，有波动，搡之有晃水音，腹部穿刺有腹水流出			
牛狂犬病	狂犬病病毒	狂犬病病犬进入牛群，牛被其咬伤	体温 40℃左右，可高达 41℃。吞咽困难，大量流涎，不断哞叫，虽声哑仍叫，腹痛卧倒，排黑色稀软粪后才稍安静	常见口腔黏膜糜烂、充血，胃黏膜充血、出血，脑及脑膜肿胀、充血、出血	大脑、小脑、延脑的神经胞浆内发现内基氏小体	

（续）

病名	病原体	流行病学	主要临床症状	主要病理变化	实验室诊断	防治
牛子宫扭转			曾见怀孕3个月的母牛发现腹痛，经注射安乃近后即能安静吃草反刍，这一状况反复出现，直肠检查可摸到子宫有麻花样扭转			
牛沙门氏菌病	沙门氏菌	环境污秽、潮湿，第一病例后2～3周再出现第二病例	体温40～41℃，发病12～24小时粪中即有血块，不久下痢，恶臭含有纤维素、黏膜，可在24小时死亡或延至3～5天死亡，病期延长脱水，眼球下陷，结膜充血黄染，剧烈的疝痛，后肢蹴腹，孕牛多流产	肠黏膜潮红间有出血，肠黏膜脱落有局限坏死区，肠系膜淋巴结水肿出血，肝脂肪变性或坏死胆囊增厚，胆汁浑浊黄褐色。肺有炎区，病程长时脾肿大充血	镜检：可见沙门氏菌	
牛弯杆菌性腹泻（牛冬痢）	弯杆菌	秋冬季发生，一牛发病，迅速传播，2～3天可达80%	排恶臭水样棕色或黑色粪，带有血，严重时委顿，食欲不振，腹痛，蹴腹，起卧不安，拱背战栗，病程2～3天，30%～50%咳嗽，如及时治疗，很少死亡，犊牛的症状比成年牛轻	脱水，空肠回肠卡他性炎、出血		
牛棉籽和棉籽饼中毒		棉籽、棉籽饼未经高温煮或2.5%硫酸亚铁液浸泡4～6小时去毒处理而喂牛易引起中毒	初现瘤胃积食，并有腹痛和便秘，粪球小。蹒跚，抽搐，目盲 犊牛：腹泻，黄疸，目盲，重症有佝偻病	急性：组织广泛充血、水肿，胸膜腔有淡红色透明液，胃肠有出血性炎，肝肿大，胆囊肿大有出血性炎，犊牛脾肿大，切面结构模糊，肺气肿、充血、水肿，犊牛黏膜出血性炎，喉弥漫性出血，心内、外膜有出血点，心肌炎，肾实质点状出血，膀胱炎最严重。 水牛肾盂、膀胱有结石，慢性有胃肠炎		

（续）

病名	病原体	流行病学	主要临床症状	主要病理变化	实验室诊断	防治
牛蕨中毒			体温 40～41℃，呼吸困难，粪干呈暗褐红色，腹痛，蹴腹，严重时努责加剧，排血色糊状粪，少量红黄黏液和凝血块，结膜苍白或黄染，常有血尿，孕牛常在腹痛努责时流产 犊牛：口鼻周围有黏液，咽喉水肿，呼吸困难，有喘鸣声	全身浆膜、黏膜、皮下、肌间及实质性器官广泛发生斑点状出血。大肠中常有血块，皱胃黏膜出血和溃疡，心出血严重，尤其左心外膜。咽喉、肺水肿、出血，胸、腹腔有血水		
牛青杠树叶中毒			采食几天后或1周发病，厌青草，喜吃干草，腹痛不安，蹴腹磨牙，后坐后退，粪成小球，串珠状腥臭，也有焦黄或黑红糊状粪。口黏膜出现溃疡，尿频。会阴、股内、尿鞘、下颌、脐下、胸前皮下水肿	皮下有黄色胶样液。各浆膜中大量积液，消化道和肾浆膜有出血斑点，口腔有黄豆大溃疡灶，瓣胃黏膜有溃疡，内容物干燥，皱胃、小肠黏膜水肿、充血、出血和溃疡，有血液咖啡色，大肠黏膜充血，内容物红糊状，恶臭。肝肿大，胆囊扩张可达小儿头大，充血、水肿、有出血斑点。肾苍白或茶褐色水肿、充血、出血，个别缩小，心包积水多，心内、外膜有出血点，胸腔大量积水		

（续）

病名	病原体	流行病学	主要临床症状	主要病理变化	实验室诊断	防治
牛硝酸盐和亚硝酸盐中毒			食后1～5小时发病，呼吸困难，黏膜发绀，腹痛腹泻，流涎，四肢末端厥冷，肌肉震颤，步态摇晃，倒地痉挛，心跳每分钟120～140次，痉挛窒息死亡 乳牛：精神萎靡，突然倒地，战栗，四肢僵硬，呼吸困难，呻吟，可视黏膜苍白，体温下降，耳、尾放血，色如酱油	最特征变化是血液黑红色或咖啡色，凝固不良。暴露空气中经久不转为鲜红色，胃肠黏膜充血，心肌、气管可能有小出血点，肝瘀血、肿大，全身血管扩张		
牛氢氰酸中毒		采食高粱、玉米幼苗、再生苗及桃、李、梅杏等树叶果仁后发病	食后15～30分钟即发病，腹痛不安，行走不稳，呼吸困难，呼出气有杏仁气味，口流白色泡沫，黏膜鲜红色，先发生惊厥，角弓反张，狂叫后沉郁，四肢发抖，最后昏迷衰竭死亡	血液鲜红，凝固不良，胃内容物有气体和杏仁味。胃肠黏膜充血、出血，肺水肿、充血，气管、支气管黏膜有出血，并有大量泡沫状液体，尸体不易腐败，长时呈鲜红色		
牛铜中毒			大量流涎，剧烈腹痛腹泻，粪中有黏液呈深绿色，惊厥麻痹，24～48小时死亡。慢性有血红蛋白尿，黄疸，血铜升高，虚弱无力，气喘，呼吸困难	急性：胃肠炎 慢性：全身黄染，肾高度肿大，呈暗褐色，常有出血点，肝微肿脆、黄色，胆囊扩张，胆汁浓稠，脾肿大，呈棕色或黑色		

（续）

病名	病原体	流行病学	主要临床症状	主要病理变化	实验室诊断	防治
牛巴氏杆菌病（牛出血性败血病）	多杀性巴氏杆菌	无明显季节性，黄牛水牛可互相感染	败血型：体温 41～42℃，心跳、呼吸加快，有时咳嗽，呻吟，腹痛下痢，粪中有黏液、血液，恶臭，眼结膜潮红。腹泻后体温下降，迅速死亡，病程 12～24 小时	败血型：内脏器官、浆膜、黏膜、舌、皮下组织都有出血点，脾有小点出血或无变化，肝、肾变性，淋巴结显著水肿，胸、腹腔大量积液		
氨中毒		误吃合成氨肥料	瘤胃臌胀，腹痛呻吟，肌肉震颤，蹒跚，呼吸困难，肺部听诊有啰音，心跳增数，节律不齐，濒死狂叫不安，大声吼叫	胃肠黏膜水肿、坏死，内容有氨气味，肺充血、出血、水肿，支气管黏膜充血、出血，充满渗出液，心包、心外膜点状出血 慢性：皱胃黏膜肿胀、充血，小肠有卡他性炎，肾小球浑浊、肿胀、有坏死灶		

附表 8　牛表现腹泻、排血粪症状的疾病临床类症鉴别简表

病名	病原体	流行病学	主要临床症状	主要病理变化
牛肠卡他			吃草、反刍减少，病重时减半，瘤胃蠕动减弱，眼结膜稍苍白或呈树枝状充血。排粪有时稀软，甚至带水较多，有时比正常较干，甚至成球，使役时易出汗	
牛肠炎			体温上升 1～1.5℃（40～41℃），吃草、反刍减少，病重时废绝，瘤胃蠕动减弱，排褐色腥臭黏液和粪水，尾根有粪污，有时里急后重，黏液中含有血丝和血液。眼结膜充血、脱水时眼球下陷	

（续）

病名	病原体	流行病学	主要临床症状	主要病理变化
牛黏液性肠炎			体温40℃以上，心跳、呼吸增数。吃草、反刍减少，重时废绝，瘤胃蠕动减弱或消失。排腥臭有黏液的稀粪，有轻度腹痛，里急后重，经短期缓和后又加重，除排粪黏液增多外，还能排出灰白色管状或长条状的黏液膜。排出黏液膜后症状减轻或消失，严重的持续下痢	病变多在回肠，肠内有稀薄内容物，白色或有黄色乃至棕色黏液膜状管型，长0.5～1米
肉牛妊娠毒血症			烦躁不安，兴奋，甚至攻击，共济失调，蹒跚，易于摔倒，粪少而干硬，最后常腹泻，粪黄白有恶臭。如在产前2个月发病，不吃，呼气时呻吟，流鼻液，最后可能在昏迷中安静死亡	肝明显肿大、黄白色、质脆而多脂，肾小管上皮有脂肪，肾上腺肿大、色黄，常伴有寄生虫性皱胃炎和瘤胃炎，肺有真菌性肺炎
牛囊尾蚴病（牛囊虫病）			虚弱、战栗、胃肠蠕动障碍，最初几天体温40～41℃，腹泻，甚至反刍停止，长时间躺卧，有时可引起死亡	舌肌、咬肌、骨骼肌、膈肌中有囊尾蚴囊泡
乳牛黄曲霉毒素中毒			多呈慢性经过。厌食，磨牙，消瘦，瘤胃弛缓，有的出现间歇性腹泻，甚至里急后重，脱肛，产奶量下降，孕牛早产或流产。个别惊恐转圈，最后昏迷死亡	肝苍白变硬，表面有灰白色区，肝细胞变性，结缔组织增生，将实质分开并伸入小叶，将小叶分成小岛形成假小叶。胆囊扩张，多数病例有腹水
牛病毒性腹泻（黏膜病）	黏膜病病毒		体温40～42℃，持续2～3天，有的还第二次升高，沉郁，几天后鼻镜、口腔黏膜糜烂，舌面坏死，流涎，恶臭，严重腹泻，初水样，后带黏液和血。有些牛常有蹄叶炎和趾间皮肤糜烂和坏死，跛行，常死于病后1～2周，少数死于1个月 慢性：少有发热。鼻镜糜烂，眼有浆性分泌物，口腔稍有糜烂，蹄叶炎和趾间皮肤糜烂坏死，跛行，也有的不腹泻，2～6个月内死亡	特征性损害是食管黏膜糜烂。瘤胃黏膜有出血和糜烂，皱胃黏膜炎性水肿和糜烂，空肠、回肠有较严重的卡他性炎。直肠有卡他性、出血性、溃疡性、坏死性不同程度的炎症 流产胎儿的口腔、食管、皱胃、气管可能有出血和溃疡 新生胎儿蹄部趾间有糜烂炎症，以至溃疡和坏死

（续）

病名	病原体	流行病学	主要临床症状	主要病理变化
牛弯杆菌性腹泻（牛冬痢）	弯杆菌	多发于冬春季，大小牛均发，犊牛症状轻，夜间发病率20%，2～3天可达80%	病牛排出恶臭的水样棕色或黑色的粪，带有血液。体温、心跳、呼吸无异常，严重时沉郁，食欲不振，腹痛，蹴腹，起卧不安，拱背，虚弱，病程2～3天，有30%～50%咳嗽	脱水，空肠、回肠卡他性炎，出血
牛副结核病（副结核性肠炎）	结核分支杆菌	主要引起乳牛发病，幼年牛最易感	早期出现间断性腹泻，食欲、精神还好，以后变成顽固性腹泻，恶臭带气泡、黏液和血凝块。后食欲减退，逐渐消瘦，眼球下陷，泌乳减少，下颌、垂皮可见水肿。一般3～4个月衰竭死亡	回肠外表无变化，肠壁增厚3～20倍，并发生硬弯曲的皱褶，黏膜黄白或灰黄，皱褶突起处充血，浆膜、肠系膜淋巴管肿大如索状。肠系膜淋巴结肿大变软，切面湿润、有黄白色病灶
牛沙门氏菌病	沙门氏菌	牛群出现第一例病牛后，2～3周再见第二例，环境污秽、潮湿，饥饿运输易发病	体温40～41℃，废食，脉快，呼吸困难，发病24小时，粪中即有血块，不久即下痢，恶臭，含有纤维素块，间有黏膜，下痢后体温下降，或略高，可在24小时死亡。病稍久，脱水、眼球下陷，结膜充血、黄染，腹痛，剧烈蹴腹，孕牛多流产 有些牛在发热、萎靡、产奶下降后，经24小时症状即减退	肠黏膜潮红，间有脱落、出血，有局限性坏死区，肠系膜淋巴结水肿、出血，肝脂变性或坏死。胆囊增厚，胆汁浑浊、黄褐色。肺有炎区。病程长的脾肿大、充血

（续）

病名	病原体	流行病学	主要临床症状	主要病理变化
牛瘟	牛瘟病毒	牦牛易感性最强，其次为犏牛、黄牛、山羊，绵羊、骆驼、鹿、猪也易感。发病率100%，病死率90%	体温41～42℃，初兴奋扒地攻击，后沉郁。眼结膜高度潮红，表面有假膜，眼睑肿胀，流泪后脓性，鼻黏膜潮红、有出血点，先流浆液性后流脓性鼻液。口黏膜先潮红，涎如丝流出，不久表面灰色或灰白色粟大突起，初硬后软，状如撒麸皮，突起融成薄膜，脱落露出红色，易出血烂斑，边缘不规则，间或成为较深溃疡，尿次多量少，呈淡黄红色或深棕色。体温下降时即腹泻，粪恶臭带血 母牛阴户红肿，阴道黏膜充血，有灰色或黄色小痂块，脱落后留暗红色易出血烂斑，阴户排脓性分泌物，有时混有血	食管充血、糜烂、有假膜，瘤胃、瓣胃黏膜有出血烂斑，皱胃砖红、暗红色，黏膜肿胀，黏膜下水肿浸润，有圆形或条状出血，后有溃烂，小肠黏膜高度潮红，有坏死或条状出血，大肠与小肠相同，肝、脾一般无变化，胆囊肿大，充满胆汁，有时有血液，黏膜有出血点，肾盂、膀胱肿胀、有出血点，心肌软，心内、外膜有出血，鼻、喉、气管黏膜点状出血、烂斑、假膜，肺部分有炎性灶
牛恶性卡他热	泛嗜性病毒	黄牛、水牛、绵羊、山羊易感，黄牛多发于4岁以下，多见于冬季	体温41～42℃，口鼻黏膜充血、坏死、糜烂，鼻流黄色脓样液体，能垂及地面，呼吸困难，口流臭涎，眼虹膜炎，羞明流泪（8小时后浑浊），肿胀延至咽喉可窒息，延至额窦则隆起，并能引起肺炎。体表淋巴结肿大，粪先干后腹泻恶臭，排尿混有血液，常伴有癫痫性发作，关节肿胀 母牛阴道黏膜红肿，阴唇水肿	心肌变性，肝肾浑浊，脾和淋巴结肿大。消化道黏膜（尤其皱胃）不同程度发炎、部分溃疡，鼻骨、筛骨坏死性变化，喉、气管、支气管充血、有小出血点，脑膜充血，有浆液浸润
水牛类恶性卡他热（水牛热）		只水牛感染，4～6岁牛多发，盛夏和冬季多发	体温40℃以上，初减食，随后流浆性或黏性鼻液，眼结膜潮红流泪，异嗜、啃泥土，先下颌水肿，逐渐延及头颈、胸前、四肢和全身，肩、膝前淋巴结肿大，常达鹅蛋大。有时久站不肯卧下，鼻黏膜有小出血点，呼吸困难，呼出气臭。肺有啰音，心悸亢进，在腹、臀部可听到心音，常见鼻出血不止。有的粪恶臭、混有黏液	全身淋巴结肿大，切面有灰白、灰黄、粟粒大坏死灶，胸、腹腔有黄红色积液。全身浆膜、黏膜出血，肝肿大、土黄色，表面切面有灰黄粟粒大坏死灶。胆囊扩张，黏膜有出血溃疡，充满胆汁。脾肿大、散在出血斑，切面髓质瘀血，结构模糊，有灰白色粟粒状坏死灶，肠黏膜水肿，内容物混有血液，心包有积液，心包膜、心内、外膜均有出血斑，肺有不同程度瘀血、水肿、气肿，有卡他性炎

（续）

病名	病原体	流行病学	主要临床症状	主要病理变化
牛炭疽	炭疽杆菌	羊、牛、驴、马、骆驼、鹿、象最易感，犬、猫次之，猪较有抵抗力，洪水之后易发	最急性：突然倒卧，呼吸困难，可视黏膜蓝色，心悸亢进，全身战栗，濒死期天然孔流血，数分钟或数小时死亡 急性：体温 42℃，呼吸迫促、困难，可视黏膜蓝紫色或有小出血点，初便秘后腹泻带血，有时腹痛，有时流产，尿暗红，泌乳停止，痉挛发抖，1～2 天死亡 亚急性：症状与急性相似，口、喉、颈、胸前、腹下、肩胛、乳房等皮下发生炭疽痈，初热硬，后热消失，发生坏死和溃疡	尸僵不全，臌胀，天然孔流紫黑血，凝固不良，脾肿大几倍呈黑色，充满煤焦油样脾髓和血液。皮下组织和消化道有明显水肿区，水肿液淡黄色。淋巴结肿大，肠黏膜尤其是滤泡附近出血、溃疡
牛吸血虫病（分体吸虫病）	吸血虫	人兽共患病，牛、猪、马、羊均可发生，可通过饮水和皮肤感染	急性：体温 40℃以上，感染 30 天腹泻，里急后重，粪中有黏液、血液，消瘦，结膜苍白，常引起死亡，不死生长缓慢 经 2～3 月后转为慢性，症状不明显，因反复发作瘦弱不堪	肝表面、切面有粟粒至高粱大的灰白、灰黄色小点（虫卵结节），肝初肿大后萎缩、硬化。严重时肠道各段可找到虫卵的沉积。直肠病变严重，常见小溃疡、瘢痕及黏膜肥厚，肠系膜和网膜可见虫卵结节，心、肾、胰、脾有时也见虫卵结节
牛弓形虫病	弓形虫	猪、牛、绵羊、山羊、犬、猫均能感染	1～6 月龄犊牛：呼吸困难、咳嗽、打喷嚏，发热，鼻流液体，口流沫，头震颤，沉郁，偶有腹泻带血、黏液，虚弱，常 2～6 天死亡 成年牛除上述症状外，初兴奋	全身淋巴结肿大、充血、出血，肺出血，间质水肿。肝点状出血，有灰白或灰黄色坏死灶。脾有出血点。胃底出血有溃疡，肾有出血点和坏死灶。大小肠均有出血点，心包、胸腔有积水，体表有紫斑

（续）

病名	病原体	流行病学	主要临床症状	主要病理变化
牛环形泰勒焦虫病	环形泰勒焦虫	由蜱传播，6～8月发病，7月高峰。1～3岁牛多发	初期：体温39～41.8℃，体表淋巴结肿大、有痛感，呼吸、心跳每分钟80～110次，眼结膜潮红 中期：沉郁、拱背、缩腹，卧时头弯于一侧，先便秘后腹泻，交替发作，粪带黏液和血液。尿量少，色黄无血尿，体温40～42℃，可视黏膜黄红色，吃土，磨牙呻吟，肌肉震颤，红细胞每毫升200万～300万个 后期：卧地不起，尾根及可视黏膜、眼睑有粟粒至扁豆大深红色结节状的溢血斑，随后死亡	胸、腹皮下有黄色胶样浸润，淋巴结紫红色，腹腔大量黄色腹水，大网膜黄色，脾肿大2～3倍，有出血点，髓紫红色，肝肿大质脆，灰红或杏黄，被膜有小出血点，肝门淋巴结肿大，有出血点，剖面有胆汁，胆囊肿大2～3倍，胆汁褐绿色，稀稠不定，有时混有黏稠物。肾外膜有针尖至粟粒大出血点，易剥离，肾盂水肿，有胶样浸润，肾上腺肿大出血，剖面有红黄色汁液，肾门淋巴结肿大。食管、瘤胃浆膜有出血点，瓣胃内容物干燥，黏膜易脱落，皱胃黏膜肿胀、有出血斑，有蚕豆大溃疡（严重的占有一半面积），肠系膜有出血点，肠系膜淋巴结肿大、有出血，剖面有灰红色液，胸壁有小点出血，胸腔有淡红色液，心内、外膜有出血斑，心冠脂肪胶样浸润、有出血点，心包积液，肺水肿、气肿，脑少数有坏死、梗塞
牛蕨中毒			体温40～41℃，呼吸增数，呼吸困难，粪干、呈褐红色，或血红糊状粪，含少量黏液和凝血块，结膜苍白，黄色尿，常有血尿，慢性；反复间歇性血尿。腹痛 犊牛口鼻周围有过量黏液，咽喉水肿，呼吸困难，有喘鸣声	

（续）

病名	病原体	流行病学	主要临床症状	主要病理变化
牛有机磷农药中毒			兴奋不安，前肢、肩、肘、后肢、腹部肌肉震颤，站立不稳，流涎，鼻液多，呼吸困难，呼气有特殊气味。眼球震颤，瞳孔缩小，结膜潮红、发绀，有的苍白、黄染，流泪，呻吟，磨牙，腹泻甚至水泻、带血。四肢厥冷，最后窒息死亡	10 小时以内死亡的，胃肠黏膜充血，内容物有蒜臭味 10 小时以上死亡的，胃肠黏膜暗红色，有出血斑点，黏膜肿胀且有脱落，肝肿大，肾浑浊、肿胀，切面淡红褐色。肺充气，气管有白色泡沫。心内膜有不整血斑 病稍久：浆膜下有小出血点，皱胃小肠出现坏死性出血性炎，肠系膜淋巴结肿胀、出血，胆囊肿大、出血。心内、外膜有小出血点，肺淋巴结肿胀、出血，肝切片有小坏死灶，小肠淋巴滤泡有小坏死灶
牛前后盘吸虫病	前后盘吸虫	多寄生在牛、羊瘤胃、胆管、真胃、小肠，多发于夏秋季节	体温有时升高，食欲减少，在临死前尚能吃草、反刍，精神委顿，顽固性腹泻，粪呈粥样或水样，常有腥臭。黏膜苍白，高度贫血，逐渐消瘦。下颌水肿，严重时发展到整个头部及全身。后期极度瘦弱，卧地不起，最后衰竭死亡，有时洗胃时可见到虫体	在瘤胃、皱胃、小肠、胆管、胆囊内可见到虫体

附表 9 犊牛表现腹泻症状的疾病临床类症鉴别简表

病名	病原体	流行病学	主要临床症状	主要病理变化
犊牛消化不良			15 日龄以内，排黄色稀水样粪，常含有奶瓣，体温一般无异常，病稍久（几天）显消瘦，肛周尾根有粪污，吃奶减少 15 日龄以上：排稀水或稀粥样粪，色黄、灰黄或污绿，尾有粪污，体温正常，或低于正常，吃奶减少，眼结膜或稍充血 中毒性：消瘦，腹泻有恶臭，严重的含有血液，体温稍升高，眼结膜充血，心跳、呼吸增数，全身震颤，有时抽搐，后期四肢下端，耳、鼻厥冷，昏迷至死	

（续）

病名	病原体	流行病学	主要临床症状	主要病理变化
犊牛肠炎			体温40℃左右，腹泻，粪中含有黏液或大部分为黏液，有时含有血液，有腥臭，有时含水量多。吃奶减少或废绝，眼结膜充血，肛周尾根粪污，沉郁、消瘦	
犊牛肠套叠			突然腹痛，蹴腹，摇尾，频频起卧，站立时前腰稍凹，按右腹有痛点，发病12～24小时腹痛减轻或消失。初期排黏液粪，直肠有褐色胶冻样粪，腹内压增大	
犊牛大肠杆菌病	大肠杆菌	10日龄以内的犊牛最易感，日龄稍大者少见	败血型：发热，萎靡，间有腹泻，出现症状几小时至1天死亡 肠毒血型：不安、兴奋，后沉郁、昏迷，以至死亡，死前多腹泻 肠型：体温40℃，喜卧，几小时后下痢，体温下降，排黄色粥样粪后排水样灰白色粪，混有凝乳块、凝血块和泡沫，有酸败气味，末期肛门失禁。常有腹痛，蹴腹，并发生脐炎、关节炎、肺炎	
犊牛沙门氏菌病	沙门氏菌	犊牛生后30～40天最易感，环境不洁、母体不洁易发病	有带菌牛，生后24小时即拒食，卧地，衰竭，常3～5天死亡 多数生后10～14日发病，体温40～41℃，24小时后排灰黄液体，粪混有黏液和血丝。一般出现症状后5～7天死亡。病死率50%，病程延长时，腕、跗关节可能肿大，有的还有支气管炎	
犊牛轮状病毒感染	轮状病毒	多发于晚秋、冬季、早春，1～10日龄多发	体温正常或稍高，如降至常温以下，是死亡预兆。精神萎靡，厌食，粪液状，黄白色或灰暗水样，有时带有血液，腹泻时脱水明显，病程1天，病死率1%～4%	

（续）

病名	病原体	流行病学	主要临床症状	主要病理变化
犊牛脓毒败血症	多种病原体	多发于春秋两季，初生犊较易发生	最急性：体温41℃左右，腹泻，很快衰竭，1～2天死亡 急性：体温40～41℃，沉郁，呼吸迫促，黏膜充血、黄染，腹泻，粪先黏液样，后水样，有恶臭 转移性：体温40～41℃，关节肿大、热痛，有的有波动，抽出液有链球菌 严重时：战栗，四肢厥冷，黏膜青紫，腹痛，卧地，脉搏弱，呼吸深而慢，尿少甚至无尿	
犊牛球虫病	球虫	1月龄以上至2岁以内的犊牛最易感，多发于春、夏、秋三季	急性：体温40～41℃，初稀粪略带血液，消瘦、喜卧，瘤胃蠕动及反刍停止。排带血稀粪，混有纤维素薄膜，有恶臭。末期粪呈黑色，几乎全为血液，体温下降，极度贫血、衰弱死亡 慢性：一般3～5天后逐渐好转，但仍下痢，贫血，病程可能延续数月，最后贫血、消瘦死亡	直肠黏膜肥厚，有出血点，肛门外翻，淋巴滤泡肿大突出，有白色或灰色小病灶，有些部位有小溃疡，表面有凝乳样薄膜。直肠内容物褐色、恶臭、有纤维薄膜和黏膜碎片，肠系膜肿大、发炎
犊牛莫尼茨绦虫病	莫尼茨绦虫	地螨是莫尼茨绦虫的中间宿主，4～6月地螨繁殖，犊牛易感	体温不高，消瘦贫血，眼结膜苍白，常腹泻，粪间常可见白色长方形孕节片，有时一泡粪十几个孕节片	胸、腹腔和心包有不甚透明或浑浊的液体，肌肉色淡，肠黏膜、心内膜、心包膜有明显出血点，小肠绦虫寄生处有卡他性炎
犊牛新蛔虫病	牛新蛔虫	主要发生于5月龄以内的犊牛，2周至4月龄犊牛肠内有成虫	体温正常，眼结膜苍白，食欲不振，腹部臌胀，排灰白色稀粪，有时混有血，有特殊臭味，消瘦，后肢无力，站立不稳。如虫过多形成肠阻塞时有疝痛，如犊牛出生后感染，幼虫移行至肺部时有咳嗽	

附表10　牛表现尿频、尿闭症状的疾病临床类症鉴别简表

病名	病原体	流行病学	主要临床症状	主要病理变化
牛肾炎			急性：体温升高1～2℃，食减、反刍紊乱。肾区敏感疼痛，行走背腰僵硬，步态强拘，直肠检查肾肿大、触诊疼痛。尿频而量少，个别无尿，尿色呈粉红、深红或褐色，并含有蛋白、红细胞、白细胞、肾上皮细胞管型。后期眼睑、胸腹下、阴囊部位水肿，昏迷，全身痉挛，严重的呼吸困难、腹泻 慢性：乏力，衰弱消瘦，胃肠炎，尿与急性同，水肿延至四肢末端。重症血中非蛋白氮可增至1.16毫克/毫升，尿中尿蓝母可增至0.06毫克/毫升，能继发尿毒症 间质性：初期尿量多，后期减少，尿中见有少量蛋白、红细胞、白细胞、肾上皮细胞、透明颗粒管型。直肠检查肾体积变小，有坚硬感，无疼痛感	
牛肾盂肾炎			体温39～40℃，也有41℃的，多弛张热或间歇热，肾区疼痛，背腰僵硬。直肠检查时，肾体积增大，敏感性高，肾盂内贮脓时输尿管膨胀，有波动感，尿频量少，尿液浑浊，有黏液，脓汁和大量蛋白质、红细胞、白细胞、肾盂上皮和肾上皮细胞，少量透明颗粒管型及磷酸铵镁、尿酸铵结晶，尿液直接涂片镜检可发现病原菌	肾肿大、柔软，被膜不易剥离，表面见有灰黄色纹状化脓灶，切面可见髓质、皮质有楔状或线条状小脓肿，其周围有出血。肾盂明显扩张，其中充满黏液、脓液、肾盂黏膜肿胀、肥厚、充血、出血、坏死和溃疡，肾乳头明显变性、坏死。输尿管肥厚，内腔狭窄，充满脓样黏液
牛膀胱炎			急性：排尿频繁常有排尿姿势，排尿量少，有时呈滴状流出，有时尿闭，有疝痛，直肠检查，膀胱较空虚或充满尿液，按压有痛感。卡他性膀胱炎时尿浑浊，含有大量黏液和蛋白，化脓性时尿中含有脓液。出血性时含有血液和凝血块。纤维蛋白性时，尿中含有纤维蛋白膜和坏死组织碎片，并有氨臭味，尿沉渣中有白细胞、红细胞、脓细胞、膀胱上皮细胞、组织碎片及病原菌	

（续）

病名	病原体	流行病学	主要临床症状	主要病理变化
牛膀胱麻痹			首先发现排尿减少或不排尿，有时淋漓排出，或排尿滴状，或循会阴滴流。直肠检查时膀胱膨大，充满尿液，按压无疼痛反应，按压或按摩膀胱时有尿液流出。如按压膀胱尿液喷射而出，则是脑性麻痹	
牛膀胱结石			当排尿不畅时，病牛在改换体躯姿势后排尿通畅或更难，直肠检查时可摸及膀胱有大小不等的结石块	
公牛尿道炎			排尿不成泡，如涓涓细流或滴尿，排尿时常有疼痛，公牛阴茎勃起，母牛阴唇不断开张，后肢踩脚，如尿道黏膜有破损，尿初见血，随后无血	
公牛尿道阻塞			当阻塞物（主要是结石或其他异物）未完全阻塞时，排尿不畅，细流或滴尿，尿道黏膜如有损伤，尿中有血，完全阻塞则不排尿，常可在阴茎的龟头至S状弯曲的尿道径路上摸到黄豆大的硬结石，如不排尿，1～2天中在一阵骚动不安趋于平静时，直肠检查未见充满尿液的膀胱，而腹部膨大，柔软有波，则说明膀胱已破裂	
牛尿毒症			真性：沉郁、衰弱无力，嗜睡。也有兴奋、痉挛，食减或废绝，好喝水，呕吐，腹泻，呼气有尿味，贫血，痒感，尿中排蛋白氮增加 假性：也称抽搐性尿毒症或肾性惊厥，突发癫痫性痉挛及昏迷，委顿，流涎，瞳孔散大，反射增强，呼吸困难，阵发性喘息，虚弱无力，卧地不起	

附表 11　牛表现排血色尿症状的疾病临床类症鉴别简表

病名	病原体	流行病学	主要临床症状	主要病理变化	实验室诊断	防治
牛瘟	牛瘟病毒	我国已基本消灭。牦牛、黄牛最易感，山羊、绵羊也可感	体温41～42℃，口黏膜潮红、有灰白小结节，黄色假膜，流涎如丝，眼肿有假膜，脓眵，粪稀，恶臭带血，尿次多量少，呈淡黄红色或深棕色	食管、瘤胃、瓣胃有出血，皱胃紫红，黏膜下水肿、有出血点，后期有烂斑，肠充血，回盲瓣有出血。直肠高度肿胀、暗红色。胆囊肿大，充满胆汁，有时有血，黏膜有小出血点。肾盂、膀胱肿胀、有时有小点出血。尿棕色。心内、外膜出血，心肌软。鼻、喉、气管有烂斑，覆有假膜，肺充血		
牛恶性卡他热	恶性卡他病毒	黄牛、乳牛、水牛具易感性，1～4岁牛多发	体温41～42℃，口、鼻黏膜充血、坏死、糜烂，口流臭液，鼻流脓液，眼虹膜发炎，羞明流泪。呼吸困难。粪初干后腹泻、恶臭，尿频含有血液和蛋白质，母畜阴户水肿，阴道黏膜红肿，关节肿胀。体表淋巴结肿大。有癫痫样发作	心肌变性，肝、肾浑浊，脾和淋巴结肿大，消化道黏膜（尤其皱胃）不同程度发炎，部分溃疡。鼻骨、筛骨有坏死变化，喉气管、支气管黏膜充血，有小出血点，脑膜充血、有浆液浸润		

（续）

病名	病原体	流行病学	主要临床症状	主要病理变化	实验室诊断	防治
牛细菌性肾盂肾炎	棒状杆菌	主要发生于母牛，公牛少见	尿频或排尿困难，尿少浑浊，带血色，尿内含有蛋白质、白细胞、纤维素，上皮碎屑和小血块。直肠检查肾肿大敏感，膀胱肥厚、有痛感	肾肿大，重者肿大2倍，有灰黄小脓灶或坏死灶，呈斑点状，切面有楔状病变。肾盏、肾盂因渗出液积聚而扩大，肾乳头有坏死，渗出物有纤维素块、小血块、坏死组织和石灰质。膀胱增厚、有出血、坏死和溃疡，尿恶臭，含有血、脓、黏液、纤维素块和脱落的坏死上皮。输尿管膨大积尿	尿检：尿中含有纤维素块、小血块、脓、脱落坏死上皮细胞	治疗：青霉素
牛细菌性血红蛋白尿	溶血性梭菌		体温41.5℃，有黏液、血色腹泻，尿暗红色，半透明泡沫。脱水、贫血，红细胞每立方毫米150万个或更少。病程孕牛12小时，其他牛3～4天，不治死亡率95%	有时皮下水肿，内脏腔室、胸腔有血色液体，气管有血色泡沫，小肠，有时大肠发生出血，肠内有凝固和未凝固血液，肝贫血性梗死，稍凸出、色较淡，周围呈现蓝红色充血带，肾暗黑易碎，布满瘀血点，膀胱充满紫红色尿液	排葡萄酒色尿，搅之起泡沫。低血红蛋白读数和低红细胞压积，肝贫血性梗死	治疗：青霉素

（续）

病名	病原体	流行病学	主要临床症状	主要病理变化	实验室诊断	防治
牛血红蛋白尿		有磷酸盐血症素质，对寒冷有应激反应	尿逐渐由淡红、红、暗红变至紫红和棕褐色，随后症状减轻，尿色逐渐由深变淡至无色，尿潜血阳性，尿中无红细胞。可视黏膜苍白		红细胞每立方毫米100万～200万个，血液无机磷浓度0.004～0.015毫克/毫升（正常值0.025～0.09毫克/毫升）	治疗：磷酸二氢钠
奶牛产后血红蛋白尿		高产奶牛产后2～4周发病	体温39.5℃左右，可视黏膜黄染，贫血，排血红蛋白尿，脱水，衰竭，死亡率50%，产奶明显下降			治疗：补磷、钙、铁
牛肾炎			体温升高1～2℃，运步僵硬，强拘，肾区敏感，疼痛，直检肾肿大，疼痛，尿频量少，尿浓稠呈粉红、深红或褐红色，后期眼睑、胸腹下、阴囊水肿	急性肾微肿，切面淡红色，慢性肾萎缩，表面凹凸不平，质变硬，切面皮质变薄，有时皮质和髓质内有或大或小的囊腔	尿内含有肾上皮细胞、红细胞、白细胞、红细胞管型、病原菌	治疗：抗生素、中药

（续）

病名	病原体	流行病学	主要临床症状	主要病理变化	实验室诊断	防治
牛膀胱炎			常做排尿姿势而排尿不多，膀胱有出血时，在排尿最后可见尿中有血，直肠检查膀胱壁肥厚，有疼痛	膀胱黏膜充血、肿胀、有小出血点，表面有黏液或脓液附着，严重时黏膜出血或溃疡，慢性则膀胱肥厚成皱襞	尿有白细胞、红细胞血液凝血块、膀胱上皮细胞脓液	治疗：消毒液冲洗，再用抗生素、中药
牛膀胱结石			常做排尿姿势，尿量有时多，有时少，有时尿有血液，如结石堵于膀胱颈则不排尿，直肠检查可摸到膀胱中有结石块	膀胱内有大小不同的结石块		治疗：手术
公牛尿道阻塞			当有结石进入尿道擦伤尿道黏膜时，尿中见血，完全阻塞时则不排尿。2天不排尿，下腹膨大，直肠检查膀胱无尿，针刺腹壁，有液体流出，证明膀胱已破裂			治疗：手术
牛尿道炎			排尿不成泡，如涓涓细流或滴尿，排尿时常有疼痛，公牛阴茎半勃起，母牛阴唇不断开张，后肢踩脚。黏膜有破损时排尿之初见血液			治疗：抗生素、磺胺类药、绞股蓝草药
牛莱姆病	莱姆病螺旋体	蜱转播，4～9月发病，6月发病高峰期	乳房出现圆形红色斑疹，向四周扩散，中央平整，四周隆起，关节肿胀，蹄叶炎，有些牛出现血红蛋白尿。产乳量下降，孕牛发生流产、产弱犊，贫血			治疗：土霉素

（续）

病名	病原体	流行病学	主要临床症状	主要病理变化	实验室诊断	防治
牛双芽巴贝斯焦虫病	牛双芽巴贝斯焦虫	2岁以下发病率高，成年牛低，由微小牛蜱寄生传播	体温40～41℃，稽留热1周或更长，贫血明显，消瘦，晚期黄疸，血红蛋白尿，如不治疗，死亡率50%～90%	皮下组织充血、黄染、水肿，脾肿大2～3倍，黄红色，表面少数出血点，剖面黏土色。胆囊肿大，胆汁浓稠，皱胃小肠水肿，有出血斑，膀胱黏膜充血，有点状溢血，积尿红色	高温时采血镜检，红细胞内有焦虫	治疗：锥黄素、台盼蓝、贝尼尔、阿卡普林
牛巴贝斯焦虫病	牛巴贝斯焦虫	夏秋季发病多。多发于1～7月龄犊牛，8月龄以上犊牛少发	体温40～42℃，黄疸，可视黏膜苍白，后期绝食，经常流泪，流涎，磨牙，舐土，尿由深黄、棕红转黑红色，在血红蛋白尿出现3～4天后体温下降，尿色变清	脾有时出现破裂，脾髓色暗，胃、十二指肠有卡他性炎，肝发黄、肿大，各脏器组织有不明显的溢血点	血液检查：虫体的长度小于红细胞半径，虫体尖端相对成钝角	治疗：锥黄素、台盼蓝、贝尼尔、阿卡普林
牛蕨中毒			体温40～41℃，呼吸增数、困难，粪干呈褐红色或血色糊状粪，含少量红黄色黏液和凝血块，腹痛。结膜苍白或黄染，常有血尿。慢性常间歇，血尿 犊牛口鼻周围有过量黏液，咽喉水肿，呼吸困难，出现喘鸣声，外部没有出血现象		血液检查：红细胞、白细胞均少	无特效疗法

（续）

病名	病原体	流行病学	主要临床症状	主要病理变化	实验室诊断	防治
牛木贼中毒			体温37～38℃，可视黏膜黄染，流泪，口流涎，气喘咳嗽，流浆性鼻液，肠音亢进，腹泻，心跳每分钟80～95次，节律不齐，尿淡红色，奶牛乳产量下降，流产	心肿大，心肌变性，心包膜、心内膜出血，肝肿大、黄红色，肾质脆、土黄红色，气管、支气管黏膜充血、出血。肺有炎性病变。关节囊肥厚、出血，周围胶样浸润，脑脊髓充血		治疗：对症疗法
牛菜籽饼中毒			体温正常或略低，也可增至40℃，黏膜苍白，中度黄疸。张口呼吸，有的目盲，烦躁不安，瞳孔感光性差、腹泻，排血红蛋白尿，小犊牛口鼻周围有泡沫，口流涎，腹痛	胃肠黏膜充血，有点状出血，肝实质变性，肾点状出血。肺水肿、气肿，心内膜有出血点		菜籽饼去毒处理后再喂，对症疗法
牛慢性铜中毒			第三期（溶血期）常突然暴发，病程24～48小时，长者可达5天。厌食、气喘、发抖，呼吸困难和休克、黄疸，排血红蛋白尿（也偶有不出现血红蛋白尿和黄疸的）		血液检查：血铜升高	迅速排毒和解毒

附表 12　牛剖检脾肿大 2～3 倍的疾病临床类症鉴别简表

病名	病原体	流行病学	主要临床症状	主要病理变化
牛无浆体病（边缘边虫病）	边缘边虫	纯种、杂交高产乳牛感染率高，本地黄牛、水牛常不发病。多发于夏秋季	成年牛：初体温 40～41℃，间歇或稽留热，沉郁，减食，粪正常或便秘或下痢，粪金黄色，无血尿，眼睑、咽喉、颈部水肿，流泪，流涎，眼结膜瓷白色、黄疸。体表淋巴结肿大，全身震颤，高度贫血，皮肤、乳房、可视黏膜十分苍白，并有针尖大出血点，尿清亮、常引起泡沫 犊牛：厌食，轻度热，症状不明显，但血检时可发现无浆体	阴道黏膜有丝状或斑点状出血。皮下组织黄色胶样浸润，下颌、颈浅、乳房淋巴结显著肿大，切面多汁，有斑点状出血，心肿大，心肌软而色淡，心内、外膜、冠状沟有斑点状出血，脾肿大 2～3 倍，有稀散点状出血，切面有暗红色颗粒。肝显著肿大，呈红褐色或黄褐色，胆囊肿大，胆汁浓稠、暗绿色。肾肿大，被膜易剥离，呈褐色，膀胱积尿、色正常。出血性皱胃炎，大、小肠发炎，间有斑点状出血
牛双芽巴贝斯焦虫病	双芽巴贝斯焦虫	2 岁以下犊牛发病率高，症状轻。成年牛发病率低，症状重者死亡率高。由蜱传播	体温 40～41℃，稽留热 1 周或更长，贫血明显，消瘦，晚期黄疸，血红蛋白尿，如不治疗，死亡率 50%～90%	皮下组织充血、黄染、水肿，脾肿大 2～3 倍，黄红色，表面少数出血点，剖面黏土色，胆囊肿大，胆汁浓稠。皱胃、小肠水肿，有出血斑。膀胱黏膜充血，有点状出血，积尿红色
牛巴贝斯焦虫病	巴贝斯焦虫	夏秋季发病多，多发于1～7月龄犊牛，8 月龄以上少发	体温 40～42℃，黄疸，可视黏膜苍白，后期绝食，经常流泪、流涎，磨牙，舐土，尿由深黄棕红转黑红色，在血红蛋白尿出现 3～4 天后体温下降，尿色变清	因眼所见与双芽巴贝斯焦虫病相似，脾较严重，有时出现破裂，脾髓色暗。胃、十二指肠有卡他性炎。肝发黄肿大。各脏器组织有不明显的溢血点

(续)

病名	病原体	流行病学	主要临床症状	主要病理变化
牛环形泰勒焦虫病	环形泰勒焦虫	由蜱传播，6～8月多发，7月高峰，1～3岁牛多发	初期：体温39～41.8℃，体表淋巴结肿大、有痛感，呼吸、心跳每分钟80～110次，眼结膜潮红 中期：沉郁，拱背缩腹，卧时头弯于一侧，先便秘后腹泻，交替发作，粪带黏液和血液。尿量少、色黄，无血尿，体温40～42℃，可视黏膜黄红色，吃土，磨牙，呻吟，肌肉震颤，红细胞每毫升200万～300万个 后期：卧地不起，尾根及可视黏膜、眼睑有粟粒至扁豆大深红色结节状的溢血斑，随后死亡	胸腹皮下有黄色胶样浸润，淋巴结紫红色，腹腔大量黄色腹水，大网膜黄色。脾肿大2～3倍，有出血点，髓紫红色。肝肿大质脆、灰红或杏黄色，被膜有出血小点，肝门淋巴结肿大、有出血点，剖面有胆汁。胆囊肿大2～3倍，胆汁褐绿色，稀稠不定，有时混有黏稠物。肾外膜有针尖至粟粒大出血点，易剥离，肾盂水肿，有胶样浸润，肾上腺肿大、出血，剖面有红黄色汁液，肾门淋巴结肿大。食管、瘤胃浆膜有出血点，瓣胃内容干燥，黏膜易脱落，皱胃黏膜肿胀、有出血斑，有蚕豆大溃疡（严重的占有一半面积）。肠系膜有出血点，肠系膜淋巴结肿大、有出血，剖面有灰红色液。胸壁有小出血点，胸腔有淡红色液。心内、外膜有出血斑，心冠脂肪胶样浸润，有出血点，心包积液。肺水肿、气肿。脑少数有坏死、梗塞

（续）

病名	病原体	流行病学	主要临床症状	主要病理变化
牛有机氯农药中毒			轻症：食后5～6小时发病，呼吸困难，流涎，时起时卧，眼球震颤，全身战栗，下痢。重症先沉郁后兴奋，头抵墙不退。口糜烂，眼有脓性分泌物。严重时高度兴奋，毁物伤人，口吐白沫，全身发抖，角弓反张，衰竭死亡 水牛：突然昏迷，行动无力，有时碰墙也不觉。呼吸浅而急，几小时死亡	瘤胃黏膜肥厚，网胃黏膜有弥性小出血点，甚至多发烂斑和溃疡，皱胃充血出血。肝显著肿大、变硬，小叶中心坏死，胆囊扩张，重症牛可达小儿头大。脾肿大，超过3～3.5倍，暗红色质脆，肾肿大、明显出血，小肠黏膜显著出血和卡他性炎，大肠黏膜也见出血。心肌、骨骼肌有坏死灶
牛炭疽	炭疽杆菌	羊、牛、驴、马、骆驼最易感，洪灾后易暴发本病	最急性：突然昏倒，呼吸困难，黏膜蓝色，濒死前天然孔流血。病程数分钟或几小时 急性：体温42℃，呼吸迫促、困难，黏膜蓝紫色、有小出血点，先便秘后腹泻带血，有时腹痛，尿暗红，泌乳停止，濒死时体温急降，呼吸极困难，出现痉挛样症状，发抖，一般1～2天死亡 亚急性：症状与急性相似，病程2～5天，喉、颈、胸前、肩胛、腹下、乳房等皮下及直肠、口腔发生炭疽痈，初期坚硬热痛，以后不热，发生坏死，有时可形成溃疡，体温40℃左右	急性：尸体天然孔流出暗紫色血，尸僵不全，内脏常见出血，肠黏膜尤其是滤泡附近出血和溃疡。淋巴结肿大。脾明显肿大，典型病例肿大几倍、呈黑色，充满煤焦油样的脾髓和血液。皮下结缔组织和消化道有明显的水肿。水肿液淡黄色，血液凝固不良

附表 13　牛体温、心跳、呼吸生理指数

畜　别	体温（℃）	每分钟心跳次数	每分钟呼吸次数
初生犊	38.5～40	118～148	56
8～14 天		105～115	50
1 月龄		100～115	
3 月龄	38.5～40.5	90～105	
6 月龄		80～103	
12 月龄以上	38.5～40	80～108	
成年牛	38.5～39.5	40～60	30～32
水　牛	37.5～39		

附表 14　牛红细胞、白细胞、血红蛋白生理指数

畜　别	红细胞（万个/毫米³）	白细胞（个/毫米³）	血红蛋白（毫克/毫升）
黄　牛	600～748	7 050	96
水　牛	324～595	8 000±770	123±16.6

附表 15　牛白细胞分类（%）

畜　别	嗜碱性粒细胞	嗜酸性粒细胞	中性粒细胞				淋巴细胞	单核细胞
			骨　髓	幼年型	杆核型	分叶型		
黄　牛	0.5	4.0		0.5	4.0	33.0	57.0	2.0
水　牛	0.03	0.76			38.5	39.68	52.65	3.03

附表 16　牛血沉速度数值（魏氏法）

畜　别	不同时间红细胞沉降速度（毫米）			
	15 分钟	30 分钟	45 分钟	60 分钟
牛	0.1	0.25	0.4	0.58

附表 17　北京地区乳牛全血中微量元素含量（毫克/千克）

	钙	镁	铁	锌	镉	铅	钴	锰	铜
平均含量	81.62	26.74	363.02	3.2	0.002 05	0.015 7	0.04	0.041 37	0.809
标准差	±5.91	±2.4	±42.3	±0.87	±0.000 65	±0.006	±0.028 16	±0.016 94	±0.128

附表 18　牛血液中几种微量元素含量（微克/毫升）

资料来源	畜别	铁	铜	锌	锰	钴	碘
Blood 等 (1979)	牛	血清 170	血浆 1.26±0.31	血清 80～120	0.18～0.19	—	—
Underwood (1977)	牛	血浆 146	血浆 0.5～1.5	—	0.02	—	血清 0.02－0.04
KOHnPAXHH (1985)	牛	全血 300～580	全血 0.9～1.1	—	全血 0.15～0.25	全血 0.03～0.05	血清 0.04～0.08
王英民等 (1988)	奶牛	—	血清 0.5～1.2	血清 0.8～1.5	血清 0.15～0.25	血清 0.005～0.007	血清 0.04～0.08
	犊牛	—	血清 0.8～1.2	血清 1～1.5	血清 0.03～0.05	血清 0.01	血清 0.04～0.08

注：引自李光辉、贺普霄《畜禽微量元素性疾病》。

附表 19　母牛繁殖生理常数

畜别	初情期	性成熟期	初配年龄	绝情期
牛	8～10 月龄	12 月龄	1.5～2 岁	13～15 岁
水牛	12～15 月龄	1.5～2 岁	2.5～3 岁	13～15 岁（少数 20 岁）

畜别	发情季节	发情周期	发情期	产后发情时间	排卵时间	配种适时
牛	全年	21 天（18～24 天）	18 小时（10～24 小时）	奶牛 35～50 天（18～55 天）耕牛 60～100 天	在发情停止后 10～14 小时（3～8 小时）	上午发情，下午和第二天早上各配一次
水牛	夏秋旺盛，春秋不旺盛	21～23 天	24～48 小时	75 天（25～116 天）	大多数在白天，下午最多	头胎母牛当天配种，青年母牛第二天配种，老弱母牛第三天配种

附表 20　母牛怀孕期

黄　牛	乳牛	肉牛	水牛
285 天（274～291 天）	280 天（250～305 天）	285 天（213～316 天）	307 天（300～315 天）

附表 21　牛尿 pH

牛（4～10 岁）	犊牛（初生）	小公牛（出生 15 天）
7.7～8.7	7.0～8.3	6.7～7.8

参考文献

江苏农学院，山东农学院．1978. 家畜传染病学．上海：上海科技出版社．

于匆，高全中．1976. 家畜兽医诊疗学．哈尔滨：黑龙江人民出版社．

北京农业大学．1981. 家畜寄生虫学．北京：农业出版社．

甘肃农业大学．1980. 家畜产科学．北京：农业出版社．

西北农学院．1980. 家畜内科学．北京：农业出版社．

陈溥言．2006. 兽医传染病学（第五版）．北京：中国农业出版社．

［美］O. H 西格芒德．1984. 默克氏兽医手册．南昌：江西人民出版社．

邱行正，张鸿钧．1995. 实用畜禽中毒手册．成都：四川大学出版社．

李光辉，贺普霄．1990. 畜禽微量元素性疾病．合肥：安徽科学技术出版社．

［英］D. C. 布拉德等．1984. 兽医内科学（第五版）．北京：农业出版社．

后记

董彝，字正范，1920 年 10 月出生于江苏溧阳市上兴镇一个贫民家庭，父金庚系文盲，母王秀琳粗识文字。父母有远见，力主让我上学读书。1937 年抗日战争期间全家逃难至长沙，我投考陆军兽医学校（现吉林大学农学部畜牧兽医学院）。在校刻苦学习，尤其注意贾清汉老师在临床诊断时的排除法（即类症鉴别），终身受益。1940 年毕业后曾在军队任兽医。1950 年 7 月考入华东农林干部训练班学习，既提高政治觉悟，又增长了牛、猪疫病防治知识。1952 年 2 月被分配至皖北行署农林处家畜防疫队工作，8 月调阜阳地区组建家畜防疫站。适太和县发生牛病，奉命前往调查疫情，并见到病牛，体温 41℃左右，腿部多肉处肿胀，按压有捻发音，牛显跛行，发病 24 小时死亡。初步诊断是牛气肿疽，即电告皖北行署农林处和华东区农林部畜产处。华东农业科学院吴纪棠研究员前来调查。在其未来之前，奉命在双浮区政府院内设点对病牛（包括一般普通病）抢救治疗，当时治疗牛气肿疽，除抗气肿疽血清外，没有其他可用之药，而血清必须从苏联进口，不得已只能用青霉素试治，只要在发病 12 小时内抢救及时，每 6 小时肌内注射 40 万国际单位，最多三天即可痊愈，如超过 12 小时抢救，疗效差。吴纪棠研究员认为根据临床症状可以确诊为气肿疽，并认为我所采用的治疗方法国内外尚无报道，建议我写篇论文送交《畜牧与兽医》发表，以供其他地区参考（吴纪棠研究员携带病料回华东农业科学院经过检验，确认为气肿疽）。1951 年我写了《盘尼西林对牛气肿疽（黑腿病）疗效的报告》，刊于《畜牧与兽医》（1952 年 3 卷 4 期）。在抢救过程中，发现患气肿疽牛死亡后（要深埋），畜主一家悲痛万分，因为当时一头牛约值 50 万元（旧币），一亩地仅能收小麦 60 千克（约值 12 元），一头牛就是半个家业。我深深感到为牲畜治病，不仅仅是简单地使病畜恢复健康，能否治好病畜还关系着畜主一家的经济命运

（当时医疗费全免），因此，深感肩负的责任很重，不仅无论晴天下雨、白天黑夜随请随到，而且在诊疗中竭尽全力，尽量治好每一头家畜，以减少农民的损失，方觉得心安。

1952年10月中央在开封召开气肿疽防治座谈会，我有幸被邀请参加。会上，虽然苏联专家彭达林科推崇抗气肿疽血清，对青霉素疗效不予置信，但农业部畜牧兽医总局程绍迥局长确认青霉素疗效，并予以推广，建议我开展用青霉素静脉注射治疗发病超过12小时病牛的研究，我承诺回去试试，可惜回来奔走于各县，无暇进行研究，引以为憾。

1952年底被评为一级技术员。

1953年在党和政府领导下，阜阳地区开展气肿疽防疫运动，总结防疫经验，将各县防疫队由逐区注射改为分区包干，大大提高防疫效率和防疫密度，同时也增加了兽医日平均报酬，节省了防疫经费。年气肿疽菌苗未能按计划及时供应，只能根据疫苗供应时间分春、夏、秋三次注射，防疫密度达100%。其中对疫区防疫，我采取了如下措施，防疫效果显著：从疫点外围几千米的村庄开始，逐步向疫点进行，并把在疫点工作的兽医分为三组，一组注射，一组随后注意观察，见有反应立即测温并报告第三组，第三组进行抢救治疗，如此半个月后即不再发病。经这次防疫运动，1954年阜阳地区未再发生气肿疽。

1954年机构改革，将区级事业单位阜阳地区畜牧兽医所、阜阳地区植棉指导所、阜阳地区蚕桑指导所、阜阳地区病虫防治站、阜阳地区新式农具推广站、阜阳地区种子站撤销，合在一起组建为阜阳专署农业技术推广所，原机构均改为组，阜阳专署农业技术推广所所长由农业局长兼任，我被任命为畜牧兽医组组长。

担任组长期间，为了促进本地区的畜牧业发展，尽力摸清本地区不同县乡的畜牧业基本情况和造成差异的原因，根据不同季节需要，改善饲养管理。如做好冬季保暖，必须在秋末做调查和准备；要储备青草，必须在夏季开始，这时青草割后能再生，营养成分也较丰富。更需了解不同县乡各种畜禽繁殖及疫病防治情况等，并且要求各县分好、中、差三个不同类型的乡进行调查，并将调查总结上报，再针对存在问题提出合理化建议供上级部门参考，以促进畜牧业生产和减少疫病发生。

1959年调阜阳地区种畜场，除负责种猪场、种羊场、种马场、种鸡场的饲养管理，制定规章制度及畜禽疫病防治外，还在场办畜牧兽医学校授课和编制规划等。根据阜阳行署要求，由我设计机械化养猪场并负责施工。另外，还曾设计万头猪场建设图参加安徽省的评选。

1961 年 11 月调回阜阳地区农业局，除办公室工作外，常赴各县会诊畜病。1962 年农业局建立畜牧兽医站兽医门诊部，调拨 5 人，我是其中之一。兽医门诊部开业不到 2 月，有 2 头前胃弛缓严重的病牛前来诊治，我在用药处方中列酒石酸锑钾 5 克，当夜有一头牛死亡，有一个人想借此做文章，说这头牛的死亡原因是酒石酸锑钾超量中毒。我说牛的酒石酸锑钾用量，苏联药理界推荐为 2～4 克，我国药理界推荐为 4～8 克，5 克不足以致死。（后来有一位同志对一头前胃弛缓病牛一次用量 10 克，一日 2 次，连用 3 天，未致死。）一位同志说“老董现在已‘趴在地下’了（指 1958 年我因肃反冤案被判开除留用察看），还踩他一脚干啥？”说明我处在劣势环境中。但我没有知难而退，决心在临床上探索如何区分前胃弛缓的轻重，开展了瘤胃蠕动研究。以听诊 5 分钟为一次，记录瘤胃蠕动时间，发现健康牛的瘤胃蠕动时间可连续 300 秒，且听诊近处蠕动音强，远处蠕动音弱。在 640 例病牛中，瘤胃蠕动音时断时续，持续时间有长有短，有的音强，有的音弱，有的蠕动音一次可持续 20～30 秒，有的仅有 1～2 秒。累计 5 分钟内蠕动音持续时间，发现蠕动音稍强，累计持续 100 秒以上的，病较轻；蠕动音弱，累计持续 100 秒以下，病较重；如 5 分钟内累计持续不足几十秒或十几秒，甚至听不到蠕动音，则病情更重。在为安徽农学院（现安徽农业大学）实习同学介绍此体会后，他们认为这是书上没有的，建议我发表这一成果，于是写了《牛瘤胃听诊几点体会》刊于《中国兽医杂志》(1966 年 3 月)。

1962 年为姚庄 1 头出现一侧鼻孔不通气、流脓性鼻液症状的牛行副鼻窦圆锯术，排除干酪样脓而治愈。口孜区有一马两鼻孔流脓样鼻液，呼吸如拉风箱，队委要我看一下，不能治即卖给屠户（价值 60 元），施圆锯术后呼吸正常（价值 4 000 元）。牛鼻息肉，亦用圆锯术从额窦黏膜切除息肉根并烧烙而治愈。颍上县农场一匹马后上臼齿脱落，部分所吃青草通过上颌窦进入额窦，施圆锯术清除额窦、上颌窦青草，并邀请当地李常山牙医合作制作了一个不锈钢丝架的义齿，将牙上方预留的钢丝系于上颌骨所钻骨孔上，马吃草不再进入额窦。凤台县阚町区送诊一头骡驹，被枯桃树枝穿透下颌，致下颌骨连接裂开，切齿隔开 1 厘米，对该驹缝合口腔皮肤穿孔，用弓弦扎紧切齿，每天导管灌服牛奶而愈。

1963 年一头母牛难产，胎儿两后蹄已露于阴户外，胎儿太大，无法拉出，而且羊水已流尽，不仅无法扭转胎姿，截胎也无法实施，唯一的办法是剖腹产。我撰写了一个剖腹取胎手术方案，从切腹、取胎至皮肤缝合共费 130 分钟，这是安徽省兽医临床第一例剖腹产。

1963 年前湖生产队畜舍失火，有 5 匹马烧伤，其中 1 匹烧伤面积 64.2%，烧伤处渗出严重，除清创、用青霉素抗感染、补液、制止渗出外，用大黄末香油涂布获得预期效果。与丁怀兆合写《马烧伤治疗》刊于《中国兽医杂志》（1964 年 9 月）。

1963 年以后，发现有病牛初有腹痛，3 天后即不再痛，排白色胶冻样黏液，触诊右腹中部，听诊前下方有晃水音（十二指肠阻塞），右腹下方、前下方有晃水音（回肠阻塞）。当病牛右侧卧时，在右膝关节附近的腹部向下按压可触及拳头大硬块，半阻塞时还可排黄色稀粪（盲肠阻塞）、四周发生晃水音（结肠盘中心阻塞）、前下方有晃水音，触及腹腔有拳头大硬块（肠缠结），可选右腹适当位置切腹处理阻塞和缠结。这些手术在安徽省兽医临床都是第一次。

当时皱胃阻塞（扩张）是较罕见的病，治疗多采取切开皱胃、取净内容物等措施。

1968 年，有一病牛膀胱破裂，畜主不同意手术，于是开展了牛膀胱破裂手术路径研究。我在试验牛特别注意到做腹部切口根本不易将膀胱拉到皮肤切口来缝合，而采取肛门左侧切口直接伸手从骨盆腔取膀胱距离最近，易拉膀胱至皮肤切口缝合。1972 年一头公牛因龟头有创伤，地方兽医为其结扎敷料，因结扎过紧致尿闭而导致膀胱破裂，在解除绷带并用探针疏通尿道后施行手术，在肛门左侧切口，缝合膀胱裂口，牛很快康复。连做 6 例均成功。针对以上病例，我撰写了《牛膀胱破裂修补术研究推广》，刊于《阜阳科技》（1983 年 3 月）。

1968 年，发现马出现一种皮肤溃疡，表面肉芽组织松软，易被手指抠去一层，层底及四周皮肤内有绿豆大淡色或黄色颗粒，创面渗液，奇痒，硝酸银和烧烙处理无效，经思考，将四周有颗粒的皮肤切离后再将病变皮肤切除，并做外科处理而痊愈。针对此病例，我撰写了《马“恶性溃疡”的治疗》，刊于《安徽畜牧兽医》（1982 年 1 月）。

1968 年太和县一头牛鼻流分泌物，在下颌支后下方触诊有波动感，波动区域直径3～4厘米。而这个部位皮下是颈动脉、颈静脉分支形成交叉处，历来为手术禁区，在小心切透皮肤后用止血钳捅破皮下组织，止血钳一张开脓即流出，用高锰酸钾冲洗，冲洗液从鼻孔流出。不久，牛痊愈。1969年在104干校劳动，应生产队要求诊治一头牛，呼吸有鼾声，在下颌后上方皮下有波动，直径4～5厘米，应要求手术施治。小辛庄老刘亲眼所见，他对人说："九里沟的牛发鼾，当地兽医还在耳下开一口说没脓，我也看着与好的一样，怎样也看不出有肿的地方，老董看看摸摸就说有一碗脓，一开刀果然淌出一碗脓，也不鼾了，真太神了。"

1968年，有一匹马患肠卡他，曾在当地治疗3天仍腹泻，来阜阳地区兽医院治疗，用药不久即排干粪。畜主说："老董你真有本事，一用药就不拉稀了。"我说："这个病就是一会拉干一会拉稀，在我用的药尚未彻底发挥作用前下一泡粪可能拉稀。"果然不久又拉稀。畜主说："你看得真准。"不吹牛，实事求是，对人诚信，方可得到畜主信任。

1968年近郊一生产队一头杂交牛偷吃黄豆5～10千克。如此大量黄豆若腐败发酵，所产的氨及抑制酶可致牛死亡，而洗胃效果不明显，必须切开瘤胃全部取出。结果取出两筐黄豆和碎豆瓣，并冲洗瘤胃，将从瘤胃取出洗净的草加拌食母生粉再送进瘤胃五盆草而后缝合，牛3天后即反刍。

1968年，有一种猪病出现在农忙季节，因农户在农忙季节推迟晚上喂猪的时间。因天已黑，猪已睡觉。猪被唤醒喂食，贪食较多，膨大的胃紧贴腹壁。猪不运动，继续睡觉，遇到小雨淋或卧于湿地，或寒风吹，致胃内容物发酵。第二天体温40～41℃，不吃食。因受凉而发病，故名"类感冒"。注射抗生素可降温并使猪吃少量食，但猪吃食后体温再次升高，又不吃食。曾有一头病猪如此反复8天，排粪球小而干，经服泻剂不到2小时呕吐5次。畜主可指出多次饲喂的食物。经研究，除用抗生素外，必须禁食2天。但猪可以喝水和面汤，待胃内容物排空后方可进食，疗效很好。这是书本上没有记载的病。

1968年各县发生一种新病，马和驹吃了过多的红薯片或小麦后急剧腹泻，体温40℃以上，随后脱水不排粪，24小时死亡。阜阳地区兽医院收治4头不同病程的小驹，1头仅1小时死亡，2头几小时后死亡，1头成活，疗效25%。剖检肠内容物有气体，具酸味，肠炎症状严重，有出血，血液浓稠。1969年有充分时间对该病进行分析研究，认识到一般为了抢救严重脱水的病畜必先补液，但即使大量补液也不见排尿，而已停止排粪的病畜又水泻，如更大量补液，则发生肺水肿。还认识到该病病因是病畜摄食大量发酸饲料，使肠道pH下降，破坏了肠道微生物生态平衡，加上细菌的刺激引起严重肠炎（并有出血），致肠道渗透压升高，机体水分向肠道大量渗透而致脱水，形成循环障碍，尤其是微循环障碍，使机体二氧化碳排除困难，加上从肠道吸收的酸，导致机体酸中毒和自体中毒。过去一般抢救治疗措施多是先补液后服药。经研究，该病治疗必须抗菌、制酵、解除酸中毒，碱性药入肠必因酸碱中和而产生大量气体形成泡沫性肠臌胀，故必须解除酸中毒和制酵，同时灌服大量1%盐水（一方面缓解肠道渗透压，一方面充盈肠道有利排泄且可防止补液向肠道渗透），同时加服液体石蜡促排泄和保护肠黏膜，半个小时后即可补液。这亦是过去治疗效果差的主要原因。之后，这种先服药后补液的措施在各地推广，疗效显著。针对此病例，撰写了《马急性胃肠炎的治疗》刊于《安徽农林科学实验》（1980年9月）。该文有人带去太原召开的中国畜牧兽医学会会议，并收到来信咨询。

1969年阜阳地区兽医院停业期间，我对3 000多例牛前胃弛缓资料详细整理（文字资料5万多字），撰写了约1.3万字的《牛前胃弛缓病》。另外，整理了1 000多例马肠阻塞（十二指肠、回肠、盲肠、骨盘曲、胃状膨大部、小结肠、乙状弯曲、直肠）及肠变位（肠套叠、肠缠结、肠扭转、肠变位）病例的临床症状、直肠检查方法及治疗方法（包括手术治疗），甚至包括继发症的认识和处理，写成1.5万字的《马肠阻塞》，这些资料被阜阳农校老师作为补充教材。

1970年，发现幼驹易因外因而发生屈腱、跟腱断裂，临床常见到因用夹板固定而导致关节部位皮肤坏死。经研究，制作了一个钢筋固定架，其高度前肢自蹄至肘，后肢自蹄至膝，下置蹄板焊内外侧两根钢筋，上端两柱连接，使肢体置于内外钢筋之间，用棉花、纱布包裹肢体，再用绷带自蹄向上缠绕内外侧钢柱，绷带经肢的前后平放，这样既可将跗腕关节伸展、指关节屈曲姿势固定，使断腱密切接触便于愈合，又可使肢体皮肤避免坏死。在创口部位留出空隙，以便进行腱和皮肤的缝合。应用几十例病驹均有良好效果。与马瑞林合写《四肢固定钢架的制作和应用》，刊于《中国兽医杂志》（1998年12月）。

阜阳地区兽医院张志新院长在考察太和县宫集公社的合作医疗时，适遇一头小驹患急性胃肠炎，当地兽医无法治愈，张院长建议其按照我的治疗方法施治，用药2次后病驹痊愈，避免了赔偿（按合同规定不治死亡需赔偿300元）。

因此，太和县向张志新院长要求派我去为他们讲课，以提高诊治水平。1970年5月由太和县畜牧兽医站与宫集公社和周边三个公社兽医共同商定所要讲的病名，并因希望多讲病，建议不讲发病原因，只讲临床症状和治疗方法。在讲课时，我先将临床症状写在黑板上，待大家基本抄完后给予讲解，而后再写治疗措施并讲解，共讲课10天，计60个病。（这次记录稿被阜阳五七大学兽医班作为教材。）晚上解答兽医过去积累的疑难问题。因此，他们对这次学习很满意。

1971年，驹先天性髌骨变位，出生后两后肢不能伸直，吃奶时稍一歪头即摔倒，常因饥饿和后躯褥疮不能存活。发现病驹髌骨移位于膝关节外侧，强制髌骨于膝关节前方，驹能站立，妥善处置膝关节即可正常行走。当时书本上无此病，经思考必须切断股膝外侧直韧带、膝外侧直韧带和膝外上方的肌筋膜形成的膝外侧韧带，再用钢筋固定架使膝关节伸张，以固定髌骨于膝关节前方，半月即可撤架正常行走。

1971年，牛过食红薯、面食致瘤胃pH降至5～6，尿pH降至4～5，造成酸中毒，除前胃弛缓症状外，四肢软弱，行走不稳，最后瘫卧。除洗胃外，静脉注射碳酸氢钠可获得良好效果。针对此病例，撰写了《对黄牛瘤胃酸中毒的治疗体会》刊于《皖北兽医》（1987年12月）。

1972年，胎儿期牛、马的膀胱是管状，自输尿管从脐孔排尿于尿囊，出生断脐后脐动脉、脐静脉转为韧带将膀胱提升至骨盆腔逐渐膨大成囊状。若幼畜生后排出第一泡尿后不再排尿，或在排尿时尿道与脐孔同时滴尿，则有膀胱病变。也有时尿频而尿量少，脐瘘深达20厘米，用高锰酸钾水从脐瘘注入有紫红色水自尿道排出。在脐后5厘米切开腹腔可发现管状膀胱与腹壁有粘连，切割粘连，结扎或缝合脐尿管即可，如管状膀胱有破裂进行缝合。但多因幼畜体质太差而康复者很少。如果在第一次排尿后10小时左右不排尿或排尿时脐部潮湿或有滴尿，适时手术将可大大提高成功率。针对此病例，撰写了《幼畜先天性膀胱粘连治疗的探讨》，这在当时也是未见书本记载的新报道。

我乐于与别人分享技术经验，凡有咨询或会诊者必详细解说，直至其理解为止。我经常这样想，整个阜阳地区有118个区，如果各区兽医接受了我传授的技术，每区每月能减少1头耕畜死亡，这就是对社会主义建设的贡献。

另外，其他兽医前来咨询或邀请会诊，其诊治过程中好的经验或失败教训均可为我所用。1972年在某兽医院得知兽医误将10%盐水当作生理盐水给一小驹补液，之后小驹出现饮一桶水的异常现象。虽然当时未能及时挽救小驹，但后来潜心研究了应急处置方案：①将10%盐水稀释为1%左右备用，可预防医源性错误；②静脉注射适量5%葡萄糖和导服适量清水，即可转危为安。巧合的是1973年、1974年各遇同样情况一次，按预案处置即化险为夷。

阜阳地区兽医院规定谁接收病畜谁诊治到底，他人不插手，如遇疑难之处，可约请会诊。一般夜间病畜有变化时畜主多请我出诊。“文化大革命”期间，阜阳地区兽医院每月的病情报告由我处理，即对所诊治疾病，必须根据畜主主诉、临床症状、病理变化、所用药物及病情转归情况，为之定病名，统计上报（1967年全年初复诊大小病畜19 236次），占据我下班以后大量时间，几乎每天工作16小时左右。

但为了能有效治疗病畜，除认真诊断外，用药后的检查、观察也很重要，勤检查、易发现、及时处理突发情况。晚上出诊随喊随到，病畜来诊，随到随诊。下班后即使我在吃饭，也放下饭碗进行治疗，如治疗可缓，吃饭后再用药，如病重则在治疗病畜后再吃饭。这种服务态度也是群众欢迎的。

我在诊治病畜时，对每个症状都予以重视，诊断时思路广，不囿于成例。如在视诊中发现非常规疾病应有的症状，必查出原因，或试用药观察其疗效，以作出治疗性诊断。另外，我对畜主很坦诚，告之我根据症状判定可能是什么病，我将用哪些药，用药后可期待有哪些效果，使畜主对畜病有所了解，对病畜的转归死亡不觉突然，对一些可能出现的症状也多能应对。再加上畜主间传颂的治疗见闻，能充分得到广大畜主的理解。因此，1962—1979年，在兽医院18年间没有与畜主出现过纠纷。由于我每看一病，不论治好与否均予总结，因此，能不断提高诊断和治疗水平，并能不断创新。如马颜面神经麻痹，在马颞颥关节下方3～4指（小驹一指）处皮下作扇形注入士的宁，以直接刺激面神经，局部皮肤涂布刺激剂，再用维生素B_1肌内注射，约1周即可康复。又如耳下腺瘘，用铋泥膏加适量液体石蜡从瘘管口注入，再用铋泥膏盖住瘘管口，再将皮肤缝合，即可制止病畜吃草、咀嚼时流出液体。

1979年11月被调回阜阳地区畜牧兽医站，12月被选为阜阳畜牧兽医学会秘书长，连任至1999年。1979—1999年组织学术交流，鼓励会员总结经验，多写论文，邀请北京农业大学、江苏农学院、山东农学院、安徽农学院、中国人民解放军军需大学等单位的教授在多次培训班作专题学术讲座，大大提高阜阳地区兽医诊疗水平。阜阳畜牧兽医学会也被评为先进学会，我被评为优秀干部。1988年成为中国畜牧兽医学会会员，随后成为中国畜牧兽医学会内科研究会和外科研究会会员，1990年参加养犬研究会并成为其会员。1996年荣获中国畜牧兽医学会荣誉奖。

1979年起，参加了一些学术活动。1979年（九华山）、1991年（合肥）参加安徽省畜牧兽医学会年会。1980年（黄山）、1982年（苏州）、1988年（六安）、1992年（泉州）参加华东区中兽医学术研讨会会议。1984年（黄山）、1987年（荣昌）参加中国畜牧兽医学会内科学研讨会会议。1987年（乐山）、1989年（泰安）、1991年（烟台）、1998年（北京）参加中国畜牧兽医学会外科研讨会会议。1989年聘为皖北地区兽医临床学术研究会顾问、《皖北兽医》编辑。1986年（凤阳）、1988年（亳县）参加皖北地区兽医临床研究会议。

1980年撤销开除留用察看，1983年平反。

1982年被任命为阜阳地区家畜检疫站副站长。

骨软症主要是因钙、磷、维生素D缺乏或比例失衡而引起。文献有“大旱次年缺磷，洪涝次年缺钙”之说，道理何在没有阐明。为此咨询农业技术员也不得要领，但了解作物生长规律，如小麦在生长过程中，其须根末端释放出有机酸溶解周边土壤中钙而吸收，如遇洪涝，有机酸被稀释并向地下渗透，致根系吸收不到钙或很少吸收钙。次年牛摄食这种麦秸而缺钙。土壤中的有机磷必须有水使之溶解才会被根系吸收，如遇大旱，土壤缺水有机磷无法被溶解吸收，次年吃这麦秸自然缺磷。1982年各县发生牛跛行，啃砖块，地方兽医大量补钙不见病症减轻，向我咨询。有意思的是有些下过雨的乡村无此病。因此，我向气象局查看资料，发现1980年小麦下种后至1981年5月雨量很少，从而证实此次的牛骨软症是因缺磷引起。建议各县用磷酸钠或隔年麸皮（麸皮含磷量为0.636%）每天3.5千克，连服7天，取得良好效果。针对此病例，撰写了《气象因素与骨软症的关系》刊于《安徽畜牧兽医》（1987年第2期）。

自1982年到2000年，应各县、区的邀请为基层兽医培训班讲课，少则1～2天，多则7～10天，有的是专题讲座，大多是由基层兽医提出病名，我边写边讲，听众有3 000多人，基层兽医多认为受益匪浅。

1983年农村开放集贸市场，一个集市有几个牲畜交易所，一个检疫员难以完成全部检疫任务。在太和县调查中发现开展的特种行业整顿是行之有效的方法，将各种交易行业统一管理，牲畜交易必有检疫证方可成交，没有税收凭证的不能出交易市场。我认为这种市场管理方式解决了检疫难的问题，故特别撰写了一个调查报告呈送阜阳地区农业局、阜阳专署、安徽省农业厅，抄报农牧渔业部。农牧渔业部派全国畜牧兽医总站工作人员会同安徽省家畜检疫总站人员来阜阳调查后，于 1983 年 7 月 11 日以《太和县综合治理农村集市取得成绩》上报中共中央、全国人民代表大会常务委员会、国务院办公厅，并在各省、直辖市、自治区推广。

2001 年，发现病犬洗冷水澡或雨淋或卧湿地后，会出现两后肢不能站立或不能迈步，或前肢走动后肢拖着走。曾见一只犬洗冷水澡后 3 天不能排粪尿，两后肢无疼痛，考虑可能股部神经、肌肉受寒冷刺激后引起某种变性以致影响其功能。经用维生素 B_1、维生素 B_{12}、伊痛舒、安钠咖、复合维生素 B 等一次皮下注射，12 小时 1 次。用药 3 天即自动排尿，5～10 天完全康复。这也是书本上没有记载的病。

在工作之余，积极思考畜牧兽医行业发展思路，为促进畜牧业发展献言献策，以求推动畜牧业的发展，所提的建议有《整顿区畜牧兽医站，规定人数，解决户口、粮食问题》（1962 年）、《关于普及兽医医疗技术的意见报告》（1977 年）、《开展科研协作，促进畜牧业发展》（1980 年）、《关于提高生猪出栏率的建议》，中国科学技术协会于 1982 年 4 月 8 日以《科技工作者的建议》上报中共中央，并通报各省、直辖市、自治区。《改革区乡畜牧兽医站的工作方向，促进畜牧业发展》、《关于阜阳地区发展畜牧业的探讨》（1981 年）、《对我区畜牧兽医工作的建议》、《关于调动畜牧兽医科技干部工作积极性，促进畜牧业发展的建议》（1982 年）、《关于“三化”养猪的建议》（1983 年）、《推广母猪防疫技术等技术承包，促进养猪业发展》、《改革区乡兽医站的建议》、《重视依靠政策和科学技术，加速畜牧业发展》（1984 年）、《关于组建农业顾问》（1985 年）、《重视青贮饲草，促进畜牧业发展》（1992 年）、《关于改革畜牧机制，促进商品化生产，提高经济效益的建议》、《重视科学技术，促进畜牧质和量的发展》、《尊重科学，尊重知识，尊重人才，调动广大科技干部积极性》（1996 年）、《成立集团，使产前、产中、产后服务一体化，促进畜牧业发展》（1998 年）、《关于开拓我市畜牧业的建议》、《整顿乡镇兽医，促进畜牧业健康发展》（2001 年）、《组织畜牧集团，整顿兽医，提高畜禽质量，开拓市场，搞好农村治安，促进畜牧业发展》（2002 年）、《整顿乡镇兽医，减轻农民负担，面向世界多产绿色产品》（2002 年）。这是一个畜牧兽医人本着一颗赤诚之心对我国畜牧业发展的点滴贡献。

为发展畜牧兽医事业，推广畜牧兽医技术，经常撰写一些科普作品刊于《阜阳日报》。1979 年牛前胃弛缓洗胃技术获安徽科技大会奖状。1982 年参加安徽省首届科普工作积极分子和先进集体代表大会，荣获积极分子称号。1982 年 12 月参加阜阳地区科技大会获先进工作者称号。1983 年评为高级兽医师。1984 年退居二线，负责兽医管理工作。1987 年选为阜阳市第三届政协委员，同年聘为阜阳市农业技术职务评委会委员。1989—1991 年在安徽省江淮职业大学阜阳分校开办一届兽医大专班。1991 年加入中国共产党更加重了责任心。2005 年在保持共产党员先进性教育中被授予优秀共产党员称号。1991 年退休，又继续留用至 1994 年。1992 年 7 月阜阳老年专家协会成立，被选为理事，连任至今。

1990 年与周维翰、陶友民、王永荣合写《畜禽重症急救》（安徽科学技术出版社出版），连续印刷 3 次，获安徽优秀图书三等奖。1995 年，编写《畜禽病临床类症鉴别丛书》，均由中国农业出版社出版。2000 年《实用猪病临床类症鉴别》（第 1 版）出版。2001 年，《实用牛马病临床类症鉴别》出版，连续印刷 3 次。2004 年《实用犬猫病临床类症鉴别》、《实用禽病临床类症鉴别》出版。2005 年，《实用羊病临床类症鉴别》出版。2006 年，《实用兔病临床类症鉴别》出版，连续印刷 2 次。2008 年，《实用猪病临床类症鉴别》（第 3 版）出版。

虽年过九十，身体还健壮，拟写几本临床诊断应用类图书，聊以为畜牧业做点贡献。

董 彝

2014 年 4 月 12 日

图书在版编目（CIP）数据

实用牛病临床诊断经验集／董彝主编．—北京：中国农业出版社，2014.4

（兽医临床快速诊疗系列丛书）

ISBN 978-7-109-18919-5

Ⅰ．①实…　Ⅱ．①董…　Ⅲ．①牛病-诊断　Ⅳ．①S858.23

中国版本图书馆 CIP 数据核字（2014）第 033647 号

中国农业出版社出版

（北京市朝阳区麦子店街 18 号楼）

（邮政编码 100125）

责任编辑　王森鹤

北京中科印刷有限公司印刷　　新华书店北京发行所发行

2014 年 8 月第 1 版　　2014 年 8 月北京第 1 次印刷

开本：720mm×960mm　1/16　　印张：23.75

字数：456 千字

定价：58.00 元